"十四五"国家重点出版物出版规划项目

U0120881

绿色印刷技术及装备

王仪明　武淑琴　柴承文　李　琼　著

中国轻工业出版社

图书在版编目（CIP）数据

绿色印刷技术及装备 / 王仪明等著. — 北京：中国轻工业
出版社，2024.3
ISBN 978-7-5184-4528-8

Ⅰ. ①绿… Ⅱ. ①王… Ⅲ. ①印刷术—无污染技术
Ⅳ. ①TS805

中国国家版本馆 CIP 数据核字（2023）第 159644 号

责任编辑：杜宇芳
文字编辑：王晓慧　责任终审：劳国强　整体设计：锋尚设计
策划编辑：杜宇芳　责任校对：晋　洁　责任监印：张　可

出版发行：中国轻工业出版社（北京鲁谷东街 5 号，邮编：100040）
印　　刷：艺堂印刷（天津）有限公司
经　　销：各地新华书店
版　　次：2024 年 3 月第 1 版第 1 次印刷
开　　本：787×1092　1/16　印张：15.25
字　　数：305 千字
书　　号：ISBN 978-7-5184-4528-8　定价：88.00 元
邮购电话：010-85119873
发行电话：010-85119832　010-85119912
网　　址：http://www.chlip.com.cn
Email：club@ chlip.com.cn

前言
Preface

实施绿色印刷既是国家环境保护的要求，又是企业自身转型发展的需求。自 2011 年起，我国逐渐建立了绿色印刷环保体系及标准体系，绿色印刷材料、工艺、技术及装备成为实施绿色印刷的重要支撑。

自 2004 年起，以笔者为带头人的印刷装备检测与故障诊断团队在北京市属高校学术创新人才项目"印刷机械测试及检测技术"资助下，开展了印刷机械测试及故障诊断技术研究。本团队主持了"十一五"和"十二五"国家科技支撑计划项目子课题"报业用高速轮转胶印机的研究与开发"；胶印机折页装置的振动测试及结构优化、印刷行业产品数控化应用示范；北京市自然科学基金项目"基于振动信息的印刷机动态设计理论及方法研究"；北京市教委重点项目暨北京市自然科学基金重点项目"印刷装备能效评价与非均匀运动能源逆变换方法研究"；北京市 2011 年协同创新中心计划项目"绿色印刷与出版技术协同创新中心——绿色印刷与包装安全"负责子任务"绿色印刷装备能效评价检测技术及应用"；国家新闻出版课题"数字印刷技术发展与出版发行模式"；连续六年承担了原国家新闻出版广电总局印刷发行司委托的"实施绿色印刷效果分析"课题；研发了印刷机综合测试及故障诊断系统，已经用于北人智能装备科技有限公司、陕西北人印刷机械有限责任公司、江苏东台世恒机械科技有限公司、北京贞亨利民印刷机械有限公司等企业；通过国家印刷机械质量检验检测中心，应用于德国、日本及国产印刷装备的质量鉴定，为用户挽回近千万的经济损失。此外，本团队出版有专著《印刷机械测试技术》（机械工业出版社，2014），参编中国印刷及设备器材工业协会组织的《中国印刷产业技术发展路线图》（科学出版社，2016），并任"绿色印刷"产业板块主笔人。2016 年，获得陕西省科学技术奖二等奖；2017 年，获得中国机械工业科学技术奖一等奖，中国包装联合会科学技术奖一等奖；2019 年，获得中国轻工业联合会科学技术一等奖；2020 年，参与完成的"高端包装印刷装备关键技术及系列产品开发"获得 2020 年国家科技进步二等奖。

数字化印刷装备北京市重点实验室配置了高精度印刷机械动态测试系统、印刷压力系统、非接触振动及噪声测试系统，提供了机械特性、印刷特性及环保特性测试条件。国家印刷机械质量检验检测中心为本书研究内容提出了问题需求并提供了检测技术成果应用平台。本书得到北京市教委重点项目暨北京市自然科学基金重点项目"印刷装备能效评价与非均匀运动能源逆变换方法研究（KZ201510015016）"；北京市 2011 协同创新中心计划项目"绿色印刷与出版技术协同创新中心——绿色印刷与包装安全"；机械电子工程——印刷装备环保性能检测及绿色化制造平台建设学科专项；国家重点研发计划项目"包装印刷产业网络协同制造平台研发与应用示范"（2019YFB1707204）；北京市科技计划重点项目"京津冀包装印刷行业 VOCs 深度综合减排治理技术研究"（Z191100009119002）等项目的资助。

本书由王仪明、武淑琴、柴承文、李琼共同撰写。其中，王仪明教授负责制定框架，第 1、2、3、4、5 章由王仪明教授、武淑琴副教授撰写；第 6、7 章主要由王仪明教授和柴承文讲师撰写，研究生朱强完成了主要研究工作；第 8、9 章由王仪明教授、武淑琴副教授撰写，研究生焦林青完成了主要研究工作；第 10、11、12 章由武淑琴副教授、柴承文讲师、王仪明教授撰写，研究生贾志慧完成了主要研究工作；第 13 章由王仪明教授、武淑琴副教授撰写，研究生王玉虎完成了主要研究工作；第 14 章由王仪明教授和李琼工程师撰写。此外，全国印刷机械标准化技术委员会秘书长彭明高级工程师参与了本书国家及行业标准相关内容撰写，西安理工大学刘善慧博士参与了印刷装备智能化部分内容撰写。感谢曾参与《实施绿色印刷成果报告》撰写的李艳教授。感谢为印刷机械测试及检测工作奠定基础的彭明、张少华、张志宏、李晶、杨海奎、张磊、李建国、赵明明、朱强、孙万杰、高勇、刘鑫、黄德树、乔锌、贾志慧、王世辉、田贝、焦琳青、李林会、黄红星、张俊杰、卢伟、边亚超、王佳、吴锐、王玉虎、吴茂谦、庄严严等研究生。感谢团队成员赵吉斌副教授、白建军实验师等老师的支持及帮助。

衷心感谢北京印刷学院原副校长许文才教授的指导及帮助；国家印刷机械质量检验检测中心刘浩红副主任、徐津、韩宁、李青、李芯工程师的大力支持；长江学者、西安交通大学梅雪松教授长期的指导与帮助。特别致谢国家新闻出版署印刷发行司印刷发行处处长路州、副处长张迁平以及付东。感谢北人智能装备有限公司陈邦设教授级高工、李彦锋总经理、薛志成总工程师，陕西北人印刷机械有限责任公司习大润副总工程师、焦飞强等，天津长荣科技集团公司李莉董事长的指导和帮助；中国印刷技术协会陈迎新秘书长、李永林副秘书长的支持和帮助。感谢挚友张铁岭、陈希良、高占习、郭宁军、薛龙等的支持及帮助。

王仪明
2023 年 6 月

目录
Contents

3

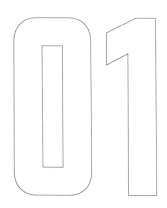

第1章

绿色印刷概述

OVERVIEW OF GREEN PRINTING

2019 年 9 月，国家新闻出版署等五部委印发的《关于推进印刷业绿色化发展的意见》指出，印刷业是我国出版业的重要组成部分，是社会主义文化繁荣兴盛的重要推动力量，是国民经济的重要服务支撑。为加快推进印刷业绿色化发展，现提出如下意见：建立完善印刷业绿色化发展制度体系，解决突出环境问题，落实印刷业风险防控要求，为人民群众提供更多优质生态印刷产品和服务。

2022 年，党的二十大报告提出坚持绿水青山就是金山银山的理念。加快发展方式绿色转型。推动经济社会发展绿色化、低碳化是实现高质量发展的关键环节。完善支持绿色发展的财税、金融、投资、价格政策和标准体系，发展绿色低碳产业，健全资源环境要素市场化配置体系，加快节能降碳先进技术研发和推广应用，倡导绿色消费，推动形成绿色低碳的生产方式和生活方式。坚持精准治污、科学治污、依法治污，持续深入打好蓝天、碧水、净土保卫战。加强污染物协同控制，基本消除重污染天气。积极稳妥推进碳达峰碳中和。完善能源消耗总量和强度调控，逐步转向碳排放总量和强度"双控"制度。推动能源清洁低碳高效利用，推进工业、建筑、交通等领域清洁低碳转型。

印刷行业作为文化建设的重要组成部分，成为文化安全的重要阵地、文化产业的生力军和国民经济的重要产业。印刷业兼具意识形态、文化服务和制造业三重属性。由于印刷工艺的复杂性和特殊性，图文信息转移过程涉及印刷材料的理化性能，装备的机械特性、印刷特性和环保特性，环境条件、操作人员、政策法规、管理体系、测量仪器等多种因素，涵盖了人、机、料、法、环、测等全面质量管理理论的全部六个因素。由于印刷工艺通常需要依赖各种流体（包括油墨、黏合剂、润版液、洗车水、上光油等）实现，干燥过程中，不可避免地存在各种溶剂的挥发问题。由于承印物的柔性、强度等问题，印刷装备高速运转及换版时存在正常的材料损耗，同样，各种流体材料也存在残留等损耗问题。而干燥过程中，大功率印刷装备的能源消耗是印刷企业尤其是包装印刷企业的痛点，降低设备的能源消耗成为各印刷企业的共同愿望。此外，由于印刷工艺呈现多工序、空间分散等特点，印刷装备、材料、物流、管理、信息等按工位分离的模式又造成人力、设备、材料、时间、空间、资金等生产要素的进一步损耗。

改革开放 40 余年来，我国印刷业有了长足的发展，已形成具有 9 万余家印刷企业的规模，其中 90%以上是小型企业，从业人员约 272 万人。2019 年，印刷业（包括出版物印刷、包装装潢印刷、其他印刷品印刷、专项印刷、印刷物资供销）实现营业收入 13786.45 亿元，其中出版物印刷（含专项印刷）营业收入 1715 亿元（占印刷业营业收入的 12.44%），包装装潢印刷营业收入 10860 亿元（占印刷业营业收入的 78.78%），其他印刷品营业收入 1049 亿元（占印刷业营业收入的 7.61%）（数据来源：国家新闻出版署 2020 年发布的《2019 年全国新闻出版业基本情况》和《2019

年新闻出版产业分析报告》）。

我国印刷业过去一度存在较严重的环境污染问题。为了节约成本及满足工艺要求，在印刷过程中，企业（重点是凹版包装印刷企业）使用部分对环境有害的溶剂，对环境造成了较严重的污染。通过实施绿色印刷工程，印刷行业企业及从业人员逐渐形成了绿色发展的理念，行业骨干企业积极参加绿色印刷认证、清洁生产审核、绿色印刷自我生命等各种形式的可持续发展体系，而从业人员从自身健康角度，也更关心工作环境质量，从印刷工艺、印刷装备、印刷原辅材料的选择等方面优先考虑环保性能。各类印刷品的用户都是普通公民，随着社会快速发展，普通公民的环保和健康意识逐渐提高，他们对印刷品的环保性能也提出了更高要求。实施绿色印刷的社会生态已经具备，从生态环境部颁布的印刷业强制性标准，行业主管部门发布的印刷材料等推荐性标准，印刷油墨、纸张、黏合剂、有害物质回收、检测机构、标准化委员会等产业链上下游已经形成了绿色印刷体系。

我国绿色印刷工程已经进入环保技术、材料、装备普及应用阶段。上游的印刷装备制造企业将环保性能作为市场竞争优势向印刷企业推介。印刷材料制造企业在符合强制性环保标准的前提下，为用户提供环保材料。"三废"回收部门遵照市场规则回收和处理印刷企业生产过程中的废料。印刷企业则从节能、降耗、减排、增效、管理等各方面向环保要效益。印刷绿色化已经不再是十年前的观望、躲避，而是行业的主动选择。

随着劳动短缺和人力成本提升，在实施绿色化的同时，数字化、信息化、智能化（简称"三化"）成为破解印刷行业发展困局的钥匙。行业从业人员数从十年前的 350 多万人减少了 80 余万人，正是探索、实践"三化"的初步成果。有些大型印刷企业员工人数减少了一半，而营业收入总额却稳定增长。因此，"三化"也是实施印刷绿色化的重要途径。部分大型印刷企业建立非标自动化设备研发中心，根据自身特点，研究印刷工艺、材料、设备特性，研发环保工艺、环保材料和非标自动化设备，探索出"绿色化、数字化、信息化、智能化"融合创新发展之路。印刷装备制造企业也努力创新发展，其中西安交通大学、陕西北人印刷机械有限责任公司、北京印刷学院、西安航天华阳机电装备有限公司、渭南科赛机电设备有限责任公司等合作单位完成的"高端包装印刷装备关键技术及系列产品开发"获得 2020 年国家科技进步二等奖。因此，印刷绿色化已经逐渐由应用阶段进入研发新工艺、新材料、新装备、节能降耗技术、能耗评价、监测等新发展阶段。

1.1　绿色印刷概念内涵及特征

1.1.1　绿色概念

绿色印刷（Green Printing）是指采用环保材料和节约资源、能源的工艺和设备，印刷过程中产生污染少，印制易于回收、再循环再利用或自然降解的产品；印刷品废弃后对生态环境影响小，能够减少和降低对人和环境危害的印刷方式。绿色印刷强调对印刷整个过程的评价与环境行为的控制，即在设计、制造、使用、废弃处理等全生命周期过程中，实施印刷设计和生产过程的控制，对印刷品在使用和废弃阶段提出明确的量化要求。

1.1.2 绿色印刷相关术语的内涵

绿色（Green）是大自然界中常见的颜色，代表着自然、环保、生机、生态、安全、生命、和平等。广义的绿色革命是指在生态学与环境科学基本理论的指导下，人类适应环境，与环境协同发展、和谐共进所创造的一切文化与活动。

绿色设计：指设计出的产品可以拆卸、分解，零部件可以翻新、重复使用，这样既保护了环境，也避免了资源的浪费，减少垃圾数量。

绿色技术：指根据环境价值，利用现代科学技术全部潜力的无污染技术，要求企业在选择生产技术、开发新产品时，必须考虑减少从生产原料开始到生产全过程的各环节对环境的破坏，即必须作出有利于环境保护、有利于生态平衡的选择。

绿色产业：指生产环保设备的有关产业，它们的产品称为绿色产品。

绿色企业：指以制造与销售"无害环境"产品为己任，开发清洁生产工艺，推出"三废"较少的产品企业。

绿色消费：指从满足生态需求出发，符合人的健康和环境保护标准的各种消费行为和方式。

绿色标志：指在商品上印制、特制、特定的图形，以标明该商品的生产、使用及处理全过程符合环保要求，不危害环境或危害程度极小，有利于资源的再生回收利用。1987 年，德国率先提出"蓝天天使"计划，推出"绿色标志"。我国从 1994 年开始实施"绿色标志"（即"中国环境标志"）。

绿色文化：有狭义与广义之说。以狭义来说，绿色文化是人类适应环境而创造的一切以绿色植物为标志的文化。包括采集-狩猎文化、农业、林业、城市绿化，以及所有的植物学科等。以广义而言，绿色文化是人类与自然环境协同发展、和谐共进，并能使人类可持续发展的文化。它包括持续生态工程、绿色企业，也包括了有绿色象征意义的生态意识、生态哲学、环境美学、生态艺术、生态旅游，以及生态伦理学、生态教育等诸多方面。

绿色行动：亦称绿色生活行动，它是指从我做起，带动家庭，推动社会，改变以往不恰当的生活方式与消费模式，重新创造一种有利于保护环境、节约资源、保护生态平衡的生活方式与行动，是道德高尚、行为文明的体现。

绿色食品：在无污染的生态环境中种植及全过程标准化生产或加工的农产品，严格控制其有毒有害物质含量，使之符合国家健康安全食品标准，并经专门机构认定，许可使用绿色食品标志的食品。

生态（Ecology，Eco）：生态学一词最早出现在 1865 年，是指研究动物与有机及无机环境相互关系的科学。简言之，生态就是指一切生物的生存状态，以及它们之间和它与环境之间环环相扣的关系，即生物在一定的自然环境下生存和发展的状态，生物的生理特性和生活习性。生态学的产生最早是从研究生物个体而开始的。生态学已经渗透到各个领域，范畴越来越广。"生态"常被用来定义美好的事物，如健康的、美的、和谐的事物。

环境（Environment）：指人类生存的空间及其中可以直接或间接影响人类生活和发展的各种自然因素，它囊括了对人发生影响的一切过去、现在和将来的人、事、物等全部社会存在。其中，历史传统、文化习俗、社会关系等社会现实则是更为重要的心理环境。通常按环境的属性，将环境分为自然环境和人文环境。自然环境和人文环境是人类生存、繁衍和发展的摇篮。根据科学发展的要求，保护和改善环境，建设环境友好型社会，是人类维护自身生存与发展的需要。

自然环境：是指未经过人的加工改造而天然存在的环境，是客观存在的各种自然因素的总和。人类生活的自然环境，按环境要素又可分为大气环境、水环境、土壤环境、地质环境和生物环境等，主要就是指地球的五大圈——大气圈、水圈、土圈、岩石圈和生物圈。

人文环境：人文环境是人类创造的物质的、非物质的成果的总和。物质的成果指文物古迹、绿地园林、建筑部落、器具设施等；非物质的成果指社会风俗、语言文字、文化艺术、教育法律以及各种制度等。这些成果都是人类的创造，具有文化烙印，渗透人文精神。人文环境反映了一个民族的历史积淀，也反映了社会的历史与文化，对人的素质提高起着培育熏陶的作用。

环境保护（Environmental protection，环保）：是人类为解决现实的或潜在的环境问题，协调人类与环境的关系，保障经济社会的持续发展而采取的各种行动的总称。其方法和手段有工程技术的、行政管理的、创新研发的，也有法律的、经济的、宣传教育的等。

环境保护又指人类有意识地保护自然资源并使其得到合理的利用，防止自然环境受到污染和破坏；对受到污染和破坏的环境必须做好综合治理，以创造出适合于人类生活、工作的环境。

绿色是世界各国普遍认同的，对具有环境友好与健康有益两个核心内涵属性事物的一种形容性、描述性称谓。不仅体现可持续发展理念、以人为本、先进科技水平，也是实现节能减排与低碳经济的重要手段。

绿色印刷产业链主要包括绿色印刷材料、印刷图文设计、绿色制版工艺、绿色印刷工艺、绿色印后加工工艺、环保型印刷设备、印刷品废弃物回收与再生等。通过绿色印刷的实施，可使包括材料、加工、应用和消费在内的整个供应链系统步入良性循环状态。

绿色印刷的内涵及外延随着经济、社会及科技的发展而发生变化。目前，根据印刷产业链碳足迹、全面质量管理理论界定的绿色印刷的外延及内涵如图1-1、图1-2所示。

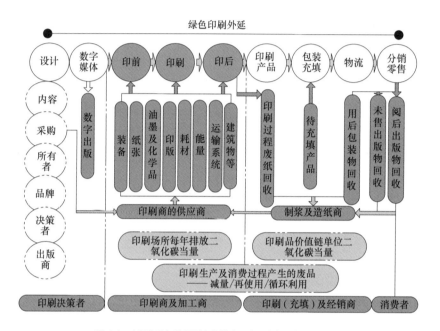

图 1-1　出版物及包装印刷产业链碳足迹界定的绿色印刷外延

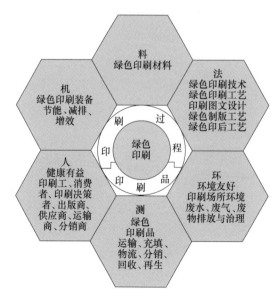

图 1-2　全面质量管理理论人机料法环测六要素界定的绿色印刷内涵

1.1.3　绿色印刷的主要特征

一般而言，绿色印刷具有以下基本特征：

（1）减量与适度　绿色印刷在满足信息识别、保护、方便、销售等功能的条件下，应是用量最少、工艺最简化的适度印刷。

（2）无毒与无害　印刷材料对人体和生物应无毒与无害。印刷材料中不应含有有毒物质，或有毒物质的含量应控制在相关标准限值以下。

（3）无污染与无公害　在印刷产品的整个生命周期中，均不应对环境产生污染或造成公害，即从原材料采集、材料加工、制造产品、产品使用、废弃物回收再生直至最终处理的生命全过程均不应对人体及环境造成公害。

1.2　国外绿色印刷技术现状

1.2.1　美国绿色印刷发展情况

（1）美国绿色印刷发展　1990 年，美国通过联邦空气清洁修正法，目的是减少一般空气污染物质和其他致污物，例如 VOCs（易挥发性有机物）。美国国家环境保护局（EPA）和各州环境保护局在专家指导下，实施环保项目，以减少空气污染物的排放量。美国从 2001 年开始推行绿色印刷，至 2006 年绿色印刷已普遍展开，美国国家环境保护局资助各州的环保组织以企业认证、政府采购引导、税收优惠等方式引导印刷企业进行节能减排。美国使用溶剂产业主要包括除油（脱脂）、印刷、干洗、表层涂布四个行业。2000 年各行业的主要污染物排放量（以溶剂使用量核算）如图 1-3 所示［数据来源：美国国家环境保护局（EPA）2003 年 9 月发布的 *National Air Quality and Emissions Trends Report*（2003）（No. EPA 454/R-03-005）］（摘取部分数据），四个行业使用溶剂量为 4827 千短吨，其中除油（脱脂）行业使用溶剂总量 382 千短吨，印刷行业使用溶剂总量 304 千短吨，干洗行业 169 千短吨，表层涂布行业使用溶剂总量 2087 千短吨。其中，除油（脱脂）、建筑涂料等行业的溶剂使用量均高于印刷行业，印刷行业的溶剂使用量只占溶剂使用总量的 6.3%。

（2）美国绿色印刷及认证情况　美国曾经是世界第一印刷大国，但近几年受经济形势的影响，发展速度放缓。美国最大的调研机构 IBIS World（宜必思世界）在《美国印刷工业研究报告》中指出，2013 年美国印刷业收入预计为 800 亿美元，已经被中国赶超。虽然面临数字出版、网络传媒等新兴技术的冲击，但美国印刷业自身也在不断加强，数字技术、绿色印刷的广泛使用与普及，依然使美国印刷业备受关注。PIA/GATF（美国印刷工业协会/印刷技术基金会）进行的一项调查显示，美国有超过 90% 的印刷厂商相信，他们的客户会在未来选择绿色印刷产品。

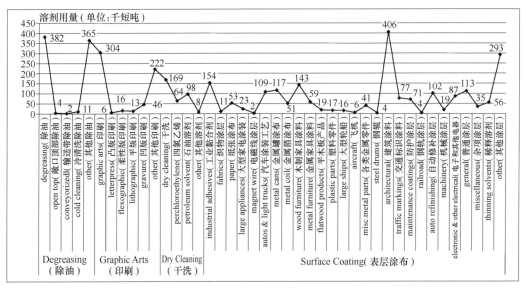

图1-3 美国2000年使用溶剂行业主要污染物排放量对比

美国可持续性绿色印刷合作组织（SGP Partnership）是一个独立的非营利合作组织，为印刷成像工业提供绿色可持续发展的认证服务，对印刷企业的可持续性行为进行认证，成立于2008年，由一些顶级的行业组织包括印刷工业协会（PIA）、专业图形图像协会（SGIA）、柔印技术协会（FTA）以及印刷油墨生产厂家协会（NAPIM）发起运作。SGP通过自己的网站，向公众提供所有通过认证的印刷企业及其采取的绿色印刷措施；向印刷客户保证所有通过认证的印刷企业都能遵循可持续发展的原则。迄今为止，已经有50余家印刷企业通过了SGP认证。美国印刷业已经在绿色环保、可持续发展方面取得重要进展，使其成为世界上最"绿色"的行业之一。

美国绿色印刷的发展体系相对完善。一方面，有完善的法律法规保驾护航；另一方面，各相关行业组织在政策的指导下，开展标准制定、绿色印刷认证、宣传活动及教育等。美国绿色印刷发展特色明显，在精益生产、采购、能源效率、污染防治、碳足迹、可持续印刷等6个方面积累了丰富的经验。

① 精益生产 精益生产可以减少浪费和运营成本。美国环境保护署"精益生产和环境工具包"提供了实用的技术和策略，可以帮助印刷企业开展精准生产，保护环境。

② 负责任的原材料采购 在美国，如果印刷企业不建立一个确定原材料的供应方案，很容易将自己暴露到负面宣传的环境中，甚至引起法律纠纷。因此，更好地了解原材料的采购和生产非常重要。践行对原材料的"尽职调查"将有助于缓解许多问题，并显著减少原材料对环境、员工的伤害，避免违法行为。

③ 能源效率 美国有多种途径可以提高能量效率，其中最具代表性的能源之星

（ENERGY STAR）计划由美国国家环境保护局和美国能源部组织，用于认可那些符合能源效率目标的产品和公司。美国印刷企业则注重节能降耗，对生产设备和场所进行智能化管理，节约点滴能源，同时，积极应用太阳能、风能等清洁能源。

④ 污染防治　最好的解决环境问题的方式是预防。防止污染的第一步就是确定污染的来源和预防的机会。印刷企业全国环境援助中心的胶印企业检查清单总结了操作中预防污染的机会，包括从制版到化学品贮存的方方面面。

⑤ 3R 绿色可持续印刷　减少、再利用和回收被称为 3R 绿色可持续印刷。当印刷商考虑回收时，一般可能会认为只回收纸张，实际上大多数原材料都可以以某种形式减少、再利用和回收，如溶剂、油墨、办公耗材等。印刷企业全国环境援助中心提供了多种回收纸张、油墨和溶剂的案例。美国环境保护署也建立网站，提供减少和回收废弃物的信息。

⑥ 环保认证体系着重于纸张　除了政府部门依据法律法规的监管，美国有众多的行业组织致力于印刷业的绿色可持续发展。如美国林业及纸业协会、美国华盛顿州生态部、美国直复营销协会环境资源中心、美国国家环境保护局、美国废料回收工业研究所、美国印刷出版及印后加工技术供应商协会、美国印刷工业协会、可持续性绿色印刷合作组织等，他们分别从标准制定、开展绿色印刷认证、培训咨询等多个方面开展工作。作为全球印刷业的风向标，美国印刷业运行有多项印刷业绿色环保认证体系，这些体系的具体适用范围各有侧重，且在执行过程中有不同的要求。

美国现行的多数绿色环保相关认证的首要关注目标是纸张。据了解，这些认证机构会对那些声称自己销售环保产品的公司的整个监管链进行检查，看它们的纸张是否来自可靠的资源，这要求人们对纸张的采购和转让程序进行跟踪和记录，其中包括从纸张生产到终端使用的整个过程。已经有 850 多个印刷企业获得了 FSC 认证，而且很多企业把 FSC 的标识印在了自己的产品上。各认证体系的比较如表 1-1 所示。

表 1-1　　　　　　　　　　　　各认证体系比较

序号	比较项目	SGP	ISO 14001	FSC/SFI	US EPA 绿色能源	EFPA
1	适应性	印刷操作可持续性	全部设施环境	木材资源与森林管理	能源	油墨和纸张
2	关注点	整个印刷业	多个工业	木材和纤维用户	多个工业	平版和数字
3	是否要求会员	否	否	否	否	是，EFPA
4	审核	每 2 年 1 次第三方审核，每 2 年 1 次内部 EHS(环境、职业健康安全管理体系)评审	至少每年 1 次第三方审核和周期性内审	每年 1 次书面审核	否	否，自认证

续表

序号	比较项目	SGP	ISO 14001	FSC/SFI	US EPA 绿色能源	EFPA
5	持续改进	每年目标/项目报告上网	规定环境活动的目的和目标	否	否	否
6	管理系统	可持续性	环境	否	否	否
7	政策	可持续性	环境	否	否	否
8	环境符合性	是	是	否	否	否
9	健康和安全符合性	是	否	否	否	否
10	雇员符合性	是	否	FSC:是	否	否
11	产品,工艺,设备最佳实践	是	规定环境活动的操作控制	否	否	否
12	有效使用,减少消耗,循环使用	是	规定环境活动	否	否	最少10%再生纸和植物油墨
13	化学品使用,处理,管理培训	是	规定环境活动	否	否	否
14	废品最小化	是	规定环境活动	否	否	印刷废物循环利用
15	维护室内空气质量	是	否	否	否	否
16	运输最小化	是	否	否	否	否
17	供应链	是	否	否	否	否

来源：美国 SGP Comparison-Table-020711。

1.2.2 日本绿色印刷实施情况

日本印刷产业联合会（Japan Federation of Printing Industries，JFPI）成立于1985年，是日本印刷业最有权威的行业组织。联合会由日本10个印刷业协会组成，目的是通过相互间的沟通和合作促进日本印刷业的发展。2001年，联合会颁布了《印刷服务绿色标准》，分别就平版印刷、凹版印刷、标签印刷、丝网印刷等制定了详细的绿色标准。

日本印刷产业联合会（JFPI）主席 Satoshi Saruwatari 提出，绿色印刷是一个新的市场，JFPI 绿色印刷实施标准（Green Practices standard）适用于绿色采购促进法指定材料。与中国、美国和德国印刷产业相似，日本印刷产业的特点之一是小型企业多。"GP 认定工厂"是指依照日本印刷产业联合会"印刷服务"绿色标准致力于减少环境负荷的印刷企业，依据其客观证据，被认定的"印刷工厂和企业"通常称作"GP 认定工厂"，并获得"绿色印刷标志"（GP 标志），以证明该企业是关注环境的印刷企业。

在日本，获得 GP 认证是荣誉的象征，不仅意味着他们是环境友好型企业，还会得到各种媒体的宣传，获得高度的社会评价。同时，这些企业可以在其宣传手册和名片上使用认定标志（GP 标志），向客户和合作单位展示其环保方面的成绩。根据《绿色印刷产品认定制度》，GP 认定工厂可以在符合绿色标准的印刷品上使用相关标志。获得 GP 认证是一件非常困难的事情，需要企业付出很多的努力，但一旦获得认证，所享受的回报也很多。

1.2.3　欧盟绿色印刷实施情况

（1）绿色印刷认证以碳排放量化为核心　2007 年 6 月 1 日，欧盟《化学品注册、评估、许可和限制》法规生效。该法规是欧盟对进入其市场的所有化学品进行预防性管理的法规。印刷行业应用的很多产品，包括油墨、清洗剂、胶黏剂、纸张中残存的化学品和新化学品成分等，全都在这项法规的覆盖范围内。纵观欧洲绿色印刷的发展历程，其呈现以下特点：健全的法律法规、完善的环境管理制度和行业标准、先进的技术手段和从政府到企业的广泛参与度。所有这些已经构成一个完整的绿色印刷保障体系，极大促进了印刷业向着环保、节能方向发展。作为对强制性法律法规的补充，还有各种不同的倡议和认证对完善印刷业的环境管理起到了重要的作用。欧盟国家绿色印刷认证类型及目的如表 1-2 所示。

表 1-2　　　　　　　　　　欧盟国家绿色印刷认证类型及目的

序号	印刷相关环境认证	目的
1	ISO 14001 环境管理体系认证	引导组织建立环境管理的自我约束机制
2	OHSAS 18000 职业健康和安全评估系列	帮助组织控制其职业安全卫生风险，改进绩效
3	生态管理和审核计划（EMAS）	用于企业和其他组织进行评估、报告和促进其环保表现专注于环境绩效
4	森林管理委员会（FSC）和泛欧森林认证体系（PEFC）	选择环保纸张
5	欧洲生态标签（Eco-label）	标签认证的产品，从其制造、使用直到最终处理对环境所产生的影响都要得到评价
6	蓝色天使标志（Blue Angel）	引导消费者选择环保产品
7	碳排放平衡"Print CO_2 已验"证书	证明印刷产品达到了碳排放平衡
8	北欧白天鹅标签（Nordic Swan）	向消费者提供消费指南，从市场上选择对环境危害最小的产品和服务
9	法国 NF 环境标志	向消费者提供可靠的产品环保信息

实施范围主要分两类：

第一类在整个欧洲范围内，例如欧盟环境管理与审计计划（EMAS），它是对在欧盟和欧洲经济区运作下的公司和组织进行评估、报告和提高环境绩效的一种管理工具。此计划开始于 1995 年 4 月，要求企业必须建立环境管理体系，查明对环境重要的影响，并公布环境声明，在内部的环境审计范围内对企业的环境管理系统的效果进行分析和评定，宗旨是不断提高参与者的环境性能。此外，还有环境管理体系（ISO 14000）、森林管理委员会（FSC）认证和泛欧森林认证体系（PEFC）、欧洲生态标签（Eco-label）。ISO 14000 与 EMAS 侧重于对企业生产的环保要求，而森林管理委员会认证、泛欧森林认证体系和生态标签则关注于企业某一特定产品的环保标准。这些标签可发给各种不同的印刷产品，例如，可发给纸张。该标签可得到全欧洲承认。

第二类在一定范围内，主要有北欧白天鹅，也是欧洲范围内第一个印刷服务类认证。德国的蓝色天使，主要涉及印刷原材料（胶黏剂、油墨等）；碳排放平衡，德国相关部门以"碳中性印刷"名称向印刷企业颁发证书。德国印刷和媒体协会以其气候倡议的名义，颁发"Print CO_2 已验"证书，该证书可在全球证明其印刷产品达到了碳排放平衡。

国际上对环境影响情况评价的方法主要集中在二氧化碳的排放量上。因此，欧洲各国的绿色印刷行动都与其二氧化碳排放量密切联系，其认证也主要从二氧化碳的排放入手考虑。研究表明，欧洲各国绿色印刷认证与战略实施中，碳足迹的评价是其主要的方法和切入点。有四类欧洲主要的碳足迹计算方法。

① Intergraf（国际印刷联合总会）认证　Intergraf 与欧洲各地的国家印刷协会合作，协调行动，支持印刷商减少二氧化碳的排放量。通过包括有限数量在内的参数限制，约 95% 的二氧化碳排放量可以被覆盖。Intergraf 认证用于计算来自印刷活动的碳排放量，包含一个参考范围和温室气体协议（GHGP）。其中所有的参数都定义为"相关现场"或"相关产品"，指出生产中客户可能会影响印刷品的碳足迹。需要强调的是，根据该建议，"相关现场"和"相关产品"参数总是必须包括在计算中。"相关现场"参数可以根据该公司的平均数据计算，而"相关产品"参数必须根据具体规格来计算。

② PAS 2050（商品和服务在生命周期内的温室气体排放评价规范）　2008 年 10 月，英国标准协会（BSI）、碳基金（Carbon Trust）和英国环境、食品与农村事务部（Defra）联合发布了世界上首个针对产品和服务的碳排放评价的方法与规范——PAS 2050：2008，产品碳足迹方法标准。企业可利用该规范对其产品、服务在整个生命周期内的碳足迹进行评价，并在评价后加贴碳标识。该规范的宗旨是帮助企业在管理自身生产过程中所形成的温室气体排放的同时，寻找在产品设计、生产和供应等过程中降低温室气体排放的可能，以帮助企业降低产品或服务的二氧化碳排放量，最终开发出更低碳足迹的新产品。按照 PAS 2050，企业可以在专业人员的指导下进行产品、服务的碳足迹评价，获取可靠的单位产品、服务的碳排放信息。在帮助企业有效地应对绿色贸易壁垒的同时，有利于企业真正认识到产品碳排放方面的影响，并采取行动

来降低整个供应链中温室气体的排放量，也可以为公众对如何进行低碳产品、服务的选择、使用和处理提供建议。

③ ISO 16759：2013 标准（印刷技术—印刷媒体产品碳排放量计算用量化与通信）　ISO 16759 标准为印前服务商、印刷企业、印刷服务提供商、出版商以及其他关联企业提供服务。该标准拥有一个碳足迹计算框架，可以针对一个特定行业领域或地域进行具体的工作。只要遵循 ISO 16759 列出的框架方法，印刷行业将可以追踪到其针对报纸、杂志或书籍等不同印刷产品在减少碳足迹方面作出的成绩。由于 ISO 16759 标准涉及不同地域及印刷的各个细分领域，全球的印刷品购买者都可以使用该标准对不同的生产过程进行碳足迹比较。例如，印刷品购买者可以计算同一印刷产品在数字印刷机、直接成像（DI）印刷机或传统胶印机上印刷产生的碳足迹。不管是印刷方式、工作流程、运转周期、介质类型、油墨还是印后工序，ISO 16759 标准都可以准确反映出他们的差异。ISO 16759 标准提供了对印刷媒介碳足迹进行量化、交流及报告的方法，也是一种促使大家持续关注印刷碳足迹的变化的手段，可以提高人们对印刷行业在管理减少碳足迹方面所做工作的认可。人们能够通过不同印刷产品的碳足迹来判断相似的产品，所以测试数据将对客户的投资决策起到一定的帮助作用，为印刷企业的可持续发展提供确切的支持。

④ ClimateCalc 碳计算器　ClimateCalc 覆盖印刷品全生命周期，其目的是提供从生命周期的角度考察到的各个印刷品对气候影响的准确信息。ClimateCalc 碳计算器与 ISO 14064-1 和国际温室气体（GHG Protocol）协议保持一致。前者定义了如何在组织层面计算和报告温室气体排放。碳计算器的数据获取主要包括 4 个方面。

a. 公司数据　公司自己的能量消耗、燃料、原材料、次级原材料、运输服务和废物生产数据是公司的碳核算以及产品的计算的基础。公司自己的数据由顾问代表验证。

b. 印刷原料标准数据　印刷原料的排放因子是基于印刷行业发表的 LCA 研究报告以及开展各种项目提供的参考材料。

c. 能源和燃料的标准数据　大多数使用的用于燃料和能源消耗的数据来自 Ecoinvent 数据库和 UNFCCC（联合国气候变化框架公约）。电力消耗和燃料燃烧的排放因子依国家而变化，而有关燃料的生产和运输服务采购的排放因子是欧洲平均数据。丹麦奥尔堡大学已提供能源和燃料的数据。

d. 纸张数据　ClimateCalc 的目的是提供从全生命周期的角度看的具体印刷品的碳排放的影响的准确信息。由于纸生产碳排放量占印刷品生产过程总碳排放量的 50%～70%，在碳计算中包含专用纸质量数据非常重要。ClimateCalc 是从全生命周期的角度来计算各个印刷活件的碳足迹。

（2）绿色印刷装备认证体系

① OHSAS 18000 系列标准及职业健康安全管理体系　OHSAS 18000 系列标准及职业健康安全管理体系认证制度是近几年国际上继 ISO 9000 质量管理体系标准和 ISO 14000 环境管理体系标准后世界各国关注的又一管理标准，是国际性安全及卫生管理系统验证标准。

OHSAS 18000 系列标准是由英国标准协会（BSI）、挪威船级社（DNN）等 13 个组织于 1999 年联合推出的国际性标准。其中的 OHSAS 18001 标准是认证性标准，它是组织（企业）建立职业健康安全管理体系的基础，也是企业进行内审和认证机构实施认证审核的主要依据。与此相关的我国同类标准为 GB/T 45001—2020《职业健康安全管理体系要求及使用指南》。在人们的工作活动或工作环境中，总存在潜在的危险源，可能会损坏财物、危害环境、影响人体健康，甚至造成伤害事故。各类组织应该对工作人员和可能受其活动影响的其他人员的职业健康安全负责，包括促进和保护他们的生理和心理健康。

② ISO 14000 环境管理体系　30 多年来，环保已成为德国海德堡印刷机械公司理念中密不可分的一部分。海德堡公司的可持续管理团队集中管理可持续发展事务，包括制定环保策略、控制、报告，以及达成环保目标的工具和方法。到 2040 年，海德堡公司的目标是生产、研发、销售场所达到气候中和，而无需用碳补偿证书方式。位于威斯洛赫的最大的工厂及位于阿姆斯坦顿（Amstetten）、波兰登堡（Brandenburg）、基尔（Kiel）、莱比锡（Leipzig）和路德维希堡（Ludwigsburg）的基地全部遵守国际 ISO 14001：2004 标准。

1.3 国内绿色印刷发展现状

绿色印刷起源于 20 世纪 80 年代后期以德国、日本、美国等为代表的发达国家。在欧美发达国家，绿色印刷既是其科技发展水平的体现，又是替代产生环境污染和高能耗的传统印刷方式的有效手段。总之，绿色印刷是实现节能减排与发展低碳经济的重要手段。

在国家大力宣扬"节能减排，改善环境"的背景下，"绿色印刷能耗"这一新概念被提出。绿色印刷指的是印刷应该具有环保意识，从印刷材料、印刷设备、印刷工艺等方面探讨节能减排，对促进经济循环发展，是一条科学高效的可持续发展道路。

2021 年，国家新闻出版署发布《印刷业"十四五"时期发展专项规划》，明确要求坚持新发展理念，坚持绿色化、数字化、智能化、融合化发展方向。

在绿色印刷领域，国内外发展差距较大。在美国，印刷供应商在 2012 年提出在未来五年内推出关于可持续发展的绿色印刷知识和在绿色印刷商品包装方面的创新领域。如今，绿色印刷在美国已经成为印刷供应商的自觉行动。

我国印刷业以中小企业为主体，在不少企业里，各种传统的制版、印刷、印后加工工艺仍在我国占据一定的份额。从制版工序的胶片和废定影液、电镀液，到印刷过程中的溶剂型油墨、异丙醇润版液、洗车水，再到印后整饰时仍在广泛使用的即涂膜、油性上光工艺等，对环境都存在着污染问题。如印前制版使用的乙酸、甲醇、硝基苯、草酸、氯化锌、糠醛等，都含有有毒化学成分；印刷使用的普通油墨、洗车水等含有铅、铬、汞等重金属元素。

1.3.1　北京市印刷行业排放状况

北京市地方标准《清洁生产评价指标体系　印刷业》（DB11/T 1137—2022 代替 DB11/T 1137—2014）发布实施。该标准规定了印刷业清洁生产的评价指标体系、评价方法、数据采集与指标解释；适用于平版（胶印）印刷、数字印刷、凸版（柔性版）印刷企业的清洁生产审核、评估与验收，生产工序包含以上印刷工艺的其他工业企业可参照执行。2018 年—2022 年，据北京市经济和信息化局发布的通过清洁生产企业名单，共 40 余家印刷企业通过清洁生产审核（包括强制审核）。

（1）北京印刷企业的 VOCs 排放状况　北京印刷企业以书刊印刷为主，在全国 570 余家出版社中，北京的出版社占 237 家，全国性的杂志社也大多数集中在北京。调研结果表明：目前北京市的书刊印刷企业（包括报业印刷）以及绝大多数票据、标签、安全印务的印刷企业全部采用胶印工艺，其涉及的纸张、油墨、版材、橡皮布等基本符合环保标准要求。其主要的污染排放集中在印前制版的少量废液和印刷过程中的润版液和洗车水。因此，北京地区采用以胶印为主的工艺方式的绝大多数印刷企业属于低污染的环保企业。

北京的包装印刷企业 VOCs 排放的差异较大。除采用比较环保的胶印工艺和柔印工艺（水性油墨）外，的确存在一些包装印刷企业仍然采用溶剂型油墨的凹印和网印工艺，以及印铁企业（金属包装印刷）采用溶剂型涂料进行涂布和烘干工艺，这些工艺产生的 VOCs 排放量较大。北京市经济和信息化局发布的《北京市新增产业的禁止和限制目录（2022 年版）》指出：制造业中，北京市禁止新建和扩建印刷和记录媒介复制业，但书、报刊印刷、本册印制、包装装潢及其他印刷中涉及金融、安全、运行保障等领域，且使用非溶剂型油墨和非溶剂型涂料的印刷生产环节除外，装订及印刷相关服务除外。新闻和出版业中，限制图书出版中采用丝网印刷技术的出版物印刷，以及作为主营业务的其他丝网印刷。

（2）北京市印刷企业的废液和固体废弃物的处置状况　北京市印刷企业的工业废液排放量较少，大部分进行了集中回收；工业生产固体废弃物得到较科学的处置。通过采用集中回收处理方法或就地循环处理手段，可显著减少废液排放，并提高水资源和其他固体废弃物的循环利用率。

有些印刷企业还存在一定量的粉尘污染问题，除需要提高管理者的清洁生产意识外，应采取必要的技术改造，如管道过滤排风、过滤降尘、过滤回收或无尘纸毛传输等措施，达到减少或避免粉尘污染的目的。

（3）北京市印刷企业的噪声污染状况　北京印刷企业的噪声污染比较普遍。噪声产生的主要来源是大型商业轮转机、大型报业轮转机、印后折页机、空压机、气泵等；有的设备噪声已经超过85dB（如轮转印刷机）。这需要提高企业相关负责人的清洁生产意识，并采取隔离噪声源、加装吸音装置减少噪声的二次反射等措施，来减少噪声对操作人员和周边环境的影响。

（4）节能是北京印刷企业重要的共性技术问题　北京通过清洁审核及获得绿色印刷认证的企业均重视节能降耗问题。印刷企业的单位能耗数即万元销售收入的能耗。虽然与全国39个行业相比较属于低能耗水平，但未开展清洁生产审核及未获得绿色印刷认证的印刷企业节能潜力很大。

未来，北京的印刷企业应在厂房结构设计或改造、技术改造、设备改造项目、设备选型以及工艺流程优化中，把采用节能技术、节能设备，淘汰高能耗设备和工艺、优化设备及配套设施的布局、隔离发热源和噪声源、充分开展预热利用等作为节能减排的主要优选措施。

开展绿色印刷共性技术及装备研发是实施绿色印刷工程的重要支撑。共性技术（Generic Technology）是一种能够在一个或多个行业中得以广泛应用、处于竞争前阶段的技术。共性技术对整个行业或产业技术水平、产业质量和生产效率的提升都会发挥带动作用，具有较大的经济效益和社会效益。基于共性技术研究成果，企业可以根据自己生产或产品的需要进行后续的商业化研究开发，形成企业间相互竞争的技术或产品。根据对国民经济的重要程度和外部性大小，可以将共性技术划分为关键共性技术、一般共性技术和基础性共性技术。

1.3.2　国内绿色印刷实施情况

原环境保护部和原国家新闻出版总署从2009年开始逐步实施绿色印刷推动工作。其目标是加快实施绿色印刷战略，促进我国印刷产业发展方式转变，实现新闻出版强国目标，推动我国生态文明、资源节约型、环境友好型社会建设。

（1）绿色印刷标准的制定　2009年6月—7月，绿色印刷标准启动会召开，成立标准编制组，确定标准制定方向、适用范围、参考依据。自2009年下半年起，中国印刷技术协会和环境保护部环境发展中心等有关部门先后到广东、上海、江苏、北京等地进行调研，了解企业目前的状况，同时对发达国家实施绿色印刷的资料进行收集，向我国印刷出口企业了解国外对印刷产品的环保要求。在收集到第一手资料后，开始起草适于我国情况的标准。

我国制定绿色印刷标准的框架为：以印刷产品的环保标准作为出发点和落脚点，制订印刷品环保标准，包括印刷成品重金属的含量，对材料、辅料、加工工艺的要求，以及印前、印中、印后各环节中材料处理，废水（包括各种化学药水、洗车水）、废物（擦车布、预涂感光版）、废气的排放，成品回收等，规定检查机构的资质和检验方法。

2011 年 3 月 2 日，环境保护部颁布我国首个绿色印刷标准：HJ 2503—2011《环境标志产品技术要求印刷 第一部分：平版印刷》。

（2）绿色印刷环境标志产品认证 2011 年 11 月 1 日，原国家新闻出版总署印刷发行管理司和原环境保护部科技标准司在北京联合召开了绿色印刷推进会，为全国首批获得绿色印刷环境标志产品认证的 60 家印刷企业颁发了认证证书。2012 年 4 月 6 日，新闻出版总署、教育部、环境保护部共同发布了《关于中小学教科书实施绿色印刷的通知》，明确了中小学教科书实施绿色印刷的指导思想、工作范围和目标、组织机构、实施步骤、分工要求以及监督处罚等方面内容。

开展绿色印刷环境标志产品认证是国家实施绿色印刷的重要手段和路径，这也是国际上许多国家通行的做法。印刷企业取得绿色印刷环境标志产品认证，标志着企业在环境保护方面已经达到国家实施的环境标准规定的先进水平，是值得社会和政府信赖的印刷产品生产者。

（3）绿色印刷产品的检测 随着我国绿色印刷标准及其环境标志产品认证工作的开展，完善绿色印刷产品监督检测方法和程序、健全检测机构职能成为推动绿色印刷工作的又一个重要方面。

根据国际惯例，任何一项标准体系是否能够成功在行业或企业建立并实施，最终有赖于第三方检测机构的认定，这就要求第三方检测机构必须具有绝对的权威。一般而言需要国家政府部门的支持，由国家或政府部门直接担任这个角色，或者由国家、政府委托的组织去担任这个角色。

1.4 绿色印刷关键共性技术及装备总览

绿色印刷环境包括节约能耗、降低噪声、减少废品产出、减少各种辐射与蒸发、保护操作人员安全与健康、回收与重复使用等方面。

绿色印刷关键共性技术包括环保印刷材料关键制备技术、印刷节能关键技术、印刷减排关键技术、印刷增效关键技术和实施绿色印刷环保体系等 5 个方面，其总体技术路线图如图 1-4 所示，绿色印刷环保体系如图 1-5 所示。

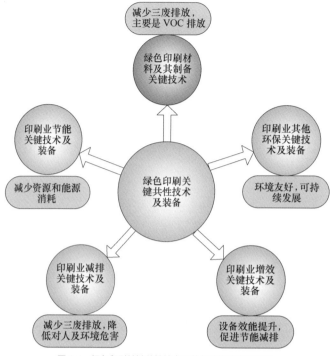

图 1-4　绿色印刷关键共性技术及装备总体技术路线图

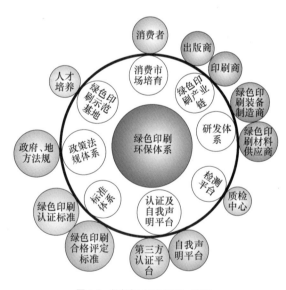

图 1-5　绿色印刷环保体系一览图

1.5　绿色印刷相关标准体系

1.5.1　印刷行业强制性环保标准

国家颁布了 6 项印刷及相关行业强制性标准，其中用于环境标志产品认证（即绿色印刷认证）3 项，包括平版印刷（HJ 2503—2011《环境标志产品技术要求 印刷 第一部分：平版印刷》）、凹版印刷（HJ 2539—2014《环境标志产品技术要求 印刷 第三部分：凹版印刷》）和商业票据印刷（HJ 2530—2012《环境标志产品技术要求 印刷 第二部分：商业票据印刷》）；用于印刷行业排污监测（HJ 1246—2022《排污单位自行监测技术指南 印刷工业》）标准 1 项；其余用于包装印刷业有机废气治理工程（HJ 1163—2021《包装印刷业有机废气治理工程技术规范》）和印刷工业污染防治（HJ 1089—2020《印刷工业污染防治可行技术指南》）标准 2 项，见表 1-3。

表 1-3　　　　　　　　　　　印刷行业强制性环保标准

序号	标准代号	标准名称	标准类型	标准主要内容	适用范围	主管部门
1	HJ 2503—2011	《环境标志产品技术要求 印刷 第一部分：平版印刷》	强制性	环境标志产品平版印刷的术语和定义、基本要求、技术内容和检验方法	采用平版印刷方式的印刷过程及其产品	生态环境部
2	HJ 2530—2012	《环境标志产品技术要求 印刷 第二部分：商业票据印刷》	强制性	环境标志产品商业票据印刷的术语和定义、基本要求、技术内容和检验方法	各类商业票据印制	生态环境部
3	HJ 2539—2014	《环境标志产品技术要求 印刷 第三部分：凹版印刷》	强制性	环境标志产品凹版印刷的术语和定义、基本要求、技术内容和检验方法	以纸质、塑料及其复合材料为承印物的凹版印刷过程及其产品	生态环境部
4	HJ 1246—2022	《排污单位自行监测技术指南 印刷工业》	强制性	印刷工业排污单位自行监测的一般要求、监测方案制定、信息记录和报告的基本内容及要求	印刷工业排污单位在生产运行阶段对其排放的水、气污染物，噪声以及对周边环境质量影响开展自行监测。印刷工业排污单位中，自备火力发电机组、配套动力锅炉的，自行监测要求按照 HJ 820 执行	生态环境部
5	HJ 1163—2021	《包装印刷业有机废气治理工程技术规范》	强制性	包装印刷业有机废气治理工程的污染物与污染负荷、总体要求、工艺设计、主要工艺设备和材料、检测与过程控制、主要辅助工程、劳动安全与职业卫生、施工与验收、运行与维护等	包装印刷生产过程中印前处理、印刷、印后加工等工序有机废气治理工程的建设和运行管理，可作为建设项目环境影响评价和环境保护设施的工程咨询、设计、施工、验收及建成后运行与管理的技术依据	生态环境部

续表

序号	标准代号	标准名称	标准类型	标准主要内容	适用范围	主管部门
6	HJ 1089—2020	《印刷工业污染防治可行技术指南》	强制性	印刷工业的废气、废水、固体废物和噪声污染防治可行技术	可作为印刷工业企业或生产设施建设项目的环境影响评价、国家污染物排放标准制修订、排污许可管理和污染防治技术选择的参考	生态环境部

1.5.2 印刷及相关行业推荐性环保标准

国家颁布了 11 项印刷行业推荐性标准，其中绿色印刷术语标准（CY/T 129—2015《绿色印刷 术语》）1 项，其余印刷过程环保指标控制及印刷品环保指标评价标准 10 项，用于绿色印刷自我声明及过程控制，见表 1-4。

表 1-4　　　　　　　　　印刷行业推荐性环保标准

序号	标准代号	标准名称	标准类型	标准主要内容	适用范围	主管部门
1	CY/T 87—2012	《印刷加工用水基胶粘剂有害物质限量》	推荐性	印刷加工用水基胶黏剂中苯、甲苯和二甲苯、游离甲醛、卤代烃（以二氯甲烷计）、可溶性重金属（铅、铬、镉、汞）限量及试验方法	印刷加工用水基胶黏剂	国家新闻出版署
2	CY/T 127—2015	《用于纸质印刷品的印刷材料挥发性有机化合物检测试样的制备方法》	推荐性	用于纸质印刷品的印刷材料中纸张、油墨、电化铝三类材料的挥发性有机化合物检测试样的制备方法	纸质印刷品的印刷材料中纸张、油墨、电化铝三类材料的挥发性有机化合物检测试样的制备	国家新闻出版署
3	CY/T 129—2015	《绿色印刷 术语》	推荐性	绿色印刷专业用语，以保证在生产、教学和学术等活动中正确应用专业概念	印刷行业及其相关专业编写标准、出版、教学、科研及技术交流	国家新闻出版署
4	CY/T 131—2015	《绿色印刷 产品抽样方法及测试部位确定原则》	推荐性	绿色印刷产品的抽样方法及测试部位确定原则	绿色印刷产品检验的样本抽取及样品测试部位的确定	国家新闻出版署
5	CY/T 132.1—2015	《绿色印刷 产品合格判定准则 第 1 部分:阅读类印刷品》	推荐性	纸质阅读类印刷品有害物质的限量要求、检验方法和检验规则	图书、期刊、本册、报纸、儿童读物等纸质阅读类印刷品。纸质票证类印刷品可参照执行	国家新闻出版署

续表

序号	标准代号	标准名称	标准类型	标准主要内容	适用范围	主管部门
6	CY/T 132.2—2017	《绿色印刷　产品合格判定准则　第2部分:包装类印刷品》	推荐性	包装类印刷品有害物质的限量要求、产品回收标识、检验方法和检验判定规则	一般工业产品、食品、药品等纸质、塑料及复合材料为承印物包装印刷品	国家新闻出版署
7	CY/T 130.1—2015	《绿色印刷　通用技术要求与评价方法　第1部分:平版印刷》	推荐性	平版印刷所涉及的绿色印刷通用技术要求、评价及检验方法	对生产纸质平版印刷品企业进行绿色印刷评价。采用其他承印材料平印企业可参照使用	国家新闻出版署
8	CY/T 130.2—2017	《绿色印刷　通用技术要求与评价方法　第2部分:凹版印刷》	推荐性	凹版印刷所涉及的绿色印刷通用技术要求、评价及检验方法	与凹印相关以纸质、塑料及其复合材料为承印物的印刷品印刷企业进行绿色印刷评价。采用其他材料凹印企业可参照使用	国家新闻出版署
9	CY/T 130.3—2020	《绿色印刷　通用技术要求与评价方法　第3部分:纸质柔性版印刷》	推荐性	纸质柔性版印刷所涉及的绿色印刷通用技术要求、评价及验证方法	以纸质及其复合材料为承印物的柔版印刷企业绿色印刷评价	国家新闻出版署
10	CY/T 130.4—2020	《绿色印刷　通用技术要求与评价方法　第4部分:塑料柔性版印刷》	推荐性	塑料柔性版印刷所涉及的绿色印刷通用技术要求、评价及验证方法	以塑料及其软包装复合材料为承印物的柔性版印刷企业进行绿色印刷评价	国家新闻出版署
11	CY/T 195—2019	《绿色印刷　书刊柔性版印刷过程控制要求及检验方法》	推荐性	柔性版印刷书刊过程中所涉及绿色印刷术语和定义、材料要求、设备要求、制版要求、印刷要求及检验方法	以纸张为承印物的书刊柔性版印刷,其他柔性版印刷可参照使用	国家新闻出版署

　　国家颁布了7项印刷相关行业推荐性标准,主要涉及橡皮布(CY/T 228—2020《绿色印刷材料　胶印橡皮布》)、橡皮滚筒自动清洗装置(JB/T 13796—2020《平版印刷机　橡皮滚筒自动清洗装置》)、印刷机械能耗检测方法(GB/T 25675—2010《印刷机械　资源利用技术条件》、JB/T 12377—2015《卷筒料凹版印刷机能耗测试方法》)及印刷品挥发性有机物检测方法,见表1-5。

表 1-5　　　　　　　　　　印刷相关行业推荐性环保标准

序号	标准代号	标准名称	标准类型	标准主要内容	适用范围	主管部门
1	CY/T 228—2020	《绿色印刷材料 胶印橡皮布》	推荐性	绿色印刷使用的胶印橡皮布的术语和定义、技术要求、检验方法及判定规则	符合绿色印刷材料要求的胶印橡皮布的判定	国家新闻出版署
2	CY/T 229—2020	《阅读类印刷品中挥发性有机化合物的测定　气候舱法》	推荐性	阅读类印刷品中释放的挥发性有机化合物测试方法	阅读类印刷品中甲醛、苯系列、总挥发性有机物释放量的测定	国家新闻出版署
3	CY/T 230—2020	《阅读类印刷品中挥发性有机化合物检测用气候舱通用技术条件》	推荐性	阅读类印刷品中挥发性有机化合物检测用气候舱的要求、验证方法、检验规则和标志、包装、运输、贮存	阅读类印刷品中挥发性有机化合物检测用气候舱	国家新闻出版署
4	GB/T 25675—2010	《印刷机械　资源利用技术条件》	推荐性	印刷机械资源利用技术条件的术语和定义、设备、要求、产品评价	制版、印刷、印后加工设备及相关辅助设备	中国机械工业联合会
5	JB/T 12378—2015	《印刷机械　节能产品评价指南》	推荐性	印刷机械类节能产品评价指南的术语和定义、节能评价的参评条件和基本数据、节能产品的评价指标以及综合评价	对印刷机械类产品进行节能效果的评价（标准主要包括资源：水、电能、油、材料、其他）	工业和信息化部
6	JB/T 12377—2015	《卷筒料凹版印刷机能耗测试方法》	推荐性	卷筒料凹版印刷机能耗测试的术语和定义、能耗参数测试及计算方法	纸张、薄膜、铝箔及其复合材料等卷筒料机组式凹版印刷机	工业和信息化部/国家能源局
7	JB/T 13796—2020	《平版印刷机橡皮滚筒自动清洗装置》	推荐性	平版印刷机橡皮滚筒自动清洗装置的术语和定义、型号及基本参数、要求、试验方法、检验规则及标志、包装、运输与贮存	平版印刷机上对橡皮滚筒表面进行自动清洗的装置，压印滚筒、印版滚筒等滚筒表面自动清洗装置可参照使用	工业和信息化部

1.5.3　印刷相关行业强制性环保标准

国家颁布了 9 项印刷相关行业强制性标准，其中关于油墨环境标志产品认证标准 2 项（HJ 2542—2016《环境标志产品技术要求　胶印油墨》、HJ 371—2018《环境标

志产品技术要求　凹印油墨和柔印油墨》），关于油墨制造企业污染排放标准 5 项，关于油墨挥发性溶剂含量标准 1 项；关于卷烟条与盒包装纸中挥发性有机化合物的限量标准 1 项，见表 1-6。

表 1-6　印刷相关行业强制性环保标准

序号	标准代号	标准名称	标准类型	标准主要内容	适用范围	主管部门
1	HJ 2542—2016	《环境标志产品技术要求　胶印油墨》	强制性	胶印油墨环境标志产品术语和定义、基本要求、技术内容和检验方法	胶印油墨	生态环境部
2	HJ 371—2018	《环境标志产品技术要求　凹印油墨和柔印油墨》	强制性	凹印油墨和柔印油墨环境标志产品的术语和定义、基本要求、技术内容和检验方法	凹印油墨和柔印油墨产品的环境特性评价	生态环境部
3	GB 25463—2010	《油墨工业水污染物排放标准》	强制性	油墨工业企业水污染物排放限值、监测和监控要求。本标准中的污染物排放浓度均为质量浓度	油墨工业企业的水污染物排放管理，以及油墨工业企业建设项目的环境影响评价、环境保护设施设计、竣工环境保护验收及其投产后的水污染物排放管理	生态环境部
4	GB 37824—2019	《涂料、油墨及胶粘剂工业大气污染物排放标准》	强制性	涂料、油墨及胶黏剂工业大气污染物排放控制要求、监测和监督管理要求	现有涂料、油墨及胶黏剂工业企业或生产设施的大气污染物排放管理，以及涂料、油墨及胶黏剂工业建设项目的环境影响评价、环境保护设施设计、竣工环境保护验收、排污许可证核发及其投产后的大气污染物排放管理。涂料、油墨及胶黏剂工业企业中合成树脂生产及改性的生产装置执行 GB 31572 相关规定	生态环境部
5	HJ 1087—2020	《排污单位自行监测技术指南　涂料油墨制造》	强制性	涂料油墨制造排污单位自行监测的一般要求、监测方案制定、信息记录和报告的基本内容和要求	涂料油墨制造排污单位在生产运行阶段对其排放的水、气污染物，噪声以及对周边环境质量影响开展自行监测	生态环境部

续表

序号	标准代号	标准名称	标准类型	标准主要内容	适用范围	主管部门
6	HJ 1179—2021	《涂料油墨工业污染防治可行技术指南》	强制性	涂料油墨工业的废气、废水、固体废物和噪声污染防治可行技术	可作为涂料油墨工业企业或生产设施建设项目的环境影响评价、国家污染物排放标准制修订、排污许可管理和污染防治技术选择的参考。本标准不适用于合成树脂生产及改性的生产装置	生态环境部
7	HJ 1116—2020	《排污许可证申请与核发技术规范　涂料、油墨、颜料及类似产品制造业》	强制性	涂料、油墨、颜料及类似产品制造业排污单位排污许可证申请与核发基本情况填报要求、许可排放限值确定、实际排放量核算和合规判定方法，以及自行监测、环境管理台账与排污许可证执行报告等环境管理要求，提出了涂料、油墨、颜料及类似产品制造业排污单位污染防治可行技术要求	指导涂料、油墨、颜料及类似产品制造业排污单位在全国排污许可证管理信息平台填报相关申请信息，适用于指导核发机关审核确定涂料、油墨、颜料及类似产品制造业排污单位排污许可证许可要求。适用于涂料、油墨、颜料及类似产品制造业排污单位排放大气污染物、水污染物的排污许可管理	生态环境部
8	GB 38507—2020	《油墨中可挥发性有机化合物（VOCs）含量的限值》	强制性	油墨中可挥发性有机化合物（VOCs）含量的限值，给出了相关的油墨术语和定义、分类、要求、试验方法、包装标志和禁用溶剂清单	出厂状态的各种油墨。本标准不适用于印刷时用于调节油墨上机性能的添加剂、稀释剂等，也不适用于印刷时用到的洗车水等产品	工业和信息化部
9	YC 263—2008	《卷烟条与盒包装纸中挥发性有机化合物的限量》	强制性	卷烟条与盒包装纸中挥发性有机化合物苯、甲苯、乙苯、二甲苯、乙醇、异丙醇、正丁醇、丙酮、丁酮、乙酸乙酯、乙酸异丙酯、乙酸正丁酯、丙二醇甲醚、4-甲基-2-戊酮和环己酮的限量指标、抽样、测试及判定规则	卷烟条、盒包装纸	国家烟草专卖局

1.5.4　印刷相关行业推荐性环保标准

国家颁布了 12 项印刷相关行业推荐性标准，其中，关于油墨测定方法标准 8 项，关于油墨限定物质标准 3 项，关于切纸机安全标准 1 项，见表 1-7。

表 1-7　　　　　　　　　　　　印刷相关行业推荐性环保标准

序号	标准代号	标准名称	标准类型	标准主要内容	适用范围	主管部门
1	GB/T 29492—2013	《数字印刷材料用化学品　三嗪 B 含量的测定　反相高效液相色谱法》	推荐性	用反相高效液相色谱法测定 2-(4-甲氧基萘基)-4,6-双(三氯甲基)-1,3,5-三嗪含量的方法	由 1-甲氧基萘与三氯乙腈反应，用于数字印刷材料的化学品三嗪 B 含量的测定	中国石油和化学工业联合会
2	GB/T 38608—2020	《油墨中可挥发性有机化合物（VOCs）含量的测定方法》	推荐性	油墨及类似产品中可挥发性有机化合物（VOCs）含量的检测方法和测试报告	各种油墨及类似产品	中国轻工业联合会
3	QB/T 2929—2021	《溶剂型油墨溶剂残留量的限量及测定方法》	推荐性	溶剂型油墨的溶剂残留量限量及测定方法	溶剂型油墨	工业和信息化部
4	QB/T 5656—2021	《油墨中苯类溶剂含量测定方法》	推荐性	溶剂型油墨及其油墨连接料中苯类溶剂含量的基质校正顶空-气相色谱测定方法，包括原理、试剂材料、仪器和设备、方法步骤、结果表示、定量测定下限及回收率、精密度和检测报告	溶剂型油墨及其油墨连接料产品，采用内标法测定苯类溶剂含量。其他油墨及油墨连接料可参照执行	工业和信息化部
5	HG/T 5969—2021	《水性油墨废水的处理处置方法》	推荐性	水性油墨废水的处理处置方法及环境保护要求	水性油墨废水的处理处置	工业和信息化部
6	GB/T 36421—2018	《包装材料用油墨限制使用物质》	推荐性	包装材料用油墨限制使用物质的管理要求和种类	包装印刷油墨的生产、销售和使用。其他非包装材料用油墨也可参照执行	中国轻工业联合会
7	QB/T 4538—2013	《水性柔性版耐高温预印油墨》	推荐性	水性柔性版耐高温预印油墨要求、试验方法、检验规则和标志、包装、运输、贮存	柔版轮转印刷机上使用的水性柔性版耐高温预印油墨	工业和信息化部
8	GB/T 26394—2011	《水性薄膜凹印复合油墨》	推荐性	水性薄膜凹印复合油墨的要求、试验方法、检验规则、标志、标签、包装、运输和贮存	在凹版轮转印刷机上使用的承印物为经处理的聚丙烯、聚酯等印刷用塑料薄膜的水性薄膜凹印复合油墨	工业和信息化部

续表

序号	标准代号	标准名称	标准类型	标准主要内容	适用范围	主管部门
9	GB/T 28387.1—2012	《印刷机械和纸加工机械的设计及结构安全规则 第1部分:一般要求》	推荐性	各种印刷、纸加工机械和相关一般设备的安全要求	纸张印刷或类似材料印刷的印刷机械,包括丝网印刷机械;印刷过程中的准备机械和印刷机械的辅助设备也被视为印刷机械、纸张、印品、印版和油墨处理的机械,还适用于印刷清洗、质量检查等机械。纸加工机械,即纸张、纸板及类似材料的处理、加工或制成品的机械	中国机械工业联合会
10	SN/T 4573—2016	《涂料、油墨、胶黏剂中二乙二醇二甲醚的测定 气相色谱-质谱法》	推荐性	水性涂料、溶剂型涂料、油墨、胶黏剂中二乙二醇二甲醚的气相色谱质谱测定方法	水性涂料、溶剂型涂料、油墨、胶黏剂中二乙二醇二甲醚的测定	国家质量监督检验检疫总局
11	GB/T 20216—2016	《纸浆和纸 有效残余油墨浓度(ERIC值)的测定 红外线反射率测量法》	推荐性	一种测定纸浆和纸中有效残余油墨浓度(ERIC值)的方法——红外线反射率测量法	含黑色残余油墨的脱墨浆、回用浆及使用回用浆生产的机制纸。只有当试样在950nm波长红外线照射下的不透明度低于97.0%,本标准才适用	中国轻工业联合会
12	YC/T 207—2014	《烟用纸张中溶剂残留的测定 顶空-气相色谱/质谱联用法》	推荐性	烟用纸张溶剂残留(苯、甲苯、乙苯、二甲苯、苯乙烯、甲醇、乙醇、异丙醇、正丙醇、正丁醇等)顶空-气相色谱/质谱联用测定方法。其他溶剂残留可参考使用	卷烟条包装纸、盒包装纸、烟用接装纸、烟用内衬纸。其他烟用纸张可参考使用	国家烟草专卖局

1.6 小结

依据印刷产业链碳足迹和 TQM 理论"人、机、料、法、环、测"要素分别界定了绿色印刷内涵和外延。简述了国内外绿色印刷技术发展现状,阐释了绿色印刷关键共性技术、装备构成、总体技术路线、绿色印刷标准体系构成。

第2章

绿色印刷
材料及制备

印刷过程涉及的原辅材料种类繁多，这些原料的环保性不仅决定了印刷最终产成品的环保性能，还直接影响印刷生产过程的环境友好性。材料性能及使用方式是印刷加工过程中废水、废渣、废气排放与否，排放量大小的直接影响因素，是评价印刷是否绿色化的重要方面。以下将按照材料种类，对平版胶印、柔性版印刷、凹版印刷、丝网印刷和数码印刷中备受瞩目的重要原辅材料的使用现状、发展趋势进行分析，如图 2-1 所示。

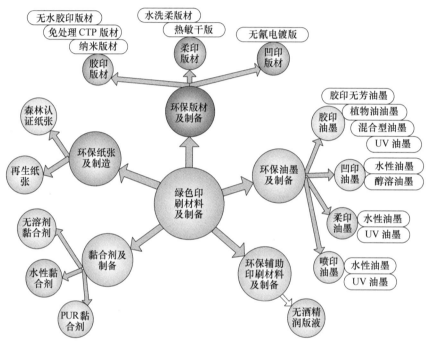

图 2-1　环保印刷材料及制备

2.1　印前制版技术及材料

随着印前数字化程度的不断加深和环保性能要求的不断提高，在平、凸、凹、孔各个印刷领域，印前制版技术都在发生着翻天覆地的变化，不同方式、不同类型的计算机直接制版技术逐渐取代传统使用感光胶片的制版方式，在提高生产效率、减少资源消耗、减少污水排放方面取得了突出成果。

（1）胶印制版　计算机直接制版（CTP）逐渐取代激光照排技术，CTP 版材与 PS 版产量变化情况如图 2-2 所示，版材生产总量保持平稳。2021 年胶印版材产量为 52360 万 m^2，其中，CTP 版材产量达 49980 万 m^2，国内 CTP 版在胶印版材中占比达 95.45%。未来这一比例将继续加大，随着供应链紧缩，PS 版除保留小部分出口外将逐渐退出历史舞台。环保 CTP 版材价格下降，逐渐取代化学显影型 CTP 版，将成为

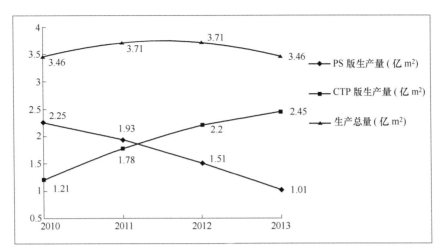

图 2-2　版材产量趋势图

市场发展的又一浪潮。

　　由图 2-3 可以看出，1988 年是东丽公司无水胶印版材研制高峰；2000年，侧重于应用技术研究，无水胶印技术已经成熟并应用。

　　为了减少铝版基粗化过程中产生的污染，也有一些环保型版材采用了非金属基底，如聚酯和纸基版材等。使用非金属版基的一个重要领域就是

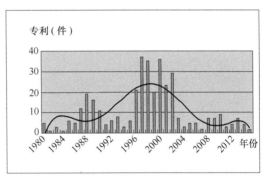

图 2-3　日本东丽公司无水胶印专利分布情况

无水胶印版材。无水胶印是一种平凹版印刷技术，印刷时不使用水或传统润版液，而是采用不亲墨的硅橡胶表面的印版、特殊油墨和一套控温系统。采用无水胶印版材印刷，不使用传统胶印润版液等含有挥发性溶剂的润版液，不会向空气中排放挥发性有机物，减少了环境污染，也节约了水资源；此外无需考虑水墨平衡，提高了版材的耐印率以及生产效率。无水胶印有印刷效果优异、印刷效率高及环保等优点。

　　在一些西方国家及日本，无水胶印已广泛应用于各个印刷领域。无水胶印版材的优势很多，但对印刷系统要求较高，制版过程复杂，印刷环节需要特殊油墨和印刷系统配合使用，价格也较高，所以目前的使用范围受限。目前，国内无水胶印技术水平相对落后，无水胶印版材及大部分油墨需依靠进口，价格很高，难以普及。我国正在逐步引进或开发无水胶印版材技术。

　　基于纳米材料研究和应用的基础，中国科学院化学所自主开发了一种"非阳极氧化"的新型纳米材料喷墨制版技术。该技术引入喷墨作为版材图案化的实现手段，在制版过程中使用按需打印的增材制造方式，取代了感光 CTP 版必须经过曝光显影

形成图案的减材生产方式，纳米墨水通过喷墨打印的方式，喷射到基材上，形成纳米版材，如图2-4所示。

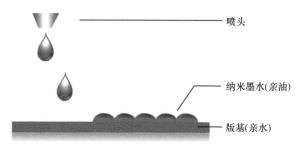

图2-4　纳米材料喷墨制版技术原理

不同于以上任何感光化学版材，纳米版材是将新型功能性纳米涂层均匀涂布在未做砂目化处理的铝基版表面，实现普通版材所具备的高耐印力和保水性等印刷要求。它完全摒弃了传统版材电化学腐蚀的原理，省去了电解氧化等诸多烦琐工序，且成本低廉，将根本解决版材制备过程中的污染和资源浪费问题。因此，纳米喷墨制版技术不仅在制版过程中实现了免冲洗、零排放，还由于在版材生产过程中无需对基材进行砂目化处理，彻底解决了版材生产的耗能和污染问题。

纳米喷墨制版技术由于其绿色环保、工艺简捷、成本低廉的特点，是新的制版技术发展方向，这一技术基于纳米材料开发，因此将摆脱在感光材料方面被国外企业牵着鼻子走的被动局面，也为进一步的技术发展和跨越式创新提供了广阔空间。

（2）柔版制版　过去柔性版市场基本被国外大公司的知名品牌占领，售价较高。近年国内企业引进了部分设备，经过消化、吸收、改造，注入自有技术，已形成一定生产能力。根据CI FLEXO TECH杂志的"中国柔性树脂版市场现状及最新技术进展"（2022年4月刊）以及海关进出口统计数据，2021年，中国柔性固态感光树脂版版材的总消耗量约为135万m^2，其中进口版材75.67万m^2，国产版材59.33万m^2〔引自《中国柔性版印刷发展报告2022》〕。国内柔性版的规模化生产，促进了国内柔性版印刷的发展。未来随着成本的降低，人们环保意识的增强，越来越多的人倡导"凹转柔"的印刷方式，使用水性油墨的柔版印刷将得到大力发展，柔版用量将会爆发式增长。

在柔性版制版技术中，传统的胶片制版技术仍占不小比例，约占32.14%，数字制版技术约为67.86%。随着柔性版直接制版技术逐渐兴起，激光直接烧蚀型柔性版以其制版精度高、网点形状规则、大量印刷网点一致性好、无胶片制版等优点被越来越多地使用。使用3D打印的方式制造柔性版是逐渐兴起的技术开发方向，未来也许能够实现免冲洗柔性版制版。

（3）凹印制版　凹版制版常用的有腐蚀制版和雕刻制版两种方法，其中腐蚀制版使用化学溶液和腐蚀处理技术，包括酸洗、镀铜、镀铬、三氯化铁腐蚀等过程，增加了化学物质的排放。雕刻制版虽然减少了三氯化铁的腐蚀，但是在制版的前加工和后加工中仍然还有酸洗、镀铜、镀铬的过程，同样产生了有害废液，对环境污染较大。

凹印制版大多采用电子雕刻凹版与激光雕刻凹版。激光凹版制版区别于电子雕刻的最大好处是雕刻制版不再受原来雕刻针限制，利于高速高精度控制，可以完美再现任意圆弧、倾斜线条等图形，质量和效率较电子雕刻有更大提高。雕刻制版的方式可减少化学品的使用，但并不能完全避免。因此，要加强有害废液的回收和无害化处理，减少排放是主要控制手段。

（4）丝网制版　丝网版的制版方式仍然采用感光制版法，常用的感光材料是重铬酸类感光材料，排出的废液中含有大量的 Cr^{6+}，六价的 Cr 离子毒性很大，如果人体接触到含有 Cr^{6+} 的溶液就会产生皮炎等疾病，同时废液的排放对环境造成严重影响。

国内丝网制版以感光胶片蒙版制版为主，部分领域应用喷墨技术制作胶片掩膜来代替感光胶片或采用直接喷墨制版，其优势在于方便大幅面丝网制版，但是制版精度和速度偏低。国外在丝网版直接制版（CTS）方面处于领先地位，由于丝网制版过程废水、废气排放严重，国外环保要求高，因此国外 CTS 产品已经形成集清洗、脱脂、涂布、干燥、晒版、脱膜、风干、干燥剂自动上下网框于一体的全流程自动化系统。未来，对丝网制版全程自动化控制及废液有效回收和无害化处理将变得非常重要。

2.2　油墨

根据数据统计，2021 年中国油墨产量约为 84.6 万 t，比 2020 年增长 4.4%。据油墨行业统计，受印刷行业整体发展趋势影响，我国油墨行业近年来增速放缓，2017 年—2021 年全国油墨生产量和增长情况如表 2-1 所示。

表 2-1　　　　　　　　2017 年—2021 年全国油墨生产量和增长情况

年份	2017 年	2018 年	2019 年	2020 年	2021 年
年产量/万 t	74.2	76.8	79.4	81.0	84.6
同比增长/%	7.8	3.5	3.4	2.0	4.4

柔印油墨主要包括水性油墨、溶剂型油墨、UV 油墨和其他油墨（底油和光油）。上海出版印刷高等专科学校联合中国日用化工协会油墨分会和中国印刷技术协会柔性版印刷分会针对柔印油墨生产企业进行了调研。调研企业 2021 年的油墨产量总计 33.29 万元，约占全国油墨大类产品产量的 39.16%，其中，柔印油墨销售总量约为

10.17 万 t。从柔印油墨的类型看，水性油墨销售量最高，约为 77.56%；溶剂型油墨约为 6.88%；UV 油墨占比较少，约为 2.34%；其他（底油、光油）等占比约为 13.22%。调研企业各类柔印油墨的销量占比情况见图 2-5。

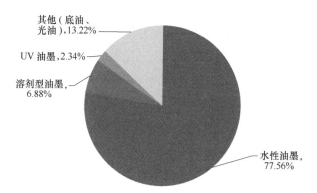

图 2-5　调研企业各类柔印油墨的销量占比情况

油墨具有植物油化、水性化、能量固化三个主要的环保化发展方向，而其中 UV 存在光污染和 VOCs 排放问题，因此水性化是油墨环保化发展最为重要的方面。

图 2-6　油墨从材料角度划分的基本类型

要使油墨符合环保要求，首先应从油墨的基本成分改变入手，包括呈色剂、连接料及助剂，即采用环保型材料配制新型油墨，增加水性材料使用，如图 2-6 所示。

（1）胶印油墨　我国胶印油墨的生产和应用有着 40 多年的历史，技术上也比较成熟，高、中、低档产品齐全，基本上能满足国内印刷市场的需求，出口油墨中主要是胶印油墨。2021 年胶印油墨的生产总量约占全国油墨总产量的 30.2%，在印刷油墨中占有主要地位，但胶印油墨在油墨总量中的占比在逐年下降，这也从一个方面说明我国胶印印刷在全部印刷中的占比呈现出了逐步下降的趋势。随着油墨环保性能要求的提高，胶印油墨未来主要发展方向有以下四个方面：①胶印无芳油墨；②大豆油型胶印油墨；③混合型油墨技术；④UV 胶印油墨。

（2）柔印油墨　柔性版印刷油墨近年发展较快，2021 年柔版油墨在全部油墨产量中约占 10.9%。我国的柔印油墨以水性油墨为主体，溶剂型柔印油墨市场占有率很小。虽然柔印技术发展速度相对较快，但所占比重不高，和美国等采用水性柔印油墨较多的国家相比，差距比较大。国内柔印油墨以中低档产品为主，高档产品较少。近年来不断高涨的环保呼声有助于促进柔印油墨的发展。

水性柔印油墨在环保方面最具优势，近年来发展极快，一些油墨企业也看准了柔印市场，加大了资金和技术的投入，水性油墨中的颜料、连接料及产品质量有了大幅度提高，尤其在配方中水的用量越来越大，已符合发达国家对水性油墨要求的规定。水性油墨在生产和使用上都很方便，可以用水任意比例地稀释和清洗油墨，其油墨品种不断增加，使用范围越来越广。水性油墨已从单一的纸箱墨向各种基材、多色套印方向发展。

（3）凹印油墨 由于我国包装印刷的高速发展，主要用于包装印刷的凹版印刷油墨市场需求持续旺盛，凹印油墨在全部油墨生产中的占比持续升高。2012 年，凹印油墨生产约占全部油墨的 34%，2021 年占比上升到 45.5%。但凹印油墨生产和使用过程中有害溶剂大量挥发，除本身所含溶剂外，使用时根据黏度的需要还要加 1 倍左右溶剂稀释，因此按照 2013 年凹印油墨总量测算，一年凹印油墨排放 VOCs 高达近 40 万 t。凹印制品中也有很多有害残留物，对环境和人体健康都有很多不利影响。近些年很多业内人士呼吁减少和限制凹版印刷，但由于凹版印刷低廉的成本以及相对精美的印刷品质，难以找到替代品，因而凹版印刷不仅没有减少，反而有所增加。

对于凹印油墨，在日本及欧美国家，因包装要求不同，油墨体系差别较大。日本部分广告报刊采用轮转柔版印刷，卫生制品大部分采用凹版印刷，所用油墨逐步由含苯油墨转向无苯类溶剂性油墨。烟包也以凹版印刷为主，复合包装袋则从苯溶聚氨酯油墨逐渐转向无苯体系油墨，氯化聚丙烯油墨体系已基本消失。

醇溶性塑料凹版印刷油墨在日本、东南亚国家、东欧国家已经得到推广和普及。欧洲大力提倡柔版印刷，凹版印刷也采用醇溶性油墨，禁止使用苯溶性油墨，并且对醇溶性油墨中醇的含量做出了限制。美国国内印刷逐渐禁止使用溶剂性油墨，在发展水性油墨方面走在了世界的前列。

对于凹版油墨的发展，溶剂环保化和水性化是其两个重要发展方向。由于凹印油墨主要是溶剂型（尤其是印刷速度比较高的），受环境保护的制约因素比较大。水性凹印油墨虽有工业应用，但其印刷速度还比较低，而紫外光固化油墨的较大规模生产应用还需要一个过程。

① 溶剂型凹版油墨 针对苯类溶剂在食品塑料软包装上的残留和污染，顺应环境保护的要求，在塑料凹版印刷中，醇溶性凹版印刷油墨开始逐渐替代苯溶性氯化聚丙烯油墨。醇溶性凹版印刷油墨具有低气味、少含苯或不含苯、对环境污染小的特点。

国内近年推出的醇溶性塑料凹版表印油墨以醇溶性聚酰胺为连接料，其中甲苯、苯等溶剂的含量占油墨总溶剂的 1%~10%，并能用于水煮包装。为降低印刷品的苯类溶剂残留，该油墨的稀释剂中尽量不采用甲苯和二甲苯。凹版醇溶性油墨的应用必将为凹版印刷注入一定的活力。在可预见的将来，我国软包装用塑料凹版油墨将逐渐由苯溶性塑料油墨向醇溶性塑料油墨过渡，醇溶性塑料油墨将成为塑料凹版印刷油墨由溶剂性向水性化的中间产物。

醇水性塑料凹版油墨以聚丙烯酸酯为油墨连接料，使用含量 50%~70% 的乙醇单一溶剂稀释。该醇水性凹版白墨可与普通苯溶性氯化聚丙烯油墨配合使用。使用普通复合油墨的品、黄、青三原色进行彩色印刷，保持印刷图文色彩的鲜艳性，将铺底的白墨换用醇水性塑料油墨。该种白墨、色墨的组合使用方式可以降低溶剂残留，采用价格低廉的油墨稀释剂，且白墨用量可以减少 20%~30%。醇水性塑料凹版白色油墨，墨色细腻均匀、遮盖力强，基本消除了复合镀铝薄膜印刷后图文上出现灰色或白色斑点的现象，有效解决了 PET 薄膜印刷后的粘连问题。采用上述组合方式印刷的 PET 塑料薄膜，可以大大降低印刷成本。数年来，醇水性塑料凹版油墨的应用，展示出优良的性能和较高的经济效益。目前在塑料薄膜的印刷中的应用日益成熟，正逐步进入推广普及阶段。

② 水性凹版油墨　水性凹版油墨作为一种环保油墨，广泛应用于食品、药品及烟酒类包装印刷领域，其无溶剂挥发、无溶剂残留的环保特性得到了业界的广泛认可，从而成为目前各种油墨中唯一经过美国食品药品协会认可的无毒油墨。

用水性油墨取代溶剂型油墨是印刷业及油墨制造业具有深远意义的重大变革，也是社会发展的必然趋势，而且这种趋势已越来越紧迫。目前国内沿海各省新建了多家独资或合资的塑料薄膜包装印刷企业，却因为国内没有适合的水墨而采用进口水墨，成本较高。目前，水性凹印油墨正处于发展时期，国内一些油墨企业仍在进行产品质量和环保性技术改进试验。他们从油墨的上游产品——树脂连接料、颜料和助剂等原材料的选用试验入手，提高产品的技术含量和环保性能。

水性凹印油墨近年来虽然发展较快，但在性能和印刷质量标准上仍与传统凹印油墨有一定差距，特别是在一些高档印刷品上还不能使用水性油墨。随着人们环保意识的提高和对健康的日益重视，水性油墨在技术上不断改进，质量不断提高，水性油墨必将取得越来越大的市场份额。

（4）网印油墨　丝网印刷油墨是近十几年来在我国很活跃而且发展很快的油墨种类，各种功能性油墨主要应用于丝网印刷，如：导电油墨、阻焊油墨、射频识读标签（RFID 标签）油墨、光盘印刷油墨等，具有发光、变色、发泡、导电、磁性、荧光、香味、阻焊、耐高温等特性，在包装、广告、陶瓷、纺织、电子、金属标牌、不干胶等行业有广阔的应用前景。

UV 网印油墨是当今得以迅速发展的一种环保型油墨。由于丝网印刷适用面广，经常作为辅助印刷整饰方式使用，一般工厂规模相对偏小，设备简单，环保设施不到位，环境监督管理较弱。由于丝网印刷油墨种类繁多，部分油墨 VOCs 排放量较大，对操作人员劳动环境影响严重。应进一步加强环境治理，推广高效空气净化和处理装置。

（5）喷印油墨　数字印刷技术和喷绘产业不断发展，喷墨油墨的需求也随之加大。目前喷墨印刷用油墨国内生产商不少，但尚未形成规模，知名品牌少。2022 年喷墨印刷专用油墨全年产量约占全部油墨产量的 5%。但喷墨技术因其独特、灵活的实现方式和可用于广泛承印材质的特性，已在各行业改变着传统工艺方式，喷墨印刷油墨未来将会有一个较快的发展过程。

根据材料性质不同，喷印油墨主要有溶剂型、水性和 UV 墨水。根据承印材料和应用行业不同，喷印油墨有织物墨水、陶瓷墨水、导电墨水、数字印刷墨水、喷绘墨水、制版墨水和 3D 打印墨水等。随着打印技术的迅速发展，喷印油墨的种类和适用范围将会更加广阔。其中水性墨水和 UV 墨水以其良好的环保性能将成为未来发展的主要方向。

（6）新型环保油墨　从油墨的固化机理方面来看，紫外光固化油墨（UV 油墨）和电子束固化油墨（EB 油墨）由于其 VOCs 排放量少、固化效率高等优点成为未来环保油墨的重要发展方向。尤其是电子束固化油墨，由于不用或者少用光引发剂，避免了光引发剂及其反应残余物带来的迁移和散发气味等问题，因而在食品和药品包装上很受欢迎。EB 油墨是指在高能电子束的照射下能够迅速从液态转变为固态的油墨，也是新型环保油墨。EB 油墨以无 VOCs、对操作人员健康危害小、产品气味低、无须光引发剂、可联机作业、固化速度较 UV 油墨更快等优点受到国外广大印刷用户的青睐。

2.3　免酒精润版液

2.3.1　普通润版液的组分及特点

在胶印工艺中，油墨和润版液是对立统一的两个关键要素。在印刷机和纸张已经确定的前提下，印刷品的质量主要由水（即润版液）、墨（油墨）平衡决定。

典型普通润版液［以羧基甲基纤维素（CMC）润版液为例］的配方见表 2-2。

表 2-2　　　　　　　　　　　　　典型普通润版液的配方

成分	水	阿拉伯树胶	苯甲酸钠	磷酸二氢钠	磷酸（85%）	聚乙二醇	乳化硅油
剂量	1000mL	20g	8g	6g	2mL	8g	1.6g

成分	乙醇	CMC	柠檬酸	柠檬酸钠	磷酸	甲醛
剂量	70g	13g	26g	36g	2.4g	2.4g

注：原液：水 = 1 : 5。

（1）平版印刷机上润版液作用　①根据胶印水墨平衡的原理，在印版的非图文部分形成水膜；②补充在印刷过程中损坏的亲水层；③降低印版的表面温度。

（2）存在的问题　①挥发快，润版液中酒精的 40% 挥发浪费；②酒精很贵，成本高；③易燃易爆；④毒性高，一般要求异丙醇含量低于 $400×10^{-6}$，但在印刷车间往往超过标准值。

（3）酒精（异丙醇，IPA）在润版液中的主要作用　①降低液态表面的张力，使水变得更"湿润"，以利于其在印版亲水部分扩散铺展；②增加润版液的黏度；③酒精可以对润版液进行清洗。

2.3.2　免酒精润版液的组分及特点

免酒精润版液一般由缓冲液、印版保护剂、表面活性剂、消泡剂、杀菌剂、络合剂、干燥剂、阿拉伯树胶、水、IPA 替代物等组成。常用缓冲液有柠檬酸、柠檬酸钠、磷酸氢二钠、磷酸氢二胺等；常用印版保护剂有磷酸、硝酸、有机酸等；常用表面活性剂有羧甲基纤维素、聚氧乙烯聚氧丙烯醚等；常用消泡剂有聚醚、硅油等；常用杀菌剂有少量甲醛等；常用络合剂有葡萄糖酸钠等。典型免酒精润版液的具体配方见表2-3。

免酒精润版液由二乙二醇、甘油、丙二醇等代替异丙醇，减少挥发性有机物（VOCs）的排放。

表 2-3　　　　　　　　　典型免酒精润版液的配方　　　　　　　　　（单位：g/L）

成分	水	阿拉伯树胶	丙二醇	防腐剂	聚醚	聚乙二醇
剂量	余量	10~30	200~300	5~10	15~30	5~50

成分	二乙二醇	壬基酚聚氧乙烯醚	柠檬酸	柠檬酸钠	络合剂	硝酸镁
剂量	30~80	5~10	20~40	10~30	5~10	2~5

（1）免酒精润版液的特点及主要组分　与普通润版液作用相同，免酒精润版液采用甘油和阿拉伯树胶（增稠剂）替代酒精，发挥同样的作用。组分比例：甘油为8%~15%；阿拉伯树胶（增稠剂）为 5%~8%。

（2）免酒精润版液的优点　①润版液本身费用减少；②胶辊会逐渐变软，使用寿命显著延长，养护成本降低；③印刷机只需要很少的油墨就可以得到所需的色密度，更稀的墨膜能实现更清晰的墨点和更明亮的色彩还原，减少油墨用量，并伴有印刷品质量提升；④印后纸张干得更快，交货速度可提高；⑤车间更安全、更环保。

（3）免酒精润版液的两个关键参数

①表面张力　普通润版液中，酒精的加入是为了减少表面张力。使用免酒精润版液就必须精细调整，使得表面张力实际在 0.04~0.06N/m，与采用异丙醇印刷时的表现特性相同。

②黏度　无酒精时，黏度降低使得润版液变得更稀薄。在未经调整的印刷机上，润版系统不能足量地将润版液传输到印版上，水墨平衡被打破，会造成不良的后果。必须精细调节橡胶辊与印版间的压力，可以使润版系统提高润版液传输量，并且随着

酒精的去除，润版胶辊的橡胶会逐步变软，直到回到最初的设计硬度，液面就会慢慢降低至最佳状态，印刷机方能进入正常运行状态。

（4）正确使用规范　免酒精润版液与普通润版液工作原理不同，并非简单材料替换。使用免酒精润版液时，针对表面张力和黏度的差异，需要进行印刷机工艺参数调整。

① 必须增加润版辊的速度。酒精会增加润版液黏度。由于免酒精润版液黏度比普通润版液低，润版辊同样速度下，传输的润版液少，因此，需要通过提高润版辊的速度，以保证润版液的传输量。

② 通过使用更软的橡胶辊，可以增加润版系统的润版液传输量。

③ 通过精细调整润版辊与印版间的压力，可以改变润版液传输量。

④ 水墨平衡是胶印的关键条件，必须符合平版印刷的基本工作原理。

2.4　书刊装订用黏合剂特性及 EVA

大部分书刊采用装订黏合剂（胶）进行装订，EVA 热熔胶已经广泛应用于无线胶订。书刊装订质量一直是人们关注的问题，掉页、散书等问题时有发生。黏合剂作为胶装工艺不可或缺的黏合材料，其质量和性能对装订质量有重要影响。

2.4.1　书刊装订用黏合剂性能要求

黏合剂要具有流动性，润湿性，黏度强，无毒，有一定的涂胶时限和凝固时间，性能稳定，有一定的柔弹性。

（1）流动性　书刊装订所用胶黏剂必须具有良好的流动性，才能使胶液充满被黏物体表面的微孔，在黏合时才能与被黏物体凹凸不平的表面达到全面的真正的接触。

（2）润湿性　为了得到理想的黏结效果，胶黏剂应能很好地在被黏物体表面涂布，应与被黏物体表面有尽可能大的接触面积。只有当胶黏剂充分润湿被黏物体表面后再失去流动性并产生强有力的凝聚力，才能产生完好的黏结效果，所以，润湿是黏结的先决条件。液体的表面张力小于或等于固体表面张力是液体在固体表面完全润湿的条件。这就要求胶黏剂的表面张力应尽量小，此时，胶黏剂对被黏物体表面的接触角都小于90°，才能使被黏物体表面润湿。

（3）黏度　温度的改变导致胶黏剂黏度的改变，极大地影响胶黏剂的黏结性能。为了保证黏结的牢度，应根据被黏物体和胶黏剂的种类、性能，在配制和使用胶黏剂时，一定要对其黏度进行控制。

（4）涂胶时限和凝固时间　装订胶应有一定的涂胶时限和凝固时间。涂胶时限是指胶黏剂在涂刷到被黏物体表面后，胶黏剂不丧失其黏性所能持续的时间。这一持续时间应当是完成某一装订工作所必需的时间，只有这样才能保证在胶黏剂凝固之前，两个被黏结的物体在要求的位置黏牢。

（5）胶黏剂　要求无味、无毒、不易发霉、不易被虫蛀、不怕鼠咬，不容易燃烧且价格便宜。在被黏物体黏合的过程中，胶黏材料的性能必须稳定。胶黏剂的老化期限应当高于所设计的出版物的使用期限，以保证出版物的正常使用。

（6）胶黏剂应为中性或弱酸性　为了使含纤维素的被黏物体不受损坏，不变色，不使印刷图文褪色，胶黏剂应为中性或弱酸性，一般为无色透明。此外，胶层应有一定的柔弹性，以保证在半成品的进一步加工过程中和书籍的翻阅、保存、运输过程中，胶膜不被破坏。

2.4.2　书刊装订用黏合剂 EVA 特点及适性

EVA 胶黏剂（俗称热熔胶）（Ethylene Vinylacetate copolymer Adhesive，EVA）是以乙烯-醋酸乙烯酯共聚物为主要成分的一类胶黏剂。EVA 热熔胶是一种不需溶剂、不含水分、100%固体可熔性的聚合物，在常温下为固体，加热熔融到一定程度变为能流动且有一定黏性的液体黏合剂，其熔融后为浅棕色半透明体或白色。因其无毒、无环境污染、制备方便等优点，成为胶黏剂市场发展的方向，广泛应用于机械化包装、无线装订等领域，已经成为热熔胶黏剂中应用最广、用量最大的一种。EVA 热熔胶凝聚力大，熔融表面张力小，对几乎所有的物质均有热胶接力，且具有优良的耐药品性、热稳定性、耐候性和电气性能，并因黏接迅速、无毒害、无污染等特点而被称为"绿色胶黏"，成为绿色印刷的首选。

（1）EVA 热熔胶特点

① 在室温下通常为固体，加热到一定程度时熔融为液体，一旦冷却到熔点以下，又迅速成为固体（即又固化）。

② 具有固化快、公害低、黏着力强等特点，胶层既有一定柔性、硬度、又有一定的韧性。

③ 胶液涂抹在被黏物上冷却固化后的胶层，还可以再加热熔融，重新变为胶黏体再与被黏物粘接，具有一定的再黏性。

④ 使用时，只要将热熔胶加热熔融成所需的液态，并涂抹在被黏物体上，经压合后在几秒钟内就可完成黏结固化，几分钟内就可达到硬化冷却干燥的程度。

（2）EVA 胶黏适性

① 生产厂房温度与湿度的影响　EVA 热熔胶是一种热塑性胶黏剂，涂胶后的开放时间受室内温度与湿度影响，一般室内温度应保持恒温，在 15~26℃ 为最佳，湿度应保持在 50%左右。若不能达到要求的环境温度，会在夏天出现用胶气泡过多，不易固化、冷却，而到了冬天又会出现胶黏剂固化、冷却时间缩短、粘不牢或粘不上等问题。

② EVA 热熔胶的黏着力与适性　在实际生产过程中，热熔胶的黏着力会随着热

熔胶加热的温度高低、被黏物材料的不同与优劣、铣背的宽度与深度、涂胶高度以及胶订机运转速度的不同等，得到不同的黏结效果。

③ 热熔胶的加热温度与胶黏适性　热熔胶的软化点一般在 80℃ 以上。加热到 80℃ 时，胶体应该开始软化并熔动。该温度仅仅是热熔胶熔融的温度，要使其熔融达到能黏结书籍的程度，加热温度还要上升到 130～180℃，此时，胶体的黏度、流体、黏性等才适合于书籍黏结。

④ EVA 热熔胶开放时间与生产设备运转速度的关系　无线胶订加工中，使用热熔胶时有三个时间必须严格掌握和控制，即开放时间、固化时间以及冷却硬化的干燥时间。开放时间指将胶液涂在书背上的时间，固化时间是将封面与书背吻合粘的时间，冷却硬化干燥时间是固化后将包好封面的书籍冷却定型后待裁切时间。只有经过以上三个时间，书籍才能定型而达到理想的加工要求。

⑤ 书籍纸张的不同与上胶温度的关系　制作书籍本册的纸张质地不同，因此，上胶温度也应有所不同。不仅是因为纸张的纤维不同，更重要的是由于纸质种类、质地的不同而对胶体产生不同的导热性，使其冷却速度产生变化。以铜版纸和凸版纸的导热性为例，前者胶的冷却速度要比后者快。因为铜版纸中所含的无机物要比凸版纸高 10 倍左右，而无机物具有良好的导热性，它可以使热熔胶的冷却速度加快。

（3）EVA 的环保性能

① 可生物降解　弃掉或燃烧时不会对环境造成伤害。

② 重量较轻　EVA 的密度介于 0.91 至 0.93 之间。

③ 不含臭味　EVA 不含有机气味。

④ 不含重金属　符合有关国际的玩具条例。

⑤ 不含邻苯二甲酸盐　适合儿童玩具及不会产生增塑剂释出危险。

⑥ 高透明、柔软及坚韧度　应用范围广泛。

⑦ 超强耐低温　适合结冰环境。

⑧ 抗水、盐分及其他物质　在多数应用情况下都能保持稳定。

⑨ 高热贴性　可牢固地贴于尼龙、涤纶、帆布及其他布类上。

⑩ 低黏合温度　可加快生产速度。

2.5　小结

环保印刷材料是 VOCs 排放源头治理的基础，阐述了环保印刷材料及制备技术的构成。介绍了 CTP、无水胶印等环保制版技术及材料；分析了水性、UV 等环保油墨的印刷适性、免酒精润版液组分及特点。论述了书刊装订用黏合剂性能要求、EVA 适性。

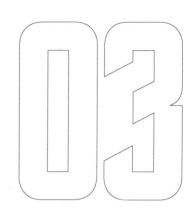

第3章

绿色印刷节能
关键技术及设备

KEY ENERGY-SAVING
TECHNOLOGIES AND
EQUIPMENT FOR GREEN PRINTING

绿色印刷节能关键共性技术及装备如图 3-1 所示。

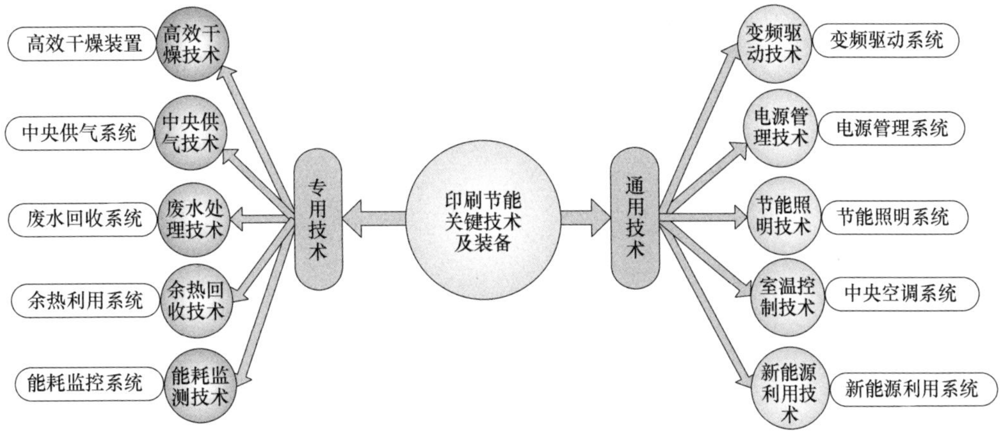

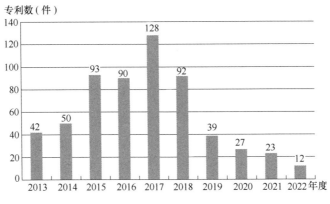

图 3-1　绿色印刷节能关键共性技术及装备

3.1　国外印刷干燥节能技术

以"dry"和"print"为关键词，在专利网检索并整理，印刷干燥技术及装置国际专利分布如图 3-2 所示，各国家和地区申请的相关专利分布如图 3-3 所示。对印刷机干燥技术及装置的研究与开发主要集中在美国、德国、日本、韩国及中国等。

图 3-2　印刷干燥技术及装置国际专利年度分布

（1）环保干燥技术及设备　具有二次燃烧和余热回收的干燥装置可以大大提高生产力，减少浪费，节约能源。印刷过程中的第二大开支就是能源消耗。海德堡（Heidelberg）印刷机械有限公司（简称海德堡公司）"干燥之星（DryStar）"采用滤短波、留长波的方法大幅提升了红外干燥的效率。一台 3B 幅面带上光和干燥单元的六色印刷机平均耗能 140kW，其年耗电量相当于排放了 290t 二氧化碳。其中，印刷机运行耗能占 26%，干燥单元、供气系统和冷却装置的耗能分别占 35%、20% 和 8%，

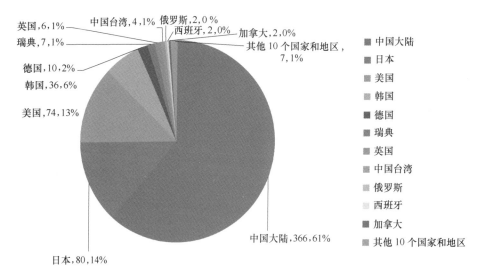

图 3-3　印刷干燥技术及装置国际专利国家（地区）分布

其他耗能占 11%。

（2）智能控制节能技术及设备　干燥系统的风量智能控制。海德堡公司的"空气之星（AirStar）"把数十个风泵集中成只靠 3 只变频马达带动的智能风力系统，可以根据活件的难易程度、色彩数量来自动调节风力的大小强弱，从而使能耗、噪声都减少 70% 以上，维护、维修也变得更为简易。水冷系统采用循环冷水降温，通过水的循环使用来减噪节能，大大优化了车间环境。

（3）印刷装备能耗检测及认证　2010 年，德国机械设备制造业联合会（VDMA）在海德堡公司、高宝（KBA）集团公司（简称高宝公司）、曼罗兰（manroland）印刷机械有限公司（简称曼罗兰公司）的参与下制定了《单张纸平版印刷机能效评价准则》（VDMA 8337-1）并实施。对高宝 VariDry^{blue} 技术进行能耗测试，分析如下：

高宝公司 VariDry^{blue} 技术是针对干燥系统减少排放的综合解决方案。VariDry^{blue}

图 3-4　高宝收纸装置

不仅在机组间增加了吸收装置（臭氧、废热气），在干燥系统设置上也进行了改进，如图 3-4 所示。

在普通的 VariDry（UV）的设计中，高宝公司缩短了干燥装置和基材的距离，由于距离缩短，干燥所使用的能耗也相应减少，如图 3-5 所示。VariDry^{blue} 干燥装置最大的亮点是热能循环再利用。VariDry^{blue} 的一个必要条件就是三倍加长型收纸。在高宝传统的热风干燥装置中，所有的干燥模块都是单独进行热量供给，而在新的 VariDry^{blue} 中，模块 3 的热量供给则是来自从模块 1 和模块 2 中回

收再循环利用的余热。这种设计减
少了加热和抽吸的气量，也降低了
无谓的热能浪费。

高宝公司在其客户的一台利必
达 106-8 八色加上光印刷机上装置
了 120 多个传感器测量点，用于测
量这台设备的能量损耗。这台设备
在每日 24 小时，每周 5 日的情况
下运转了一个月，得出真实的能量

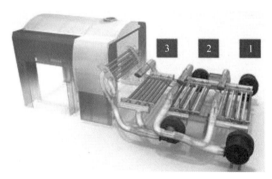

图 3-5　VariDry^{blue} 热能循环再利用干燥装置

损耗数据，如表 3-1 所示。从图 3-6 可以看出，在德国高宝推出的一台印刷机上装有
多个用于检测这台设备能量损耗的传感器。印刷机的能耗主要有四部分：印刷机本身
运转的能耗，干燥冷却能耗，排放气体能耗，其他能耗（如喷粉等收纸部分的
能耗）。

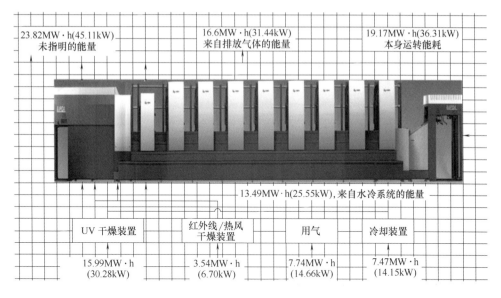

图 3-6　高宝胶印机能耗分布

从图 3-6 可以看出，印刷机的能耗主要由四部分构成：本身运转的能耗
（19.17MW）、干燥冷却能耗（34.74MW）、排放气体能耗（16.6MW）及其他能耗
（23.82MW）。按照 1MW 在额定电压下，1 小时消耗 1000kW·h 的电能来计算，以上
的数据换算为：在测试的一个月中，印刷机运转耗能 19170 度，UV 干燥耗能 15990
度，水冷系统耗能 13490 度，收纸部分耗能 23820 度。中国工业用电价格为 0.8 元/
度，则一台带 UV 干燥的印刷机每月所消耗的基本电费在 6 万元左右。

从表 3-1 可以看出，每年 VariDry 可以为企业节省近 15 万元的成本支出。

表 3-1　　　VariDry^{blue} 干燥装置和普通干燥装置在同等条件下的数据对比

计划生产能力	高宝 VariDry 干燥装置	普通干燥装置
每年工作天数/d	251	251
每天班次	3	3
每班的工作时长/h	7.4	7.4
每年的生产时长/h	5015	5015

测量结果	高宝 VariDry 干燥装置	普通干燥装置	可实现节省	高宝 VariDry 干燥装置	普通干燥装置
测量出的能量消耗/kW·h	33	70	节能/(kW·h/年)	188554	
能量消耗/(kW·h/年)	165495	351050	节能/%	53	
能量成本/(元·kW·h)	0.8	0.8	成本节省/(元/年)	148444	
每年能量成本/元	132396	280840	二氧化碳减少/(t/年)	114.5	
二氧化碳排放/(t/年)	102.10	216.6			

3.2　印刷装备能效评价及监测技术

由于现有技术条件所限，我国绿色印刷标准中，仅有印刷装备效能的定性描述及单元环保部件的配置评价指标，至于印刷装备的实际效能定量检测方法，已有行业标准《卷筒料凹版印刷机能耗测试方法》等，其他能效耗测量方法标准正在制定过程中。德国在 2010 年底制定了单张纸胶印机的能效评价准则。印刷装备能量流指印刷机原动件输出的机械能沿运动链到达各个执行构件流过的路径。印刷装备综合能效评价及测试技术的应用将完善我国的绿色印刷标准，实现印刷全过程的环保性能客观评价，同时为印刷企业、印刷装备制造业等产业链中的相关环节的技术升级提供支撑。

（1）胶印机"排放测试"证书　为了使印刷用户进行符合环境生态的印刷生产，胶印机的排放测试证书表明产品某些方面的环保性能。胶印机的"排放测试"证书是由位于德国威斯巴登的纸张加工工业雇主责任保险行业协会（BG Druck und Papier，简称 BGDP）颁发的，他们通过测量以下各种排放量是否远远低于允许的限制值或适用于于欧洲各国的推荐值，对机器进行验证。检测项目包括清洗剂、润版液、光油和墨雾、喷粉、臭氧（UV 印刷机）、紫外线辐射（UV 印刷机）和噪声。测试是根据各种 EG 规范进行的。在测试并获得各个参数值之后，如果这些值符合标准，则颁发有效期为 5 年的证书。在 2008 年德鲁巴展会期间，ROLAND 200、500、700 和 900 已经通过 BGDP 的排放标准认证。2009 年 9 月 4 日，ROLAND 900、XXL 7B 大幅面印刷机通过了 BGDP 的"排放测试"认证。今天，曼罗兰公司仍致力于减少 CO_2 排放量或溶剂的使用，以满足可持续发展对胶印机的更高标准要求。

（2）碳平衡认证　海德堡速霸 XL 105 五色加长上光机型单张纸印刷机是全球首部被认证为碳平衡的印刷设备，其在工厂生产过程中所产生的温室效应气体皆经过计算并加以补偿。

PE International 公司以生命周期评价（Life Cycle Assessment）的理念为开端，开发出了针对当今市场上流程和服务的最大的综合环境数据库和得到最广泛使用的企业可持续发展管理软件解决方案。通过 PE International 环境影响专家的检测，将从原料取得与印刷工厂材料生产、测试及运送到印刷厂的运输过程等的所有相关参数都列入计算，最终获得碳平衡的证明，也代表海德堡设备开创出全新的环保典范。

PE International 的研究显示，制造一部速霸 XL 105 五色加长上光机型相当于排放总共 320t 的二氧化碳。这大约相当于印刷厂利用一部 XL 105 印刷机生产，每年所产生的二氧化碳占二氧化碳排放量的十分之一，而其他约 90% 的排放量是由纸张产生的。海德堡速霸 XL 105-5+LX 印刷机的节约排放量由 TUV Sud 定期清查并认证，证书也会被登录并由瑞士国家排放量交易登记处核发，见表 3-2。

表 3-2　　　　　　海德堡环保型胶印机与同类标准配置胶印机环保性能比较

比较	带有全套环保装备的速霸 XL 105-6 胶印机	标准配置的速霸 XL 105-6 胶印机
残余油墨	每年 0.2t,减少 90%	每年 2t
废纸张	每年 94t,减少 67%	每年 283t
异丙醇	每年 2700L,减少 63%	每年 7200L
挥发性溶剂	每年 2430L,减少 63%	每年 6500L
废水	每年 1600L,减少 50%	每年 3200L
粉尘排放	每年 35kg,减少 42%	每年 60kg
喷粉消耗	每年 540kg,减少 40%	每年 900kg
能耗减少	每年 44 万 kW·h,减少 21%	每年 56 万 kW·h

在印刷车间，能量循环是印刷设备节能非常重要的一个方面，可以通过来自干燥装置或冷却系统的热量实现车间环境的调节。商业卷筒纸印刷机新干燥装置的新技术减少的功率损耗可高达 97%。印刷油墨中的溶剂在干燥时生成的能量得到再利用，用作后续加热系统的能量。在许多情况下，这些蓄热式热焚化装置实际上不需要附加的能量，因为它们能够自给自足，在一定的生产条件下只需要由溶剂干燥时提供的能量。

在热回收方面，按照不同方式将生产中产生的或为烘干使用的热量重新利用。为了在冬季利用机器余热为生产车间供暖，印刷企业可以采用大面积散热的低温供暖，而在夏季应通过外部空气对机器冷却。同时，企业也可以利用地热和存储罐。

（3）低材料消耗　在启印过版废纸方面，根据印刷机和活件不同，每年可节约数百吨纸张。当然，这也将反映在生产成本上。此外，也可采取针对过程的措施减少废纸产生。稳定的生产和存放条件、墨辊恒温、提高润湿液质量对节省废纸均有利。

印刷业的环保不仅包括使用环保油墨、环保版材和 CTP 制版系统等，减少浪费也是其中很重要的一个部分。海德堡公司预言环境友好的印刷生产和流程优化将是单张纸胶印的主流趋势。而无论是从环保还是从成本的角度来看，减少废纸都是至关重要的。

（4）提高自动化减少浪费　提高胶印机的自动化程度不仅能提高机器效率和安全性能，还可以降耗。首先，可以降低胶印机的作业准备和机器调整时间；其次，减少开机和停机的变化过程和时间，提高成品率，从而减少纸张、油墨、喷粉等耗材的浪费；再次，减少劳动力的使用，降低机器调试过程中机器的磨损和能源浪费。

节能减排虽然是一个大概念，但在实际操作中却要从点滴入手。大到厂房设计，小到一张印品，每个环节都包含着节能减排的理念。节能减排是一种认知，虽然前期的投入很大，但要计算的是长远综合效益，因为成本的节约其实就代表着企业的收入。尽管面对来自新媒体和数码印刷机的竞争，单张纸胶印机的生存压力有所加大，但胶印机制造商不会轻言放弃，通过提高速度和效率、实施数字化工作流程、实现自动化、增值印刷和绿色环保，为自己赢得更多的发展空间。

3.3　国内环保印刷装备节能发展现状

为满足绿色印刷要求，国内天津长荣科技集团有限公司（简称"天津长荣"）、陕西北人印刷机械有限责任公司（简称"陕西北人"）、深圳精密达机械有限公司（简称"深圳精密达"）、四川德阳利通印刷机械有限公司（简称"德阳利通"）、西安航天华阳机电装备有限公司（简称"西安航天华阳"）等推出了环保型印刷装备。

3.3.1　天津长荣科技集团有限公司

根据工信部发布的《装备制造业技术进步和技术改造投资方向（2009—2011）》，天津长荣"无轴数控平压平高速烫印机""多机组模烫机""卷筒纸多机组烫金机"均列入其中，属于国家鼓励发展的代表行业技术进步方向的产品。其中，研发的卷筒纸机组式烫金机采用多工位作业方式，实现了卷筒纸经多色烫金后复卷或烫金后联机模切清废并收集成品等，具有高速度、高效率、高利用率等特点。

2009 年"高速精密多功能新型印刷设备产业化建设项目"开工，该项目建成后，长荣将成为亚洲最大的印后设备研发和加工制造基地，与东莞虎彩印刷有限公司共同设立软件开发公司，专门从事印刷设备生产信息智能管理系统的开发。

3.3.2　陕西北人印刷机械有限责任公司

陕西北人研制成功的 FCI300 高速卫星式柔版印刷机如图 3-7 所示。

图 3-7　FCI300 卷筒料卫星式柔性版印刷机

（1）智能化、云服务打造高端服务　陕西北人研发智能系统并引进云服务，为客户提供了更高端的特色服务。凡是全球互联网所能到达的地方，设有云服务的终端均可以提供云服务，因此服务的覆盖范围广阔。云服务最大的改变是在设备维修方面，当客户的设备出现故障问题时，利用云服务可以第一时间解决。作为一种远程线上服务，云服务可以让客户通过网络技术把问题现象反馈到大屏幕上，通过远程的视频服务指导客户维修故障。通过这种方式，客户的问题会即时解决。

云服务中最关键的是云端数据处理与保存。云端数据处理和保存在征得客户同意的情况下进行，客户所有程序以及工艺数据都可以储存到制造商的云服务器。设备的机型、特点，可以通过云端查到档案和记录。其次，客户可以通过云端看到自己的订单，进而看到机器的维修方式、维修的时间，这些都有记录。再次，提供经验丰富的专家在云端提供相应的服务支持。客户机器的故障信息可实时传输到云端，制造商的专业技术人员和维修工程师实时进行观察监控。除此之外，客户可以将所有的机器运行数据复制到云端，保持更新，如果数据流失可以通过网络传输方式进行系统还原，还可以避免机长在操作不当或者人员流动所造成的对于设备正常生产可能带来的影响。

对于一些中小型的企业，选择云服务技术可以降低企业对于维修人员的依赖。具体来说，如果客户的机器运行了一段时间，由于机器和云服务终端保持连线，制造商会定时通知客户设备需要加油的部位和种类，需要更换轴承的部位和型号，对于客户机器的维修起到帮助作用。云服务通过机器的网络连接展现一个智能的平台，让所有车间的工作人员都及时了解到机器的工作状态。

智能化服务不仅提高了工作效率，还提高了工作准确性。智能化体现在卷筒料印刷的张力控制方面，传统的张力通过气压表、扭矩的数值体现，这是一种间接的体现方法，最新方法对于张力的设定完全数字化，准确实现客户想要的张力，张力的数据也会储存到机器的服务器和云端的服务器。

（2）利用热泵技术，绿色节能　在绿色印刷节能方面，陕西北人推出了热泵加热干燥系统。在柔版印刷机上，主要突出热泵，整个系统非常节能。对于整体干燥和预干燥，整体干燥可选择的方案比较多，但目前比较突出的是热泵干燥。现在使 20 余千瓦的压缩机（热泵）达到同类普通设备 60~70kW 的工作效率，节能在 60% 左右。在整个控制上，采取压力控制，选择了两家业界领先的合作伙伴，一个是德国的 AVT 公司，另一家是意大利的 Graphic 公司。陕西北人也与西安交通大学等合作研发相关节能核心技术。

3.3.3　深圳精密达机械有限公司

设备名称：精密达 DigitalRobot（数码机器人）（图 3-8）

产品类别：按需印刷一体化设备

最大生产能力：500 本/h；典型能耗：10.5kW；最大噪声：60db；使用寿命：20 年；最大生产精度：3~60mm

（1）设备在应用环保技术和环保工艺方面的改造及开发情况　精密达 DigitalRobot（数码机器人）500A 按需印刷一体化设备在应用环保技术和环保工艺方面的改造及开发情况有以下特点：

① 数字印刷技术应用于书刊按需生产，实现印刷文件的数据传输，可以减少印前的环节，不仅节约时间、节约成本，还避免了印前制版环节化学物料的污染。

② 书刊按需生产还可以节省纸张，在制书过程中需要多少就用多少，避免纸张浪费，为保护森林资源、保护环境作贡献。

图 3-8　DigitalRobot（数码机器人）按需印刷一体化设备

（2）产品应用绿色环保材料情况　①设备全部采用可回收利用的钢材、塑胶材料；②生产过程中，可以加工以再生纸和环保油墨为原料的书籍。

（3）设备在保护生态环境和人体健康方面的技术应用及性能　①保护树木资源，维护生态平衡，体现绿色环保；②用数据传输技术替代印前制版环节，既减少印刷成本又避免印前环节的化学污染；③在保护生态环境方面，此设备在设计之初就瞄准绿色环保的设计理念，不仅使用可循环利用的材料，还在细节处理上处处体现了绿色、环保、节能、低耗、减排；④在人体健康方面，此设备的设计首先考虑人体力学，使人在操控设备时倍感轻松；此外智能触屏控制和全封闭的设备护罩，最大限度地减少设备对人体伤害的可能。

（4）设备在能源利用和回收方面采取的技术和措施 ①设备提高了生产效率，降低单位生产能耗；②设备使用利用电能工作，全程中不涉及水污染；③设备运用气动清仓技术，及时把生产中的废纸屑集中收取，成为再生纸的重要原料；④设备运用多种多点错误检测系统，保证了产品成本率，极大降低了废品率，既为印刷企业降低成本，又节省纸张。

（5）设备在降低碳排放方面的情况 ①提高生产效率，减少单位生产能耗；②物尽其用，避免物料的浪费，保护树木资源，维护生态平衡，体现绿色环保。

3.3.4 四川德阳利通印刷机械有限公司

德阳利通在 2011 年研发出了微机程控切纸机节能控制系统，通过思维创新，合理利用电动机分段控制的原理，达到节能的目的。

传统切纸机控制系统设计方案只是按切纸机工作顺序进行控制，将各工序负载功率进行叠加，没有很好地利用液压油缸达到推力后不需要继续供油的特点，油泵压力油白白从溢流阀溢流，导致能源的浪费。针对传统切纸机的电动机功率为液压系统和裁切系统功率之和，其中液压系统占总功率的 30%，利用密封技术，在刀床裁切时间段，将油泵卸载，电动机不再叠加液压系统浪费的功率，以达到减小切纸机配置电动机功率，节能降耗 25% 以上的目标。该节能技术颠覆了国际切纸机制造行业原有控制技术，达到国际切纸机节能领先水平。

德阳利通深入分析了切纸机传动效率的实施方案，决定选用效率达到 98% 以上的齿轮减速机替代传统的蜗轮蜗杆减速机。因为齿轮减速机不具备自锁功能，要想用齿轮减速机替代传统的蜗轮蜗杆减速机，就必须解决刀床的常态制动问题。德阳利通打破切纸机传统的设计思维，研究一套能为切纸机提供一种能够直接对刀床进行制动，体积小，坚固耐用，故障率低，且结构简单，工作稳定，安装和维护容易的刀床制动装置。通过两次节能技术的实施，切纸机总体节能水平提高到 60% 以上，更加绿色环保。

新型高效节能微机程控切纸机全面采用了国际最新技术，申请了 6 项发明专利，提高了切纸机的制造水平，产品投放市场进行性能验证，各项技术指标达到和超过了设计要求，高效节能微机程控切纸机产品研制成功。节能型切纸机投放市场后，已实现了各项功能和社会效益，节能效果显著。节能型切纸机与传统切纸机的对比效果见表 3-3。

按照德阳利通生产能力，年生产 800 台，每台每天工作 16h，一年 300 天，仅以用量最大的 1370 型切纸机计算，每台切纸机每小时节能 3.3kW，每年可节省电力 1267.2 万 kW·h，折算节约标煤 506.88 万 kg，折算减排废气二氧化硫 38.01 万 kg；

折算二氧化碳 1263.4 万 kg。

表 3-3　　　　　　　　　　节能型切纸机与传统切纸机对比效果

常用型号	1680 型	1370 型	920 型
传统切纸机电动机功率/kW	7.5	5.5	3
S\L 系列节能型电动机功率/kW	5	4	2.2
A\B 系列节能型电动机功率/kW	3	2.2	1.1
S\L 系列节能(第一期节能型)/%	33.33	27.27	26.67
A\B 系列节能(高效节能型)/%	60	60	63.33

数据来源：德阳利通公司

3.4　国内干燥技术及装置发展现状

　　在包装印刷行业，无论是采取柔印、胶印还是凹版印刷，都必须采用大型包装印刷设备才能得到高品质、大批量且满足需求的精美包装印刷品。而这些大型设备在运行过程中伴随着高污染、高耗能。因此，节能、环保、高效成为评估包装印刷设备性能优劣的重要指标。干燥装置是凹版印刷机耗能的主要部分，不同印刷工艺一般采用不同干燥或固化方式，见表 3-4。

表 3-4　　　　　　　　　　不同印刷种类所选用油墨的干燥形式

印刷类型	干燥类型		
	挥发干燥	渗透干燥	氧化结膜干燥（固化）
胶印	轮转胶印油墨	轮转胶印油墨	单张纸胶印油墨
凸印	柔印版油墨	新闻油墨	书刊油墨
凹印	凹印油墨	—	—
丝印	丝印油墨	丝印油墨	丝印油墨

3.4.1　凹版印刷机能耗概况

　　卷筒料凹版印刷机由放卷部、牵引部、印刷部、收卷部、干燥部和控制部等组成。凹版印刷是一种采用油性、溶剂性或水性油墨印刷的大型设备，主要用于卷筒料印刷，如装饰纸、包装纸、薄膜、转移印花纸等的多套色凹版印刷。目前印刷行业大部分凹版印刷机采用电能、燃煤等作为印刷干燥的热能，也有的采用燃油、植物作为锅炉燃料，利用锅炉加热导热油之后，通过热交换对承印物表面进行干燥，特别是大型装饰纸凹版印刷机采用水性油墨印刷，干燥温度要求高，存在较大的能耗问题；使用燃煤锅炉还会导致 PM2.5 超标，影响生态环境。相对于燃煤，电能干燥是一种相对环保的干燥方式，在凹版印刷机烘箱中使用电热管作为加热发生器，采用通风热交换方式将电热管的热量变成热风进入印刷机烘箱干燥，热风吹在承印物表面，使油墨中的水分或溶剂挥发，从而将承印物油墨中的水分或溶剂挥发后与烘箱内部的空气混合形成湿热空气，湿热空气由风机抽走排放，同时送入新的空气，抽走的湿热空气含有非常高的热量，直接排放会造成热能流失，较好的措施是将该部分余热回收再利用。图 3-9、图 3-10 为国内外凹版印刷机干燥技术及装置专利分布情况。

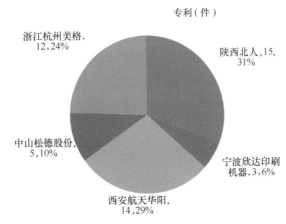

图 3-9　凹版印刷机干燥技术及装置国内专利授权情况

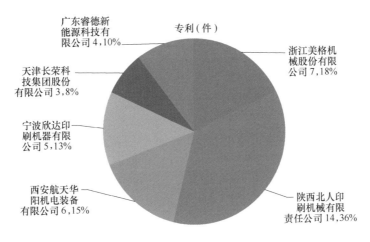

图 3-10　主要凹印机制造企业环保干燥技术及装置（2018—2022）

3.4.2　凹版印刷机的干燥传热方式

干燥传热分为三种方式（表 3-5）：

（1）**热传导干燥**　热能通过传热壁以热传导的方式传给物料，使其中的湿分汽化，所产生的蒸气被干燥介质带走，称为导热干燥。由于该过程中物料与加热介质不接触，故又称为间接加热干燥。该方法热能利用率较高，但与传热壁接触的物料在干燥时局部易过热而变形或变质。

（2）**热辐射干燥**　热能以电磁波的形式由辐射器发射至印刷品表面后，油墨中的不同分子吸收不同波长范围的光能，而后将能量转化为分子振动，使油墨升温，促进树脂聚合，加速溶剂蒸发，达到干燥的目的。此种干燥方式要根据油墨的光谱吸收特性，也就是说要根据油墨对哪段波长范围的光吸收效率高选择相应的辐射源。普通溶剂型或水性油墨连接料吸收中波段红外线，对波长范围在 $3\sim30\mu m$ 的红外线吸收效率较高。长波红外线对水和溶剂有较强作用。

（3）热对流干燥　流体包括气体和液体，各部分之间发生相对位移时所引起的热量传递过程称为对流。对流仅能发生在流体中，且必然伴随有热传导现象。对流导热是指流体流过另一物体表面时所发生的热量交换现象。热风烘干油墨就是热风流过纸张表面将热量传导给油墨促进油墨干燥。

凹版印刷机的干燥部件使用的种类有红外线灯管加热器和热风干燥。凹版印刷机使用红外线灯管加热器的加热类型属于热辐射干燥。现在大部分凹印设备都采用热风干燥系统，这种干燥形式属于对流干燥的典型应用，当然也有热传导起作用。在热风干燥系统中，采用的热源多种多样，包括电加热、热油加热、蒸汽加热等。电加热的设备投资少，使用、维修都很方便，并且国内的电力供应也能保证，因此，使用电加热的凹版印刷机越来越多。

表 3-5　　　　　　　　　凹版印刷各种干燥传热方式技术效能比较

技术特征	传热方式		
	热传导干燥	热辐射干燥	热对流干燥
能源类别	燃油、燃煤、电能	电能	燃油、燃煤、电能
换能装置	热交换器	红外线灯管、石英管	热管、电热管
热源	—	电加热	导热油、蒸汽热源
传热介质	热空气	红外线	热风
干燥温度范围/℃	80~250	—	80~250
效能（同等条件下）	—	石英管节能 10%	热管传热效率 60%
余热回收装置	—	—	降低能耗约 33%
减排（VOCs）	—	—	热风循环减排 30%
溶剂残留	中	多	少
应用范围	范围受限，应用少	—	应用普遍

数据来源：陕西北人、浙江美格专利及报告。

3.4.3　凹版印刷机干燥原理

（1）锅炉导热油或蒸汽热源加热工作原理　印刷机使用时，锅炉工作将导热油加热并循环流动，吹吸风机将新风从新风进口吸入，通过空气预热通道进入热交换器内进行再加热后，送入烘箱内对承印物印刷面进行加热干燥。

（2）电能干燥技术及装置　电能干燥热源选用电加热，减少燃煤污染。电加热热源分为红外线电热管和石英电热管。凹版印刷机的烘箱中装有红外线电热管，工作时电热管表面温度达到 700℃ 左右。为加快承印物印刷面干燥，一般采用烘箱负压吹吸式送风的方式，即由一台送风机将冷风送入烘箱，在通过电热管表面时，由电热管表面的高温将冷风加热，然后通过烘箱中的风口吹向承印物的印刷面；在高温、高速的热风吹压下，承印物印刷面迅速干燥，并产生大量的蒸汽或潮气，再由另一台吸风机将该气体吸出机外，通过管道排向室外，一般吸风量略超过送风量，以造成烘箱负压，防止气体泄漏到室内。由烘箱排出的气体除了温度较高以外，还夹带着油墨蒸发干燥时的大量溶剂蒸汽或潮气，因此不能使这些蒸汽和潮气进入烘箱，否则将会影响承印物的烘干。利用石英管为加热管可以减少约20%的灯管数量，能达到10%左右的节能效果。

3.4.4　环保干燥技术及装置

（1）余热回收技术及装置　余热回收装置通过相互隔离的新风通道和排风管道进行热交换，将烘箱湿热气体中的热能回收到新风中进行再利用，湿热气体的余热回收率达到75%以上，如图3-11所示。再加上余热反复循环利用措施，可以大大减少能源浪费，如图3-12所示。烘箱电热管一般由智能温度表自动控制恒温，当温度达

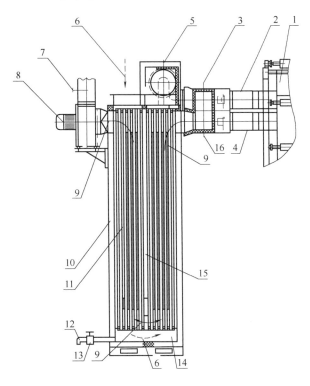

1—印刷部；2—进新风对接软管；3—第一温度传感器；4—烘箱排风对接软管；5—吹吸风机；
6—新风通道的新风流向；7—第三温度传感器；8—吸排风机；9—排风管道的湿热气体流向；
10—保温箱体；11—散热排管（带有散热片）；12—排水管；13—阀门；14—底层空腔；
15—竖直隔板；16—第二温度传感器。

图 3-11　余热回收装置结构示意图

到设定温度时会自动断电；当温度下降后又会自动接通电源。根据凹版印刷工艺要求，烘箱吹出的热风一般为150~170℃，每组烘箱电热管功率为40kW，测试过程中室温为10℃。经浙江美格测试，降低能耗约33%。利用余热回收装置前后能耗情况对比如表3-6所示。

表3-6　　　　　　　　余热回收装置能耗对比测试数据

进风方式	加热过程					
	进入前空气温度（室温）/℃	余热回收装置加热/℃	烘箱吹出热风温度/℃	电热管每小时断电时间/min	每小时降低耗能/kW	降低能耗占比/%
冷风直接进入烘箱	10	—	150~170	10	—	—
冷风经余热回收装置入烘箱	10	50~70	150~170	30	13.3	33

数据来源：浙江美格公司测试数据，2013。

在印刷机、复合机、涂布机等设备中利用热量回收装置可吸收利用排风热能60%以上。以保守计算，循环系统中30%热风直接回用，其余70%排风的热量中回收利用60%，这样整个系统的热量回收利用率可达到70%以上，不足的部分能量由系统中设置的电加热装置补充。这样系统运行时，整机的外部热输入功率大大降低，有效地降低了运行成本。

（2）干燥过程参数匹配智能控制技术　印刷厂用户每次换单后，风机和风门都是不变的，也就是说是按照最大油墨量设定的，在这种情况下，能耗非常高。但是如果需要每次人工调整，很容易出现进风和排风风机、进风、排风和回风风门等各个参数的不匹配问题，如图3-12所示。这就要求调整这些参数的人员对工艺非常熟悉，对印刷企业来说是一个难题。风机转速与排风风门角度，风机的频率与测量风量之间的对应关系，进风与排风风机、进风、排风和回风风门等各个参数匹配等干燥过程参数的智能控制对于干燥过程能耗非常重要。

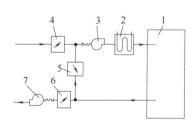

1—烘箱；2—加热管；3—进风风机；
4—进风风门；5—回风风门；
6—排风风门；7—排风风机。

图3-12　烘干系统风量自动控制系统

凹版印刷机节能温度控制系统实现了有效节能，同时完成印刷机温度控制的自动化和智能化，解决了凹版印刷机中存在的高耗能问题。节能温度控制系统由多套并行设置的系统控制执行机构、上位机和下位机组成。每套系统控制执行机构包括印刷单元热烘箱，印刷单元热烘箱与烘箱进风风门连接，烘箱进风风门与电加热器通过热风管路连接，电加热器上安装有热风机。人机界面通过以太网通讯电缆连接，印刷单元热烘箱内设置有温度传感器，温度传感器通过传感器电缆与温度控制模块相连。

爆炸下限（LEL）全自动干燥循环系统工作原理如下：如图3-13所示，新鲜空气通过风机从平衡风门吸入，经加热器加热之后，吹入烘箱，对承印材料进行干燥，然后空气与有机废气的混合气体由上排风管道和下排风管道排出。下排风管道排出的混合气体可以通过风门 C 直接进入主排风管道，而由上排风管道排出的混合气体需要经过 LEL 检测仪进行检测，如果检测到的有机废气浓度超过最低爆炸极限，那么风门 B 会由最小打开量逐渐打开，风门 A 则由最大打开量逐渐关闭（要求风门 B 排出的风量和进入风门 A 的风量的总和始终等于上排风管道风嘴出来的风量），此时平衡风门打开，吸入新鲜空气，有机废气浓度降低，风门 A 朝着打开量大的方向转动，风门 B 则朝着打开量小的方向转动，直到有机废气浓度再次达到最低爆炸极限时，循环以上过程。在开始调节平衡风门时，风门 C、风门 B 均处于完全关闭状态，风门 A 处于完全打开状态。调节完毕时，风门 C 处于完全打开状态，风门 B 的打开量应满足最大残留溶剂量的要求，风门 A 和风门 B 保证随动。

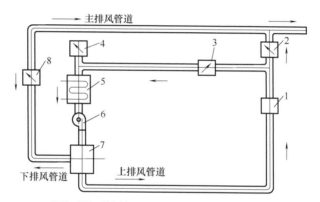

1—LEL（爆炸下限）检测仪；2—风门 A；3—风门 B；4—平衡风门；

5—加热管；6—风机；7—烘箱；8—风门 C。

图 3-13　LEL 全自动干燥循环系统

用户在印刷订单更换后，只需人为输入少量参数，就可自动计算出系统所需要的风量，根据这些风量来自动控制进风风机、排风风机、进风风门、排风风门、回风风门。进风风机还与进风变频器通过信号线缆连接，排风风机还与排风变频器通过信号线缆连接，进风变频器、排风变频器、进风风门、排风风门和回风风门均与 PLC 通过信号线缆连接，PLC 还与 HMI、进风风门电位器、排风风门电位器及回风风门电位器通过信号线缆连接。

3.5　小结

论述了绿色印刷节能关键技术及装备的构成。总结了国外印刷干燥过程节能技术、印刷装备能效评价及监测技术。分析了国产印刷装备干燥过程余热回收技术、干燥过程参数匹配智能控制等节能技术及装备的原理及特点。

第4章

绿色印刷减排关键技术及设备

绿色印刷减排关键技术及装备如图 4-1 所示。

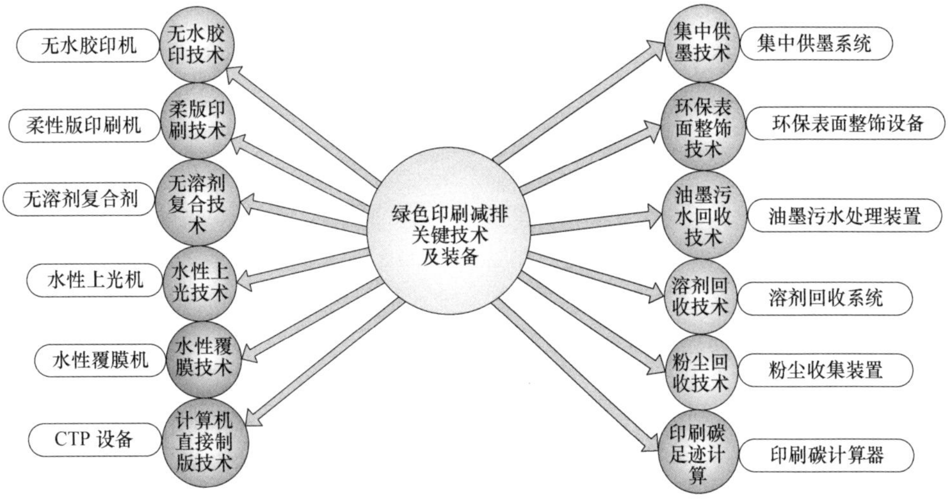

图 4-1 绿色印刷减排关键共性技术及装备

4.1 低排放胶印机

胶印机在技术创新的过程中，必须不断满足绿色环保要求，例如，曼罗兰公司将传统的胶质水斗辊改为陶瓷水斗辊，并对传统润版装置的水辊排列方式进行了改进，可以实现无醇印刷；通过对橡胶辊的优化改进，提升了润版液的传递效率，从而提高了生产效率。

2000 年，高宝公司推出了第一台低排放印刷机，新技术带来的是效率的提升，而新工艺则直接降低了整台设备的排放量。目前正常使用的胶印机的排放物包含以下几个部分：由酒精等挥发性物质排放的 VOC-IPA（异丙醇）；由油墨排放的墨雾；由清洗剂以及溶剂排放的 VOC-HC；由紫外灯干燥而排放出来的臭氧；由喷粉装置排放的粉尘。

降低设备的排放是减排的重要环节，高宝公司的理念是：降低设备的排放要从整台设备入手，要降低机器每个部件的排放，如图 4-2 所示。

① 挥发性有机化合物 IPA（异丙醇） 解决方案：低醇或无酒精印刷。

在传统平版印刷中，为了使水膜顺利形成，需要在润版液中加入酒精（异丙醇）。酒精的作用是为了降低水的表面张力，更容易在高速的生产环境中形成合格的水膜。

据实际测量，在印刷中使用的酒精（或异丙醇）仅有 2% 真正到达了印版。使用无酒精印刷新工艺，不仅可以降低排放，也为企业减少了酒精的成本支出。

使用无酒精印刷的关键是替换酒精润版液。这个工艺最关键的因素就是确保稳定

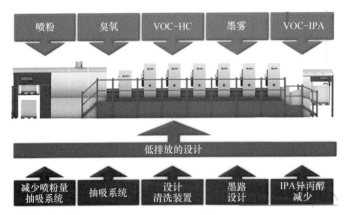

图 4-2 胶印机的排放

的油墨乳化。为了确保稳定的油墨乳化，胶辊和润版液的制作工艺都需要进行相应的调整。胶辊需要采用专用材料进行包覆，以增加粗糙度，保证墨辊上的润湿和黏度。润版液的制作则需要配备特殊的处理仪器，以保证润版液的硬度、洁净度、pH、导电值、添加剂的控制、冷却、过滤、清洁度达到合格要求。所以，无酒精印刷并不是简单的更换润版液添加剂这么简单，需要的是日常的检测、定期的清洁和适当的技术。

② VOC-HC 排放　解决方案：CleanTronic 布清洗装置。

清洗剂等溶剂属于易挥发液体。为减少溶剂的挥发和排放，高宝公司采用了一种新型的 CleanTronic 布清洗装置。所谓的"布清洗"，顾名思义就是将传统的墨辊、橡皮布、版滚筒所普遍使用的介质毛刷更换成了清洁布。

布清洗的最大好处就是系统封闭，大大减少了挥发性有机化合物的排放。布清洗的每个布卷可进行多达 200 个清洗循环，属于即插即用型装置，更换简单，其成本支出仅为更换布卷一项，节省了毛刷系统中的毛刷保养维护成本及特殊废料处理成本。同时布清洗不需为清洁剂提供收集容器和供给返回管线，设备维护成本也相应降低。

4.2　油墨固化技术及设备

（1）油墨固化技术　根据工业协会 RadTech 定义，能量型固化指使用电子束（EB）、紫外光（UV）或可见光使承印物上的单体与低聚物聚合。UV 和 EB 材料包括油墨、黏合剂、光油或其他产品。能量固化技术具有环境友好的优点，几乎无 VOCs 排放。在使用 UV-LED 的情况下，节能、无汞，不会产生臭氧。三种固化方式特性比较如表 4-1 所示。

在欧洲，用于食品包装的 UV 固化油墨须遵守 EC1935/2004 规定，无论是印刷方法还是固化工艺，均要求与食品接触的材料不能将其成分迁移到食物中，迁移量不能危害人员健康，不允许以不可接受的方式改变食物组分或气味、味道。

表 4-1 UV-LED、普通 UV 和 EB 三种固化方式比较

特性	种类		
	UV-LED	普通 UV	EB
辐射光	LED 发光二极管	高压汞灯	加速度器
辐射介质	—	紫外光	电子束
波长	>290nm	—	—
能量消耗	小(少于 25%)	中(100%)	大
是否有 VOCs 排放	无	无	无
是否产生臭氧	无	有	无
是否含汞	无	有	无
节能效果	优	良	良
对油墨要求	高感光性	UV 油墨	EB 油墨
产生热量情况	少	多	少
应用领域	食品包装	食品包装	食品包装
是否需要喷粉	否	否	否
获得低迁移包装的难易程度	容易	中	易

UV 印刷食品包装在美国和欧洲占有很大的比例。然而，EB 印刷更容易获得低迁移，因为固化效果更有效。与传统灯相比，LED 消耗电力少 25%；瞬间开关，发热低，固化输出稳定，低硬件维护，对操作者眼睛无伤害。UV-LED 的目前市场占有率低于 1%。将二者的衰减情况进行对比，LED 20000h，传统汞灯 2000h。

（2）UV-LED 固化原理及工艺 UV-LED 固化指在紫外（UV）光谱区的发光二极管（LEDs）输出能量使涂布液、黏合剂、油墨和其他 UV 固化材料处理的技术。该能量由 UV 光触发聚合发硬，使湿的原材料硬化（或固化），如图 4-3 所示。UV-LED 固化是一种环保的多功能制造工艺。

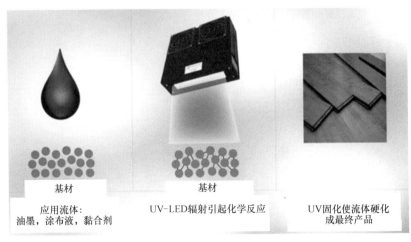

应用流体：   UV-LED辐射引起化学反应   UV固化使流体硬化
油墨，涂布液，黏合剂   成最终产品

图 4-3 UV-LED 固化工艺过程

UV-LED 当电流通过时使用基于 LED 的半导体发射紫外光。UV-LED 在红外波长范围没有任何输出，相对于传统灯是一种冷光源，省去了复杂的冷却系统，因而可用于热敏基材。UV-LED 的光电转化效率高，节约 50%～75% 的电能。此外，UV-LED 更环保，不会产生臭氧且不含汞。

UV-LED 光波输出范围窄集中于特定波长的 ±5.0nm，作为固态装置，可以制造成各种补偿，包括 365，385，395，405，410nm，但不限于此。这与传统 UV 灯的输出波长范围不同。这种单一的分布要求具备新的材料结构以确保 UV 材料的正确固化，如图 4-4 所示。

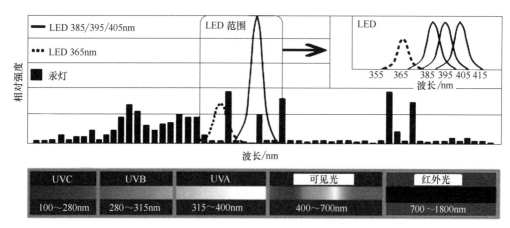

图 4-4　UV-LED 与传统 UV 的工作波长范围比较

UV 印刷的使用量近几年在欧洲强劲增长，目前处于快速扩张期。由于 UV 固化能效变高，成本比以前降低。又由于 UV 印刷运行成本降低，每年呈倍数增长。UV 印刷在减少现有 UV 固化技术能耗方面取得了进展。基于 LED 系统的新低能耗技术是未来 UV 技术的转型方向，如图 4-5、图 4-6 所示。

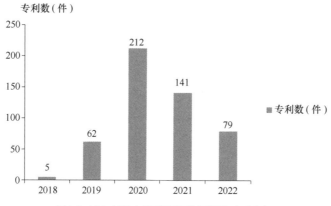

图 4-5　UV-LED 在印刷油墨固化领域国际专利分布

（3）降低能量消耗的 UV-LED 技术发展趋势　油墨制造商想要通过研发新型油

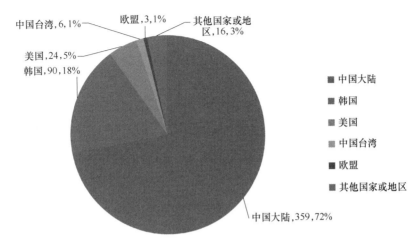

中国台湾,6,1%　　欧盟,3,1%　　其他国家或地区,16,3%

美国,24,5%
韩国,90,18%

- 中国大陆
- 韩国
- 美国
- 中国台湾
- 欧盟
- 其他国家或地区

中国大陆,359,72%

图 4-6　UV-LED 印刷油墨固化国际专利主要国家（地区）占比

墨对节能减排做出贡献，最大的挑战是保持稳定的创新驱动以助于实现能效。

印刷油墨 UV 固化的低能耗趋势集中于通过引入小于 290nm 波长的滤波，研制更清洁和更安全的工艺，这将消除印刷期间臭氧的产生，从而有利于印刷操作人员健康。

免臭氧固化使印制工艺具备了健康和安全的优点，实现少量或无任何有机物挥发溶剂（VOCs）排放，同时具备提供油墨和涂层的优点。UV 印刷符合欧盟最严格 VOCs 排放控制，投入产出比高，与传统的溶剂型油墨和涂层不同，印刷业者不必投资重新捕获和焚化消除 VOCs 的设备。

UV 灯输出更高波长的变化使他们在比干燥溶剂或热固性油墨或涂料消耗相对更少能源的情况下获得更高能效。另外，已经研制出高反应型油墨有助于进一步减少能量消耗。有些灯也具有再反射和动力控制单元，有助于减少能量输出。

小森（Komori）公司的 H-UV 系统引入到欧洲展示，利用一根 UV 灯稳定地固化高敏感油墨。固化系统与传统印刷相比生产率提高 20%，而比采用传统的红外和热风干燥系统减少能耗 63%。小森的技术为四色印刷机提供了恒定的固化而不需要上光或涂布，避免了再增加一个印刷或上光单元。在活件快速反面印刷时，H-UV 系统有助于快速完全干燥纸张，这样就可以立即将纸张翻面放入飞达。

2012 年，海德堡公司推出了用于商业印刷、轻量包装和特殊应用的低能耗 UV 灯系统。该系统利用 UV 反射板，减少灯的热量，灯的材料也降低到消除产生臭氧的 290nm 波长以下的水平。干燥之星（DryStar）系统允许柔性地控制设备成本，该系统也可以应用传统的 UV 油墨，这种油墨比高活性油墨的成本低。

高宝公司在同一届德鲁巴（DRUPA）2012 上也推出了 VariDry HR UV 系统，提供可变能力，输出能量在 $80\sim200\mathrm{W/cm^2}$ 可以调整。它可以使用传统的汞灯，比铁涂料等有更长寿命。

（4）UV-LED 固化市场发展趋势　UV-LED 灯是已有 130 余年历史的汞灯的替代品。汞灯在欧洲的未来前景不确定，不仅仅是因为新技术的出现，也因为欧盟的汞工业应用对环境和安全的限制法规。LED 灯比汞灯效率更高，因为它们光的放电可集中于光谱的更高波长。汞灯提供的辐射照度水平很容易达到 $10W/cm^2$ 的水平，超过表面固化的要求。LED 灯趋向于提供该水平一半的照度。据 *Ink World Magazine* 报道，印刷业者使用 UV-LED 的能耗比传统 UV 的能耗降低 70%。而 LED 系统更引人注目之处是色彩明亮。英国 Integration Technology 公司的 LED 系统在 395nm 波长的输出功率为 $12W/cm^2$。高的辐射照度使得 UV-LED 固化功能多样化，适用于更广范围的承印物。这些承印物中许多不适合 UV 固化，因为汞灯的热量集中会造成承印物卷曲，收缩或燃烧。在丝网印刷中采用 LED 灯，UV 固化可以被取代，如起包或收缩的超薄薄膜、箔、复合膜、塑料、纸板和玻璃。

承印物的种类越多，定制的 UV-LED 固化用途越多，油墨制造商与之匹配合适应用油墨研发的挑战越大。因此，UV-LED 系统供应商与油墨制造商的工作联系更密切。有迹象表明，UV-LED 在一些欧洲国家向更高容量发展，例如单张纸印刷，该技术能提供更高的色彩强度。

据 CSA Research 的市场调研结果显示，2020 年 UV-LED 芯片、器件市场规模约 9.79 亿元，较 2019 年同期增长 110%；UV-LED 模组市场规模为 14.67 亿元，较 2019 年同期增长 97%。

由于 UV-LED 系统小型化和便携化，整个新市场可以对 UV 固化开放。整个 UV-LED 市场的规模接近 3 亿美元。LED 在三年内将占全球 UV 设备、附件和耗材市场的三分之一。在欧洲，由于该部分的潜力和低能耗需求，市场份额会更高。

4.3　绿色印刷装备的环保性能定量化

除了表示能源效率、减少废气排放和节约资源外，生态计还能对特定的印刷机配置提供生态评估，显示能够节省的二氧化碳排放量、能够节省的能源和材料成本。减少碳排放是在环境保护道路上迈出的重要一步。印刷过程 VOCs 来源如图 4-7 所示，典型印刷工艺流程及可能产生污染的环节如图 4-8 所示。

VOCs 排放约占印刷业有毒物质总排放量的 98%~99%。印刷业中 VOCs 排放的最大来源是墨斗内物质的蒸发（例如异丙醇和乙醇）和印刷车间使用的清洗溶液（例如有机溶剂）。

相当数量的 VOCs 排放可能产生于使用溶剂型亮油的上光过程和使用溶剂型黏合剂的层压过程，其他 VOCs 来源包括装订、覆膜、上光和烘干操作，以及清洗、油墨的储藏及混合、打样。VOCs（乙醇）可能产生于胶印的制版过程和凸版印刷的生产

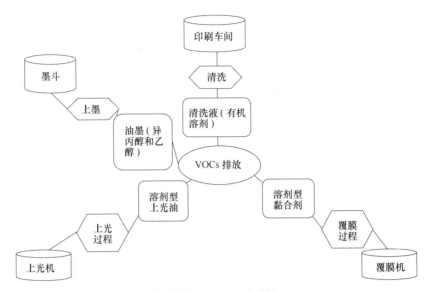

图 4-7　印刷过程 VOCs 来源

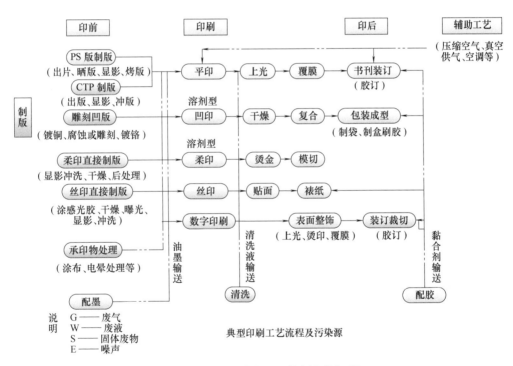

图 4-8　典型印刷工艺流程及可能产生污染的环节

工艺，也可能来源于柔性版印刷中清洗感光性树脂版所使用的全氯乙烯和丝网印刷中的丝网清洗操作以及凹版印刷滚筒蚀刻中的显影和烘干操作。

对于预防控制 VOCs 排放，可选择不含或者仅含少量 VOCs 产品的材料或加工工艺，例如以下方法：

① 丝网印刷模版中，使用水性脱脂溶剂取代含氯溶剂；减少使用含有苯、甲苯

和其他芳香族碳氢化合物以及乙酸的溶〔甲苯、甲基乙基酮（甲乙酮）、二甲苯、1，1，1-三氯乙烷是印刷行业的典型易挥发性有毒化学品〕。

② 使用水性油墨、植物油基油墨（例如大豆、亚麻籽和芥花籽）和紫外线固化油墨；使用含低浓度挥发性成分（比如苯浓度小于百分之零点一，甲苯和二甲苯浓度小于百分之一）的润版液、清洗液或者植物油基的清洗药剂作为有机溶剂的替代品，以减少使用或者替代异丙基乙醇；尽可能使用肥皂或者清洗剂溶液类型的清洗药剂和乙醇酯化的植物油进行无溶剂的清洗操作，这些清洗药剂具有最小的 100℃闪点，可防火；使用闪点为 55℃的印刷机清洗溶剂（例如低挥发性的混合碳氢化合物）；在成像和制版阶段使用计算机直接制版技术（CTP）；不使用二氯甲烷（亚甲基氯化物）去除烘干的油墨；使用水性亮油和紫外线固化亮油；使用较低溶剂含量的黏合剂、紫外烘干系统、水基黏合剂或者热压箔来取代溶剂黏合剂。

③ 采用无水胶印：当使用大豆/植物基油墨印刷时，减少轮转凹版印刷中的蚀刻深度（例如热敏激光直接成像，代替金刚石笔或者氯化物化学蚀刻），具有电解铜去除技术的热敏凹版印刷系统可自动控制着墨孔深度，此系统可以使用水基油墨；清洗时使用干冰爆破工艺。

④ 通过改进工艺和回收溶剂蒸汽来避免或者最小化 VOCs 的散失，包括：采用自动清洗系统和橡皮布自动清洗系统；使用泵压传送系统对大型柔性版印刷机中的墨斗进行再填充；在平版印刷中使用冷冻循环泵控制润版液中的异丙基乙醇的排放；在柔性版印刷中使用密封刮磨刀或者使用活性炭回收 VOCs；建立溶剂回收和循环体系，包括润版液联机过滤器和溶剂蒸馏单元；将所有溶剂和清洗液以及被污染的抹布织物密闭保存；对装有挥发性物质（例如油墨，涂料和浸过溶剂的清洗布）的贮存容器进行质量控制，以确保其在通风房间或区域内被密闭保存和隔离。

必要时进行二次控制以处理残留排放，包括：使用活性炭吸附剂（不适用于轮转凹版印刷中的酮基油墨和使用不同混合溶剂的轮转凹版/柔性印刷设备）；使用热凝固加力燃烧器/可恢复的/可再生的热氧化剂（适用于耗能型以外的大部分凹版印刷和柔性版印刷油墨）；使用催化剂/可再生的催化氧化剂（适用于长期生产某具体项目的设备，但不适用于某些含有氯化溶剂添加剂的油墨）；如果使用了溶剂型亮油，废气须进行燃烧。开发并实行包括减少溶剂使用等过程在内的管理计划；核查排放限制的执行，提供所有来源的（包括固体废物，废水和废气排放）溶剂排放的量化措施。

4.4 包装印刷废弃物处置技术发展现状

包装废弃物是一种污染源，但同时是一种可利用的资源。对包装废弃物的回收处理，既有经济目的，使其变废为宝，也有保护生态平衡的目的。包装废弃物涉及金属、塑料、纸质、木材、玻璃、陶瓷等多种，这里仅涉及与印刷相关的包装废弃物（简称包装印刷废弃物），分类如下：①常用包装塑料材料及制品（部分与印刷相关）；②常用包装金属材料及制品（部分与印刷相关）；③常用包装纸质材料及制品（与印刷相关）；④常用包装木材材料及制品（无关）；⑤常用包装玻璃陶瓷材料及制品（部分与印刷相关）。

包装与包装废弃物处置包括 7 部分：①处理和利用通则；②评估方法和程序；③预先减少用量；④重复使用；⑤材料循环再生；⑥能量回收利用；⑦生物降解和堆肥。

包装废弃物的回收处理已经引起世界各国的重视，欧盟国家在此方面积累了不少成功经验。欧洲包装指令（94/62/EC 包装和包装废弃物处理的欧洲议会和理事会指令）是基于环境与生命安全，能源与资源合理利用的要求，对全部的包装和包装材料、包装的管理、设计、生产、流通、使用和消费等所有环节提出相应的要求和应达到的目标。2004 年修订的欧洲包装法令（94/62/EC 美包装和包装废弃物处理的欧洲议会和理事会指令）的目标是：到 2008 年底总体回收比例按重量计要达到 60%，总体重新利用比例要达到 55%。欧盟要求包装废弃物按重量的回收率为 50%~65%，再生利用率为 25%~40%。目前，欧盟成员国的旧包装实际回收率约为 25%。

欧盟议会 2014 年通过的《包装与包装废弃物指令》（94/62/EC）修订案，对于产品包装有更为严格的规定，其中要求欧盟各成员国在 2019 年前减少八成轻便型塑料袋（厚度为 10~49μm 的塑料袋）。修订案要求欧盟各成员国以 2010 年的数据为基准，在 2017 年前减少 50% 的轻便型塑料袋，在 2019 年前减少 80% 的轻便型塑料袋。此外，特别要求在 2019 年之前将用于包裹水果、蔬菜和糕点糖果等食品的塑料袋替换为纸袋或可降解的袋子。法规中的"包装"定义为各类材质的，具有不同特性的，用于储存、保护、携带、运输和展示物品（包括原材料和加工品）的产品。指令正式实施之后的两年内，将淘汰所有含有超过 0.01% 的致癌、致畸、有生殖毒性和致内分泌紊乱的物质的"包装"。

我国每年包装废弃物的数量在 1600 万 t 左右，除啤酒瓶和塑料周转箱的回收情况较好外，其他包装废弃物的回收率相当低，包装产品的回收率还达不到包装产品总产量的 20%，由此引发了自然资源大量消耗、废弃物的处置和管理压力增加及废弃物的环境影响等诸多方面问题。随着包装废弃物数量的增加，废弃物处理费用不断上升，加大对包装废弃物的循环再生力度是大势所趋。但在包装生产迅速发展的过程中，我国在对废弃物的管理、处置和回收利用等方面与发达国家尚存较大差距。

（1）回收处理存在问题

① 包装废弃物分类回收工作严重滞后　我国目前几乎没有进行垃圾分类工作。

各种包装废弃物和厨房垃圾混在一起，只能掩埋或焚烧，难以利用其中的有效资源。我国包装废弃物的分类完全靠手工分拣，不具有专业化分拣处理手段，达不到准确分类，使后期的处理难以进行，即便处理也只能获得很原始和粗陋的产品。废弃物的回收过程不仅繁复，而且废弃物普遍被再次污染。

② 包装制品的回收渠道混乱　我国过去的垃圾分类系统是靠单一地以政府行为为依托的回收系统支撑着的，而以市场为依托的回收系统尚未建立。被回收的部分包装大都被个体户、闲置人员卖给小造纸厂、小铝厂、小塑料造粒厂，利用率很低，浪费资源和能源，粗制滥造，二次污染情况严重。

（2）市场情况　整个欧洲包装市场总值约为 1400 亿美元。欧盟五大包装市场是：德国、法国、英国、意大利和西班牙。欧盟人均包装产量最大的是丹麦。欧盟各成员国中包装工业产值平均占其国民经济总产值的 2.2%～5%。

包装废弃物产量持续增长为循环再生提供了充足的生产资源。目前我国纸包装制品约为 835 万 t，塑料包装制品约为 244 万 t，玻璃包装制品约为 444 万 t，金属包装制品约为 161 万 t。同时这些制品每年还以 12.5% 到 30% 不等的速度增长。研究资料表明，1t 废纸可再生 0.8t 新纸或者 0.83t 纸板；1t 废塑料可再生 0.75t 柴油或 0.6t 无铅汽油。可见，循环再生的"原料"充足。

（3）技术发展情况　随着低碳环保理念成为社会的主旋律，很多领域都在践行着低碳环保，包装材料领域也是如此。轻量化包装印刷设计将成为主流。随着食品、药品包装涉及有害物事件频发及环境问题逐渐突出，过度包装、过度印刷问题逐渐会受到关注。轻量化印刷及包装将成为消费者首选。

现代包装印刷的四大支柱——纸、塑料、金属、玻璃材料中，纸包装的消费量增长最快，纸的价格最便宜，原料来源广泛，且不像塑料不易溶解，不如玻璃那样易碎，也不如金属重，便于携带。另外，纸制品易于腐化，既可以回收再生纸张或用作植物肥料，又可以减少空气污染，净化环境。因此，纸包装与塑料、金属、玻璃三大包装相比，被认定为最有前途的绿色环保包装印刷材料之一。

包装废弃物按包装制品的材质基本可以分为纸质制品、塑料制品、玻璃制品和金属制品四大类，包装废弃物大都是可再生资源。包装材料的回收利用具有明显的经济效益和生态效益。废弃快餐盒回收后，可通过粉碎化和无害化处理与土壤或其他基质混合，用于无土或半土栽培。废塑料油化技术采用高性能的催化剂，将高密度聚乙烯或聚丙烯塑料"解聚"，能生产出符合国家标准的柴油和汽油，产油率达到 75% 以上。此外，用废旧塑料和填充混合物共同组成肥料包膜，包膜成本只比普通复合肥料增加 300 元/吨左右。该技术是一项变"白色污染"为"绿色肥料"的环保工程，可消纳大量的包装废弃物。

4.5　印刷生产节能及环境保护设备

根据 ISO 14000 环境管理体系的要求，必须对三大类环境污染源（即废水、废气、噪声）以及生产过程中产生的其他废物（如洗车污水、冲版污水、胶片等）进行严格处置，有时还需引进专门的处理装置，例如印刷机粉尘收集装置、车间防噪声装置、水循环过滤系统等多项国际先进装备。高效的能源利用和低资源消耗成为改进生态平衡的选择。

陕西北人印刷机械有限责任公司（以下简称陕西北人）研发了基于热泵、热管技术的干燥系统，大幅度降低了环保型凹版印刷机等系列产品的能耗。

热管技术是 1963 年美国洛斯阿拉莫斯（Los Alamos）国家实验室的乔治·格罗佛发明的一种称为"热管"的传热元件，它充分利用了热传导原理与相变介质的快速热传递性质，透过热管将发热物体的热量迅速传递到热源外，其导热能力超过任何已知金属的导热能力。以前被广泛应用在航天、军工等领域，自从被引入散热器制造行业，人们改变了传统散热器的设计思路，摆脱了单纯依靠高风量电机获得更好散热效果的单一散热模式。热管技术使得散热器即便采用低转速、低风量电机，同样可以得到满意效果，使得使用风冷散热时令人困扰的噪声问题得到良好解决。

热管换热器的工作原理如图 4-9 所示，排风经过热管换热器的蒸发端，受热后吸液芯中的液体迅速蒸发，蒸汽在微小的压力差下流向冷凝端，新鲜空气通过冷凝端时，热管中的介质蒸汽遇冷释放出热量，重新凝结成液体，液体则沿热管内部多孔材料靠毛细力的作用流回到蒸发端，如此循环，热量由热管的一端传至另一端，传热效率最高可达到 60% 以上。陕西北人已经将热管技术应用于环保型凹版印刷机散热器中，如图 4-10 所示。

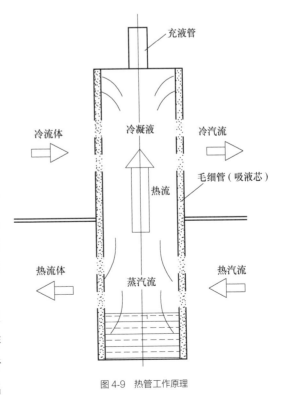

热泵供热技术的工作原理：接通电源后，风扇开始运转，排风系统排出的带有余热的热风通过蒸发器进行交换，温度降低后的空气被风扇排出

图 4-9　热管工作原理

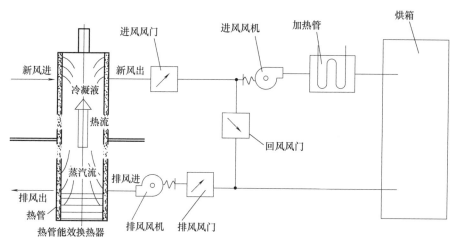

图4-10　陕西北人研发的热管能效换热器联机应用

系统，同时蒸发器内部的工质吸热汽化后被吸入压缩机，压缩机将低压工质气体压缩成高温高压气体送入冷凝器，同时新鲜空气通过冷凝器，冷凝器对新鲜风进行预热，而此时工质也由气体变成液体，通过节流阀降温后再次流入蒸发器，之后重复循环以上过程。热泵分为空气能、水源、地源和复合热泵，均是按逆卡诺循环原理工作的。其中，空气能热泵能将输入的电能按约1∶2.5的转换比转换为热能，其他热泵则能将输入的电能按约1∶4的转换比转换为热能。因此，热泵能效远高于电加热。北人

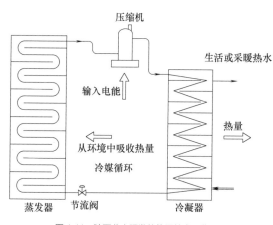

图4-11　陕西北人研发的热泵技术工作原理

已经将热泵技术应用于环保型凹版印刷机干燥系统中，如图4-11所示。凹印设备上使用的热泵一般为空气能热泵，实际测试可节能60%~70%。

基于热管与热泵的干燥系统，包括并列设置的热风系统、热管和热泵，热泵包括冷凝器、蒸发器、压缩机组和节流阀；热管包括加热段和冷却段；将热风系统的进风管依次穿过冷凝器及加热

段，热风系统的排风管穿过冷却段；冷凝器和蒸发器之间设置压缩机组和节流阀，蒸发器设置有与低温热源连通的管道；管道上设置有泵。

干燥系统运行时，新鲜热风进入烘干设备中，经过排风管排出，排风管处配置二次回风装置，一部分出风参与二次热能循环直接利用，另一部分作为安全排风量排向系统以外。作为安全排风的这一部分，采用热管换热器对其余热进行高效回收利用，

对进入系统的新鲜风进行预热，如图 4-12、图 4-13 所示为两种热泵热管干燥结构方案。

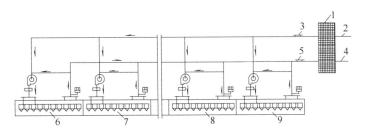

1—热管；2—新进风；3—新出风；4—排出风；5—排进风；6—第一干燥箱；
7—第二干燥箱；8—第 N-1 干燥箱；9—第 N 干燥箱。

图 4-12　热管干燥系统结构方案-1

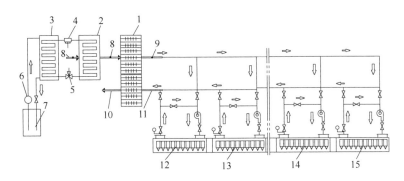

1—热管；2—冷凝器；3—蒸发器；4—压缩机组；5—节流阀；6—泵；7—低温热源；8—新进风管；
9—新出风管；10—排出风管；11—排进风管；12—第一干燥箱；13—第二干燥箱；
14—第 N-1 干燥箱；15—第 N 干燥箱。

图 4-13　热管干燥系统结构方案-2

4.6　小结

　　论述了印刷业减排关键技术及设备的构成。分析了低排放胶印机、UV-LED 油墨固化技术及设备的特点。阐释了典型印刷工艺 VOCs 排放源及治理措施、包装印刷废弃物的处置技术及发展。介绍了典型印刷生产节能及环保设备的原理及应用实效。

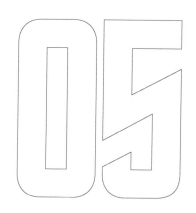

第5章

绿色印刷增效
关键技术及装备

KEY TECHNOLOGIES
AND EQUIPMENT ON EFFICIENCY
ENHANCEMENT FOR GREEN PRINTING

绿色印刷增效关键技术及装备如图 5-1 所示。

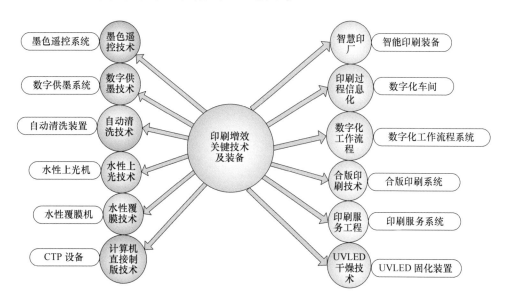

图 5-1　印刷业增效关键共性技术路线

5.1　数字化工作流程

尽管在过去几年中，国产胶印机的生产速度、效率、质量和产能都有了较大提升，但依然无法摆脱残酷的市场竞争，而且随着各品牌印机各项指标和功能的不断接近，数字化工作流程就成了其参与市场竞争的法宝。由于数字化工作流程能在减少作业准备时间的同时提高生产效率，节约能耗和人力成本，有效解决了印刷厂普遍面对的竞争激烈、工价下降、成本上升和利润降低等难题。

数字化工作流程管理系统代表着印刷数字化和自动化的发展方向，它以 CTP 计算机直接制版为基础，涵盖了印前、印刷、印后，甚至印刷企业信息管理的整个过程。

海德堡公司印通 Prinect 工作流程将印刷企业原本相互分离的各部分集成起来，使订单管理、印前、印刷、印后整个印刷流程实现自动化，造就了生产流程的高效运行、更高的透明度和更高的生产效率，帮助企业获得更大的利润空间。即通过一体化流程进行优化资源配置，从而提高生产效率，减少辅助时间。海德堡公司"丽彩印刷系统"（Anicolor）采用高精度印版压印技术和自动换版系统，与现有的技术相比，换版时间节约 40% 以上，产能至少提高 40%。由于不需要墨区设置，印刷准备时间缩短了大约 40%，设备可利用率因而提高 25%，大大降低纸张成本以轻松实现短暂的准备时间，从而使客户在短版商务印刷中更具竞争力。以经济型生产为基准，数码印刷与胶印之间的印量平衡点进一步降低到 250 份。

5.2 印刷服务工程

印刷服务工程通过提供印刷材料和解决方案，实现稳定生产、提高效率；维护机器，以提高运转效能和减少材料损耗浪费，从而降低总体运营成本，以便扩展利润空间。

印刷服务工程可实现远程故障诊断技术服务和设备全生命周期绿色生产。印刷机一方面必须具备合理利用率，而另一方面要通过优化整个工艺流程而使生产率得到进一步的提高，因此，600多台曼罗兰平张印刷机配备了 TelePresence "达利通" 远程遥控诊断系统。

多年来海德堡一直坚持实施印刷服务工程，不断地拓展服务类产品，并形成了全生命周期的系统服务体系（System Service），无论是从印前、印刷到印后，还是从用户投资、设备安装、日常生产到机器折旧等阶段的整个设备生命周期，都将提供相应的配套服务。海德堡针对中国市场需要，提供适用的服务内容。如通过现场演示海德堡远程服务，客户可以亲身体验如何通过快速客户支持、远程诊断或远程检修来降低停工时间。另外，海德堡提供了多项新的服务，适合中国印刷企业的不同设备和不同需求，以确保客户找到适合自己的服务产品。

5.2.1 印刷工程服务

全生命周期服务和耗材经常使人联想起维修工作。印刷工程服务的"服务"并不是维修事宜，它是预测需求。未来销售产品和服务必需聚焦于需求。

服务是一种态度，是思考问题的一种方式。把服务对象客户放在首要位置。服务的思维方式可以驱动全公司，而不仅仅是服务部门。它必须驱动公司内每天的研发活动和方法。在产业界，如果学会把理解客户需求与创新的想法结合起来，未来一定会提高市场竞争力。提供服务的公司必须准确知道哪些应用能够帮助顾客带来利润。

服务可以改善机器性能，服务使顾客的业务更好。海德堡公司不仅提供设备，还提供服务，作为印刷业者的合作伙伴，提供对双方都更简便的专门技术。

设备销售业务直接与变化无常的经济趋势相连，印刷服务部分与印刷总量联结更加密切。服务和耗材业务不呈周期性，因此服务是保证企业利润可持续的关键。海德堡公司服务基地分布于世界各地，支持已售大量印刷机的服务、配件和耗材是坚固的增长点。服务业务独立，不仅限于海德堡设备销售，服务网络扩展到全球。

海德堡公司在全球有约12500名员工。在德国，海德堡公司根据用户需求生产高自动化和多功能的高科技印刷机。海德堡公司在中国上海青浦制造适合中国市场的预配置版本。大约40%的员工（5000人）从事生产和装配，约33%的员工从事全球的销售和服务网络。当选择商业合作伙伴时，对客户提供可靠和快捷的服务是关键准则。海德堡公司约60%的销售额（14.58亿欧元）由新机器产生；除单张纸胶印机、数字印刷机的柔性版印刷机外，还包括印前设备、整饰设备和集成印刷车间内所有工艺的软件。海德堡公司也有一个重要的服务量，约40%的销售额由服务、耗材和服务零配件产生，如表5-1，图5-2所示。印刷厂对这些产品和服务有连续的需要。

表5-1 海德堡公司近五年销售及服务收入构成

序号	财年	销售收入（亿欧元）	新产品销售	产品销售占比	服务收入（亿欧元）	服务收入占比	员工总数	设备制造人员	制造与装配工占比	服务员数	销售及服务员占比
1	2013/2014	24.34	14.74	60.5%	9.72	40.0%	12500	8360	67.0%	4132	33.0%
2	2012/2013	27.35	17.12	62.6%	9.87	36.4%	14215	9125	64.4%	4522	32.6%
3	2011/2012	25.96	16.10	62.0%	10.23	42.23%	15414	10447	67.7%	4967	32.2%
4	2010/2011	26.29	15.16	57.7%	11.13	42.3%	15828	10254	64.7%	5522	34.8%
5	2009/2010	23.06	12.71	55.1%	10.35	44.8%	16496	10614	64.3%	5827	35.3%
	平均	—	—	59.58%	—	41.16%	—	—	65.6%	—	33.58%

全球化后勤网络确保客户能够享受产品全生命周期的原装配件的可靠供应。在超过95%的情况下，24h之内可以将货物送达世界任何地方。全球集成后勤网的核心是位于Wiesloch Walldorf的世界后勤中心（World Logistics Center，WLC），它管理着美国、日本和中国香港的备件中心，也利用该网络为客户供应耗材。基于互

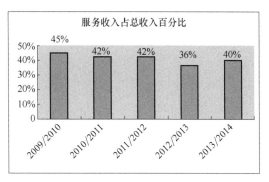

图5-2 海德堡公司近五年服务收入占比

联网的服务正发挥越来越大的作用。使用基于远程服务或ecall（自动呼叫系统）功能网络的客户数量在增长，该网络允许诊断印刷机并自动报告给服务团队。网络确保所需的服务备件已经有效及时在维修人员抵达时到位。一旦服务质量和经济效益可以安全或增长，战略伙伴是我们服务概念的一个重要因素。目标是减少设备和服务的后勤和运输成本。后勤概念优化是瞄准未来减少网络资本项目的重要因素。

海德堡公司提供了印刷生产过程中不可避免产生的CO_2排放计算和补偿（offset）在线平台。这意味着产品能够以CO_2碳中性的方式生产，让印刷品消费者减少他们的碳足迹。现代化印刷机和改善的工艺也有助于降低成本。对印刷车间而言，保护资源生产工艺一直是效率的重要准则。开始对环境造成影响时，最重要的因素是纸张消费，随之而来的是印刷过程能源消费。工艺过程排放和废物也是重要因素。在生产场所，开始引入综合能源监控系统（comprehensive energy monitoring system），可进行可

视化能源消费和进行评估。能够通过测量达到减少消耗的效果。

海德堡公司技术服务收入约占总收入的40%，如图5-2所示。对于世界上任何地点、任何时刻，海德堡公司均能提供全天24h的服务，在整个价值链中提供有竞争力、可靠、环境友好的解决方案。耗材和服务是两个重要的增长部分。全球耗材与服务的业务量比新机器销售高三倍，且很少受世界经济波动影响。海德堡公司有全球最大的装机基地，认识到新业务的重要地位。提供一个综合和差异化的组合，服务定位于机器技术维护、原机器零部件和需要的耗材的提供。公司带给客户新的理念，帮助客户推进业务发展，优化流程和增加利润，也提供软件解决方案。此外，公司的金融服务还可提高用户购买新机器的能力。

市场包括出版物、包装和商业印刷。海德堡公司主要在商业和包装印刷方面着力，总量约占市场的60%。包装市场在新兴国家快速增长，且没有出现周期性。商业印刷市场稳定，但比包装受经济波动影响更大，如图5-3所示。

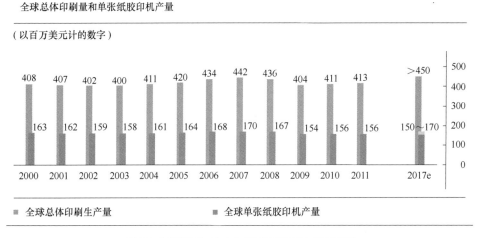

图 5-3　海德堡公司对未来全球及单张纸印刷市场容量预测

（来源：PIRA，海德堡预测。）

耗材业务是新单张纸胶印机全球市场规模的三倍，约80亿欧元。耗材业务的竞争结构非常错杂，该市场没有全球化的零售商，地区市场通常不能由单个供应商主导，典型的竞争者是小型或中型公司，这些公司在当地市场十分活跃。

海德堡公司提供广泛服务，高性能印刷机的零部件数量超过十万个，要求相应的服务零件，可持续维护和管理成本。复杂性在某种程度上提升了成本。每年更换零件的数量增加5%～10%。引入复杂性管理系统，覆盖整个价值链，从而调整集团的产品、结构和工艺、响应条件。

5.2.2　印刷工程服务结构及措施

目前，海德堡研发组织结构已经转变为基于装配和模块，而不是生产线组织。为了降低整体成本水平，海德堡将关注点从纯的制造成本分析转向工艺成本分析。海德堡公司的销售构成包括设备、技术服务和金融服务模块，各模块在总销售额中所占比例如图 5-4 所示。当品质一定时，降低复杂性会导致成本的降低和利润的增加。全球服务网络确保印刷车间快速、可靠、经济，并且根据各自需求获得服务。

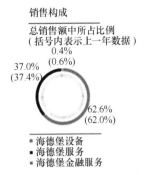

图 5-4　海德堡 2012/2013 年度各种业务收入构成

5.3　增值印刷

　　单张纸印刷企业面临的最大挑战就是满足市场的新需求，即高质量和短版印刷。而且这些企业要想在激烈的市场竞争中长期生存下去，单靠传统印刷是不行的，他们必须选择增值服务。增值印刷的方式有很多，比如为胶印机增加用于可变数据印刷的喷墨单元、UV 上光单元以及 3D 印刷单元等特殊的印刷和上光效果、特殊的加网技术或者使用特殊的承印物。联线工艺在成本效益和生产力方面提供强大的竞争力。联线上光、联线模切或其他联线功能的实现只需一次校机、一张废纸。

　　为确保印刷产品的高质量和降低纸张浪费率，曼罗兰采用联线检测系统和联线分拣装置；而联线冷烫装置和联线优化上光装置则在金属印刷和上光应用中制造出非同凡响的效果，大大增强了印品的性能。由此可见，增值印刷是印刷厂商们在瞬息万变的印刷市场中取得成功的关键所在。而印刷设备通过直接驱动、快速转换、联线加工、联机检测、联网加工等技术创新，以先进的设备系统、稳定的加工工艺、优异的印刷质量和超值的印刷效益，为企业实现增值印刷提供强有力的保障。

　　包装、标签、商业印刷活件都可以通过在冷烫印装置以后的印刷单元上采用金属图像联线叠印进行产品整饰。这些图像从载体箔上分离，转印到印有黏性油墨的区域上，这样就消除了昂贵的烫印印版的成本和热烫印的工艺，这些都是额外进行的机外生产步骤。冷箔烫印可以联线处理，从而减少了工艺链的步骤，这就是说订单可以更快地交货。与烫金相比较，冷箔烫印可以复制和再现超细的线条和元素。在包装印刷中，冷箔烫印在与防伪元素一起使用的实践中已经证实了其价值。如果不进行冷烫印，这个印刷单元仍然可以作为正常的印刷单元使用。

5.4　印刷装备再制造及绿色化

5.4.1　印刷装备再制造技术发展状况

（1）技术发展状况　应用成熟的环保技术提升现有印刷装备能效是印刷行业装

备绿色化的一条经济途径，包括旧印刷装备的综合性能和环保性能评价方法、再制造关键检测技术、印刷装备再制造体系、绿色化单元技术及装置开发。

（2）市场发展状况　目前国内使用的绝大多数印刷装备均为普通装备，需要绿色化提升其环保性能。

① 传统印刷绿色化过程　印刷生产工艺流程、印刷装备及系统、印刷过程、印刷车间、印刷工程服务、绿色印刷关键技术、工艺、装备及系统软件研发等。

② 印刷装备再制造　对旧印刷装备进行性能失效分析及寿命评估等，进行再制造工程设计，采用一系列相关的先进制造技术，使再制造印刷装备产品质量接近新品。在与旧设备主体结构兼容的前提下，更换关键部件，增加遥控控墨、遥控套准的功能，提升整机的性能、效率、安全性。

③ 印刷装备绿色化改造　现有印刷装备的绿色化是达到行业绿色印刷目标的迫切问题和现实选择，提升整个行业印刷装备的环保性能势在必行。

5.4.2　普通印刷装备绿色化

绿色印刷已成为 21 世纪欧美发达国家普遍应用并日趋普及的一种新型印刷方式。在欧美发达国家，绿色印刷既是科技发展水平的体现，又是替代传统印刷方式的有效手段。通过几十年的技术发展，德国印刷业的绿色生产不但已取得成效，而且保护了生态环境。例如 CTP，2000 年—2010 年，德国印刷业能量消耗减少了约15%，淡水消耗减少了44%，2007 年德国每吨印刷的纸张用水约 $0.6m^3$，这是德国印刷和造纸技术协会《关于过去 10 年德国和欧洲印刷业环境、资源和能量效率的发展调研报告》的统计结果。德国最近公布的调研报告显示，在 10 年内德国印刷业废料产生总量降低了约9%，即每吨印刷纸张产生约 114kg 废料，99%的废料都是由纸张和纸板的废纸和裁切纸边产生的可回收材料。此外，由于德国印刷采用了高效的定量系统，使油墨剩余量减少到最低限度，2000 年—2010 年，德国油墨和光油的使用量减少了约 16%。

用新的工艺提高生产效率、降低成本，是节约能耗和时间的一种有效方式。高宝利必达单张纸胶印机让印刷企业感受到新技术带来的效率变革。

在印前、印刷或印后加工领域，机器和材料的创新本身就是在朝着环保方向迈进。不同的技术创新也能节约材料和减少能耗。重要的是，所有企业都有节约潜力。例如，使用新式热力泵和电子限流器、新的印刷机或空气加湿系统等都可以节电。同时，在建筑物上通过阻热、空调或使用太阳能电池也可以实现有价值的节能。

资源节约的另一方面是节能。功能的增加必然会使耗电量大幅增加，必须加大技术开发力度，才能使电能得到高效利用。高宝公司利必达 66 和 75E 在设计上并非高端配置，更适合以商务印刷为主的中小印刷企业，价格更具竞争力。当然无论针对什么样的客户群，利必达节能环保的特点都充分地体现出来，不但有效提高了在小幅面机器上的生产效率，而且减少了成本，还能节约电力30%。在不改变操作舒适性的前提下，得到与大机器一样的印刷质量，可谓具有极强的性价比。

（1）高效、提高能源利用效率　绿色胶印机还必须要高效。现代胶印机为满足包装印刷的需求，在实现多色印刷的同时，还实现了 UV 印刷、联机上光、多重干燥等，以使胶印机的效率得以提高。一台胶印机在单位时间内完成的生产任务越多，产量越大，其单位时间或单位印量所消耗的资源就越少，也就越环保。

考虑到杂志、目录和高档市场促销宣传品印刷趋于更小发行量和针对更为具体的目标人群，高宝公司已经认识到市场依然需要创新的窄幅卷筒纸印刷机。在全世界，超过50%的商业印刷机依然是 16 版印刷机。该机器的关键目标包括净生产能力高、活件切换快速、启动废品少、生产灵活性高以及减少操作人员、能耗和维护需求，同时还要使设备具有突出的性价比。

（2）绿色胶印机节约资源　随着各种先进技术的发展，胶印机的功能越来越多。如何在发展多种功能的同时节约资源，是印刷机研究的一大课题。很多新技术的应用能使胶印机消耗的资源明显减少，例如曼罗兰胶印机的咬纸牙采用先进的表面处理技术，在使其性能得到大幅提升的同时更加耐用，减少了配件的消耗。

（3）技术措施　通过技术措施降低废品率，也是提高胶印机生产效率的有效途径。曼罗兰胶印机的各种高品质检测工具大大降低了废品率，降低了生产成本。如联线自动供墨导控装置、联线质量检测装置、联线分拣装置、联线监控系统使胶印机始终处于最理想的工作状态。

高宝公司和曼罗兰公司展出了不同的全自动生产解决方案——从印版制作到印版输送再到自动印版装卸系统。此外，能够提高生产效率和墨量准确度的墨色遥控系统也成为诸多国内印机制造商目前关注的焦点。

辽宁大族冠华公司的 GH524 四色胶印机通过电脑控制，采用气动技术控制的自动装版及卸版装置，在 3～5min 可以完成四套 PS 版的装卸，无需弯版和手动锁紧，这对于短版快印来说非常方便，与没有自动上版的设备相比，缩短了70%的换版时间。

美国印刷行业总体企业数量与产出与我国接近，而人员仅为我国从业人数的五分之一。我国印刷业仍属于劳动密集型行业，生产效率低，人工成本在企业生产成本构成中比例偏高。

通过提高生产效率达到节能降耗是实施绿色印刷的重要途径。

① 随着社会发展，从业人员对就业环境及劳动强度提出需求，企业需改善工作环境，降低劳动强度。一些重复性工作由自动化机器承担；

② 由于印刷品种类繁多，特别是包装印刷行业，大量纸板类搬运工作繁重，可

采用智能化机器人承担；

③ 面对网络媒体冲击，传统印刷需要借助网络印刷和企业内部的数字化工作流程等改造和优化生产流程。合版印刷等商业模式需要信息技术支撑，"印刷+IT"的商业模式已经由少数印刷企业示范，逐渐向具备条件的企业扩展；

④ 绝大部分企业设备仍处于单机或单生产线运行，较少企业实现了印刷车间资源的信息化管理，通过信息化建设解决加工单元的孤岛问题。从印刷企业内部生产工艺链来看，生产工艺仍处于分离状态，尽管有些企业采用了 ERP 系统、数字化工作流程等软件将生产各环节要素连接起来，但仅仅是通过信息传递软连接，尚未实现生产全流程的软硬一体化连接；

⑤ 企业缺乏掌握印刷及 IT 技术的研发人才。为应对网络技术冲击，涉及网络印刷的企业应拥有相应研发人才。

5.5 实施印刷行业信息化工程

以印刷产业链的信息流和控制流为主线，通过信息及装备集成，重构印刷产业链及工艺流程，形成无缝集成的制造环境；通过印刷过程的实时监控信息，数字内容授权输出，保证信息网络传递的安全性，生产过程碳排放信息化管理；集成制造技术融于印刷品制造过程，为印刷过程信息化提供智能化系统装备，保证信息传递的高效性。

（1）以"集成化"为制造核心　"集成化"指技术的集成、管理的集成、技术与管理的集成；其本质是知识的集成，亦即知识表现形式的集成。印刷集成制造技术就是印刷技术、制造技术、信息技术、管理科学与有关科学技术的集成。

（2）以"网络化"为印刷信息传递手段　"网络化"是现代集成制造技术发展的必由之路，制造业走向整体化、有序化。制造技术的网络化由生产组织变革的需要和生产技术发展的可能两个因素决定。因为印刷制造在市场竞争中面临多方的压力：采购成本不断提高，按需印刷市场不断扩大，全球制造所带来的冲击日益加强等。企业要避免传统生产组织所带来的一系列问题，必须在生产组织上实行某种深刻的变革：一方面利用网络，在印刷设计、制造与生产管理等活动乃至企业整个业务流程中充分享用有关资源，即快速调集、有机整合与高效利用有关制造资源；另一方面制造过程与组织的分散化网络化，使企业必须集中力量在自己最有竞争力的核心业务上。

（3）以"智能化"装备为印刷信息转移物理载体　制造技术的智能化是制造技术发展的趋势。智能化制造模式的基础是智能制造系统，智能制造系统既是智能和技术的集成而形成的应用环境，也是智能制造模式的载体。与传统的制造相比，智能制造系统具有人机一体化、学习能力与自我维护能力等特点。

5.6　小结

论述了以信息化为核心的印刷业增效关键技术及设备的构成。阐述了数字化工作流程、印刷服务工程、增值印刷等流程、特点及应用。从装备全生命周期角度，论述了印刷装备再制造及绿色化可行性、应用案例。阐述了印刷业信息化对行业提质增效的重要作用，通过装备与信息集成，将重构印刷产业链和工艺流程，实现印刷过程的实时监控和增效。

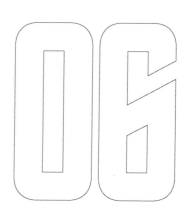

第6章

印刷装备能耗评价方法及技术

ENERGY CONSUMPTION EVALUATION
METHODS AND TECHNOLOGIES
FOR PRINTING EQUIPMENT

印刷机是一种高集成、高精密的机械，完成正常印刷需要消耗大量能源。不同干燥方式的印刷机，能耗形式、能耗量大不相同。所以，量化印刷状态下的印刷机耗能是非常重要并且十分迫切的。在国外，德国在 2010 年年底制定了单张纸胶印机的能效评价准则。海德堡早已启动速霸系列印刷机碳中和认证计划，并推出海德堡能量计量表，是一家可提供集成化能耗测量装置的供应商。国内对印刷机能耗检测及监测研究较少。

国家新闻出版署发布的《印刷业"十四五"时期发展专项规划》提出：坚持绿色化、数字化、智能化、融合化发展方向，谋划布局全行业碳达峰、碳中和，推广使用绿色环保低碳的新技术新工艺新材料新装备，促进印刷服务消费向绿色、健康、安全发展。节能减排是印刷业和印刷装备制造业长期关注的热点。在印刷包装产业领域，印刷机能耗是主要研究对象。

6.1　国内外印刷装备能耗研究历程及进展

2001 年 8 月，日本印刷产业联合会将制定的《"胶版印刷"绿色标准》作为行业标准。

2006 年 4 月，日本增订了《绿色印刷认定制度》，该制度推行五年以来，有 201 家企业获认定，占 10 万余家印刷企业的 0.2%。

澳大利亚环保局（NSWEPA）通过使用智能电表监测用电、以无水胶印和 CTP 技术实现减排案例，来指导印刷企业的节能减排。

2010 年初，德国机械设备制造业联合会（VDMA）制定的印刷业低碳标准出版，该标准成为印刷企业能源消耗量和能源利用率评价的指导基础。

英国印刷工业联合会（BPIF）开发出一款碳排放量计算器，该计算器根据产品与服务生命周期温室气体排放评估规范和温室气体标准对工厂和产品的碳排放量进行估算，作为印刷企业节能减排的指导。

如图 6-1 所示为卷筒纸胶印机工厂提高能效的实例，可以看出一家卷筒纸胶印机工厂如何通过将厂房产生的热能和材料转运过程中产生的热以及机器运转产生的能耗利用到工厂照明、厂房保温等地方以达到提高能效的目的。

东莞被工信部列为全国首批工业能耗在线监测试点城市，其中，东莞金杯公司采用了基于 ZigBee 的无线传感器网络能耗监测系统。

无线传感器网络技术是一种新型的网络技术。无线传感器网络（Wireless Sensor Network）由多个传感器节点组成，能够相互协作地感知、监测、采集和处理网络分布区域内的环境信息。ZigBee（基于 IEEE 802.15.4 标准的低功耗局域网协议）是一种新兴的短距离无线通信技术，具有可靠、低功耗、低成本和高容错性等优点，因此更适用于无线传感器网络监测与控制。

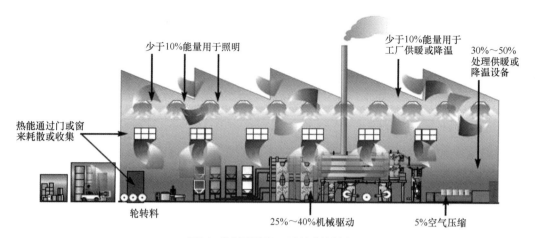

图 6-1　卷筒纸胶印机工厂提高能效实例

国内研究多集中在对路由协议、控制算法等关于无线传感器网络能耗的方面。本书作者团队基于 ZigBee 网络提出一种独立于无线传感器网络的印刷机群综合能耗监测系统，系统通过传感器节点、网关节点和主控端三级实现能耗监测。能耗检测守护程序位于系统的最底层，基于 CC2530 设计并实现了可检测能耗数据的 ZigBee 网络节点，程序主要负责传感器节点能耗数据检测；能耗监测程序位于系统的中间层，负责收集和传输各个节点的能耗数据；主控端 PC 机上的主控程序位于系统的顶层，程序采用 VC++6.0 编写，运行于 Android 平台下，通过该平台可以完成数据存储和实时监测工作。

在上述内容的框架上，北京印刷学院印刷装备检测与故障诊断团队设计了能耗监测系统并完成代码实现，三层能耗监测网络的提出必然会给以无线传感网络技术方式检测印刷机能耗提供新的思路。

围绕着国家提出的"节能减排"主题，"绿色印刷"是印刷领域主要关注点之一。"绿色印刷"包括用什么材料印、选什么方式印等，换个角度理解，就是如何实现高能效、低能耗的印刷，以达到最经济、最实用的印刷效果。印刷机的能耗检测就是研究以上要素的关键第一步。

通过研究印刷机各物理单元之间的功能集成、能量转换和传递，物质流—能量流—信息流的耦合和协调，得到印刷机能耗检测技术路线：从印刷机的功能要求出发，通过能量流将印刷机进行功能单元分解；机械的驱动与传动主要研究的是原动机与机械复杂之间的性能匹配，从而满足机械的效率、精度、可靠性等要求。驱动是各种原动机的基本功能，用于提供可控的能量，产生基本的运动和动力。

从国家战略到印刷领域，从印刷界到印刷机能耗，从能耗到宏观的能量流以及微观振动，初步形成一个系统的印刷机能耗检测和研究体系，为今后印刷机能耗研究打下扎实基础。

鹤山雅图仕公司实现了数字化能耗管理，设计了一种包括电力变压器、空气压缩系统、中央空调系统、中央热水系统等系统的运行监测及数据采集监控系统。企业通过能源管理每年消耗标准煤减少 400 多 t，减少二氧化碳排放 1000 多 t。

由于印刷业市场竞争激烈，印刷企业大部分实行"两班倒"，造成部分企业劳资双方的矛盾激化，诸如工作时间长、工资上涨幅度追不上通胀等，对企业生产力不无影响，企业管理者更需面对成本上涨、利润下降等难题。设备自动化、生产标准化和流程数码化是大势所趋，有利于印刷企业应对现实中的难题（表 6-1）。

表 6-1　　　　　　　　　　　企业采取的环保措施及影响因素

阻碍印刷公司更加环保的因素		印刷公司采用的环保方案	
成本	54%	再生印版	95%
缺乏用户需求	36%	再生的纸张	95%
其他	26%	使用大豆油墨或其他植物油墨	71%
缺乏资源	17%	再生墨罐	70%
不确定性	5%	无醇印刷	55%
不知道如何启动	3%	能量控制系统	26%
		可再生能源	25%

来源：PIRA 国际公司《动态全球市场的绿色印刷：如何采用绿色印刷，2009》。

流程效率是企业未来成功的关键。印刷企业需要有效地提升产能和生产效率，同时，辅以追求生产灵活性、减少出错率、提高人员素质等措施，才能更好地适应印刷市场上活件难度日趋提升、交货期缩短、短版印刷大量涌现等新形势，在订单处理、完稿、排版、打样和制版等方面提升效率，以及大幅缩短印刷准备时间、大幅降低纸张损耗、快速实现稳定的色彩等。

绿色印刷不是短暂的时尚，而是必然的趋势。环保的印刷方式将道德责任与经济优势集于一身。一台携带全套环保装备（比普通配置售价提高约 60%）的速霸 XL105-6+L 与一台标准配置的速霸 XL105 相比，每年可节约 21 万欧元的运营成本。环保的生产方式还能为厂方节约大量成本。以一台带有全套环保装备的速霸 XL105-6+L 胶印机为例，海德堡对其一年的节约潜力进行过计算，与一台标准配置的速霸 XL105 相比，其能源消耗降低了 20%，废料则减少到三分之一，此外，它消耗的油墨、酒精、清洁剂、水和喷粉也大大减少了。使用这套装备的印刷厂，假设日生产三班倒，那么每年可节约 21 万欧元。

6.2　印刷机能耗模型建立

6.2.1　印刷机能耗分析的时间尺度问题

"印刷机能耗分析的时间尺度"指的是在对印刷机能耗计算分析时，根据所关注的不同层次的研究对象，选择不同的时间规格。

对于电网层，包括用于发电所消耗的能源，时间规格为季度或年；在印刷企业层，企业正常运转一天内的耗电值，时间规格为天；对于印刷机层来说，主要研究耗电量，印刷机正常完成印刷耗电量，时间规格一般选为小时；在振动层，为了研究振动参数与能耗之间的关系，时间规格一般选为秒。图 6-2 为在不同层次研究印刷机能耗的时间规格选择示例。这里主要研究印刷机层与振动层。

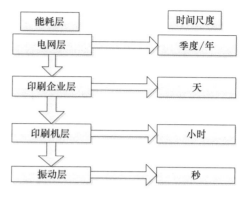

图 6-2　印刷机能耗的时间规格选择

6.2.2　印刷机能耗模型框架体系的建立

印刷机是一类复杂机械，各个印刷单元按照完成功能不同的原则进行划分，每个单元又协同合作达到印刷目的。按照功能单元集成原则，运用矩阵分析算法建立印刷机能耗模型。

（1）能耗模型建立方法　模型是将现实实物抽象化，定义分析问题的相关因素，从而反映出模型各个系统的因果关系。利用模型可以用较少的时间和费用对实际系统做研究和实验，可以重复演示和研究，因此更易于观察系统的行为。

印刷机各系统的关系如图 6-3 所示。

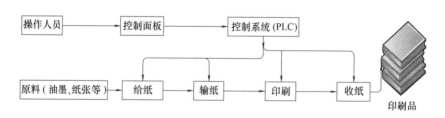

图 6-3　印刷机各系统关系示意图

模型化基本方法包括：分析法；实验法（对实验结果的观察和分析，利用逻辑归纳法导出系统模型。实验法包括三类：模拟法、统计数据分析、试验分析）；综合法（既重视实验数据又承认理论价值，将实验数据与理论推导统一于建模之中，通常利用演绎方法从已知定理中导出模型）。

（2）基于矩阵分析算法的能耗模型建立方法　为了尽可能全面地分析印刷机能耗，通过对印刷机能耗分项建模。印刷机能耗可分为：碳排放、电能、热能、材料、能量损耗、其他能源消耗。碳排放是指印刷机排放出的气体指标。电能是指所需电网电能，主要是驱动系统耗能及其他辅助电器耗能。热能方面，印刷机按照不同加热方式对应消耗能源包括电、油、水、天然气、生物燃料等能源。其中，电能除了供给主轴电机和各色组电机等加载部件外，还需供给其他的部件如控制系统、冷却泵、风扇等。"巧妇难为无米之炊"，即使精度再高、印刷速度再快的印刷机，没有承印物，没有油墨，也是不能完成印刷工作的，所以材料应该作为耗能指标的一部分。印刷机能耗构成示意图如图 6-4 所示，受限于目前测试条件，对材料消耗的测量还没有一个量化，只有定性分析。印刷机能源利用率很难达到百分之百，因此，能量损耗应该在印刷能耗范围内。

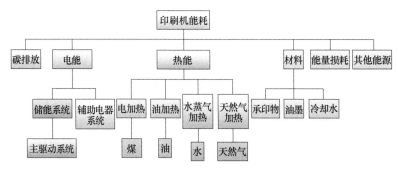

图 6-4　印刷机能耗构成示意图

目前，我国电煤消耗量约占全国煤炭消耗量的 50%，电力行业是一次能源消费大户和污染物及温室气体排放大户。值得注意的是，被监测对象是以电加热为干燥方式的卷筒料凹版印刷机，在最后分项计量中，热能计项消耗的电能应该归于电能计项，并且应该把电能消耗量算成一次能源标准煤量，符合国际能源消耗统一标准。

干燥部分是印刷机不可缺少的重要部分，所以提出部分热能计算公式以供参考：

① 液体（热油）消耗的能量　　$E_y = c_p \cdot \rho \cdot \Phi \cdot \Delta t \cdot (T_2 - T_1)$　　　　　　　　（6-1）

式中　E_y——液体（热油）消耗的能量；

　　　c_p——液体的比热容；

　　　ρ——液体的密度；

　　　Φ——单位时间内流过管道的流量；

　　　Δt——测量时间；

　　　T_2——输入管内液体温度；

　　　T_1——输出管内液体温度。

② 水蒸气液化释放的能量　　$E_s = c_{p_1} \cdot \dfrac{p_1 \cdot \Phi_1 \cdot \Delta t \cdot M}{R} - c_{p_2} \cdot \rho \cdot \Phi_2 \cdot \Delta t \cdot T_2$　　（6-2）

$$p_1 \cdot \Phi_1 \cdot \Delta t \cdot M = p_1 \cdot V_1 \cdot M = \rho \cdot \Phi_2 \cdot \Delta t \qquad (6\text{-}3)$$

式中　E_s——水蒸气液化释放的能量；

　　　c_{p1}——水蒸气的比热容；

　　　p_1——水蒸气的压强；

V_1——流过管道的水蒸气流量；

Φ_1——单位时间内流过管道的水蒸气流量；

Δt——测量时间；

R——气体常数，8.314J／（mol·K）；

M——水蒸气摩尔质量；

c_{p2}——饱和水的比热容；

ρ——饱和水的密度；

Φ_2——饱和水通过输出管的流量；

T_2——输出管内气体温度。

③ 以天然气燃烧加热方式，加热部分消化能量 $E_q = \dfrac{p_3 V_3 M_3}{RT_3} \cdot \dfrac{q}{\dfrac{p_0 M_3}{RT_0}} - c_{p4} \cdot \dfrac{p_4 V_4 M_4}{RT_4}(T_4 - T_C)$

$$= \frac{p_3 V_3 T_0 q}{T_3 p_0} - c_{p4} \cdot \frac{p_4 V_4 M_4}{RT_4}(T_4 - T_C)$$

$$= \frac{p_3 \cdot \Phi_3 \cdot \Delta t \cdot T_0 q}{T_3 \cdot p_0} - c_{p4} \cdot \frac{p_4 \cdot \Phi_4 \cdot \Delta t \cdot M_4}{R \cdot T_4}(T_4 - T_C) \tag{6-4}$$

式中　E_q——以天然气燃烧加热方式，加热部分消化的能量；

p_3——输入管中气体的压强；

Φ_3——单位时间内流过管道的气体的流量；

Δt——测量的时间；

V_3——输入管道内的气体流量；

T_3——输入管内气体温度；

q——气体的燃烧值；

M_3——输入管道内的气体摩尔质量；

T_0——定义气体燃烧值时气体温度；

p_0——定义气体燃烧值时气体的压强；

R——气体常数，8.314J／（mol·K）；

c_{p4}——气体燃烧后排出废气的比热容；

p_4——二次回风管道的气压；

Φ_4——输出废气通过二次回风管的流量；

T_4——二次回风管内废气的温度；

V_4——二次回风管内废气的流量；

M_4——二次回风管道内的摩尔质量；

T_C——管道外环境的温度。

为深入地分析印刷机能耗水平和特点，按照印刷机功能级单元对能耗分类，构建了能耗分项评价指标体系，结合能耗模型针对以电加热为干燥方式的卷筒料凹版印刷机的能耗进行分析。

6.2.3　卷筒料凹版印刷机分项能耗模型

基于目前能耗测试条件，针对以电加热为干燥方式的卷筒料凹版印刷机建立卷筒料凹版印刷机分项能耗模型。能耗分项模型在矩阵分块，层级划分的基础上建立。

如图 6-5 所示，卷筒料凹版印刷机分项能耗分为电量能耗和非电量能耗，其中，后者又分为机械能量损耗、材料消耗、水耗。模型中材料包括：纸张、薄膜、油墨、其他材料等。能量损耗包括：机械摩擦损耗、制动损耗、电器部件损耗、内阻损耗等。

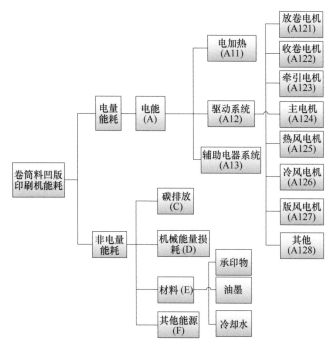

图 6-5　卷筒料凹版印刷机分项能耗模型

电耗是印刷机耗能的主要部分，也是印刷机能耗的主要研究对象。电耗按用电属性分为驱动系统电耗、加热系统电耗、辅助电器系统电耗等。驱动系统电耗按驱动功能分为刮墨刀电机电耗、纠偏电机电耗、放卷电耗、收卷电耗、主电机电耗、牵引电耗、风机电耗、调版电耗；加热系统电耗是指电阻丝加热电耗；辅助电器系统电耗是指空调、低压电器、泵、照明等辅助电器电耗。其中，放卷电耗按执行机构分为减速机（放卷）电耗、放卷电机电耗；收卷电耗按照执行机构分为减速机（收卷）电耗、收卷电机电耗；风机电耗按执行机构分为热风机电耗、冷风机电耗、版风机电耗、排风机电耗；调版电耗按执行机构分为横向调版电机电耗、纵向调版电机电耗。

卷筒料凹版印刷机分项能耗评价指标通常包括电耗、能量损耗、材料消耗、水耗评价指标。

从卷筒料凹版印刷机的能耗结构角度分析，主要能源消耗方式为电耗。因此，印刷机能耗监测的核心是电力监测，基于电力监测数据进行分析评价具有重要意义。卷筒料凹版印刷机电耗评价指标按用电量可分为总耗电量指标、均值类指标、耗电比例类指标。

（1）建立能耗指标数学模型　定义域：

A ＝{驱动系统}；B ＝{加热系统}；C ＝{辅助电器系统}；

$A_i(i = 1\cdots14) = \{$驱动系统下各执行机构$\}$；

$$A_i \subseteq A, \sum_{i=1}^{14} A_i = A_\circ \tag{6-5}$$

映射：

$E_{01} = E_{01A} + E_{01B} + E_{01C}$ 总耗电量指标；

$$E_{01A} = \sum_{i=1}^{14} E_{02A_i}$$ 均值类指标；

$$[E_{01A01P};\ E_{01B01P};\ E_{01C01P}] = \frac{[E_{01A};\ E_{01B};\ E_{01C}]}{E_{01}}$$ 各系统耗电比例类指标；

$$[E_{02A102P};\ E_{02A202P};\ \cdots E_{02A1402P}] = \frac{[E_{02A1};\ E_{02A2};\ \cdots E_{02A14}]}{E_{01A}}$$ 驱动系统中各执行机构耗电比例类指标。

（2）总耗电指标　总耗电指标主要包括卷筒料凹版印刷机总耗电量指标、驱动系统耗电量指标、加热系统耗电量指标、辅助电器系统耗电量指标等，如表 6-2 所示。表中各指标代码说明如下，E 表示印刷机耗电量，下标代码"01"表示总耗电量，"A""B""C"用来区分凹版印刷机各系统的总耗电量，如 E_{01A} 表示驱动系统总耗电量。

表 6-2　　　　　　　　　　　　总耗电指标

序号	指标名称	单位	符号	备注
1	凹版印刷机总耗电量	W·h	E_{01}	卷筒料凹版印刷机总耗电量
2	驱动系统耗电量	W·h	E_{01A}	驱动系统总耗电量
3	加热系统耗电量	W·h	E_{01B}	加热系统总耗电量
4	辅助电器系统耗电量	W·h	E_{01C}	辅助电器系统总耗电量

（3）均值类指标　均值类指标是指各系统对应执行机构的耗电量指标，主要包括减速机（放卷）耗电量指标、放卷电机耗电量指标、减速机（收卷）耗电量指标、收卷电机耗电量指标、热风机耗电量指标、冷风机耗电量指标、版风机耗电量指标、排风电机耗电量指标、横向调版电机耗电量指标、纵向调版电机耗电量指标、刮墨刀电机耗电量指标、纠偏电机耗电量指标、牵引电机耗电量指标、主电机耗电量指标、电阻丝加热耗电量指标等，如表 6-3 所示。表中各指标代码说明如下，E 表示印刷机耗电量，下标代码"02"表示耗电量均值，"A"表示驱动系统，"B"表示加热系

统，"1~14"用来区分驱动系统各执行机构的耗电均值，如 E_{021A14} 表示驱动系统中主电机耗电量。

表6-3 均值类指标

序号	指标名称	单位	符号	备注
1	减速机(放卷)耗电均值	W/h	E_{02A1}	减速机(放卷)耗电量
2	放卷电机耗电均值	W/h	E_{02A2}	放卷电机耗电量
3	减速机(收卷)耗电均值	W/h	E_{02A3}	减速机(收卷)耗电量
4	收卷电机耗电均值	W/h	E_{02A4}	收卷电机耗电量
5	热风机耗电均值	W/h	E_{02A5}	热风机耗电量
6	冷风机耗电均值	W/h	E_{02A6}	冷风机耗电量
7	版风机耗电均值	W/h	E_{02A7}	版风机耗电量
8	排风机耗电均值	W/h	E_{02A8}	排风机耗电量
9	横向调版电机耗电均值	W/h	E_{02A9}	横向调版电机耗电量
10	纵向调版电机耗电均值	W/h	E_{02A10}	纵向调版电机耗电量
11	刮墨刀电机耗电均值	W/h	E_{02A11}	刮墨刀电机耗电量
12	纠偏电机耗电均值	W/h	E_{02A12}	纠偏电机耗电量
13	牵引电机耗电均值	W/h	E_{02A13}	牵引电机耗电量
14	主电机耗电均值	W/h	E_{02A14}	主电机耗电量
15	电阻丝加热耗电均值	W/h	E_{02B}	单个电阻丝加热耗电量

其中 $E_{01B} = N \cdot E_{02B}$（$N$ 表示电阻丝个数）。

（4）耗电比例类指标　卷筒料凹版印刷机耗电比例类指标可以用来衡量各子系统即功能单元级耗电量占比大小，分析卷筒料凹版印刷机的耗电结构。卷筒料凹版印刷机耗电比例类指标通常分为两大类，即分项系统耗电比例指标和分项执行机构耗电比例指标。计算方法是各分项系统耗电量与总耗电量比值、各执行机构耗电量、对应系统耗电量比值以及与总耗电量比值。

各指标代码说明如下，代码命名规则与表6-2、表6-3基本一致，区别在"01P"表示分项系统的耗电比例，如 E_{01B01P} 表示加热系统分项耗电占凹印机总耗电的比例。"02P"表示分项执行机构在各系统中的耗电比例，如 $E_{02A602P}$ 表示冷风机耗电量占驱动系统总耗电量的比例。其中，因为研究对象是以电加热为干燥方式的卷筒料凹版印刷机，所以加热系统为电阻丝加热，"电阻丝加热耗电量占比"即为"加热系统总耗电量占比"。

6.3　卷筒料凹版印刷机能耗检测研究

卷筒料凹版印刷机的能耗试验方法和评价方法应以实际作业方式为基础，剔除对测试结果影响较大的不利因素。被测卷筒料凹版印刷机符合中华人民共和国国家标准 GB/T 28383—2012《卷筒料凹版印刷机》规定。

6.3.1 印刷机能耗测试案例对象

本实例是浙江宁波某企业的某型卷筒料凹版印刷机,该印刷机基本信息如表 6-4 所示,结构示意图如图 6-6 所示。

表 6-4　　　　　　　　　　　　卷筒料凹版印刷机基本参数信息

最高印刷速度/ (m/min)	加热方式	印刷版辊直径/ mm	卷料直径/mm		主电机功率/ kW	机器总重/ t
			放卷	收卷		
130	电加热	120~300	600	600	18.5	35

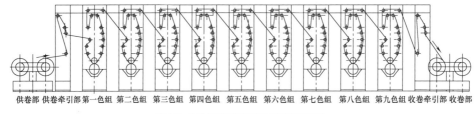

供卷部　供卷牵引部　第一色组　第二色组　第三色组　第四色组　第五色组　第六色组　第七色组　第八色组　第九色组　收卷牵引部　收卷部

图 6-6　九色卷筒料凹版印刷机结构示意图

6.3.2 实例能耗监测

根据现场环境查看,九个色组全部工作,印刷速度为 120m/min,卷径为 400mm,薄膜 BOPP 厚度为 20μm。经过综合考虑,选择性能参数、状态比较稳定的作业对象,以便能全面地、真实地反映凹版印刷机能耗情况。电耗监测直接从电器柜内人工采集数据(人工采样时间为 2min,功率仪采样时间为 1s),电耗监测源是功率仪采用三相四线接法经过采样得到相电流 I、相电压 U。在数据分析过程中,选择有功功率值作为印刷机能耗参考指标。

(1)功率参数

① 有功功率　输入的电能被有效消耗,被转化为热能、光能、机械能或化学能等,称为有功功率,又叫平均功率。通常以字母 P 表示,单位为 W。通常所说的功率指有功功率,如家用电器、照明光源等的功率。

② 视在功率　电路中有效值电压与有效值电流的乘积。用 S 表示,多用于表征一个电气设备的功率容量,即表示电源向负载可能提供的最大功率。

③ 无功功率　它反映了电路中贮存能量的大小,用符号 Q 表示,用于电路内电场与磁场的交换,并用来在电气设备中维持磁场的电功率。它不对外做功,而是转变为其他形式的能量。凡是电感性负载,即有电磁线圈的电气设备,要建立磁场,就要消耗无功功率。

（2）能耗监测平台　能耗监测平台包括测量电流电压的接触式的设备、采集数据的功率仪以及 PC 机，如图 6-7 所示。

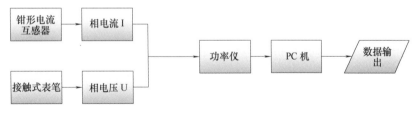

图 6-7　凹印机能耗监测平台

（3）部分测试结果　循环冷却水系统测试功率如图 6-8 所示。

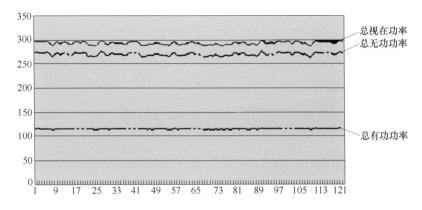

图 6-8　循环冷却水系统功率

主电机测试功率如图 6-9 所示。

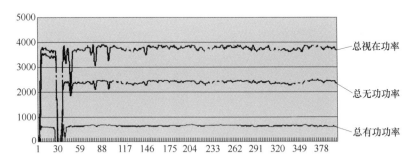

图 6-9　主电机测试功率

6.3.3　能耗数据处理分析

运用 Excel 绘制不同功能单元级有功功率数据曲线，根据不同曲线的趋势，建立数据处理方法。提出一种能耗数据处理方法，涉及数据提出部分程序。

① 若曲线平稳，直接求出平均值。

② 若曲线不平稳，取在置信区间（$N-3\sigma$，$N+3\sigma$）的数据，再求出平均值。

③若曲线出现周期性变化，取一个周期的数据。在 MATLAB 中运用函数"trapz"求离散数据点积分，即得到一个周期内消耗电能量 W，平均有功功率值为 $\overline{P}$。

$$\overline{P} = \frac{W}{t} \tag{6-6}$$

④若在③中周期性数据出现单调递增或递减的情况，运用最小二乘曲线拟合法求出线性耗电量函数 $p = F(t)$，并可求出消耗电能量。

6.3.4 卷筒料凹版印刷机能耗分项分析

以电加热为干燥方式的卷筒料凹版印刷机能耗分项数据如表 6-5 所示，驱动系统分项执行机构耗电值，卷筒料凹版印刷机分项系统耗电值如图 6-10、图 6-11 所示。

表 6-5 　　　　　　　电加热卷筒料凹版印刷机能耗分项数据

卷筒料凹版印刷机总耗电量（kW/s）			
45. 59501			
驱动系统总耗电量/（kW/s）		加热系统总耗电量/（kW/s）	辅助电器系统总耗电量/（kW/s）
16. 48			
放卷电机均值耗电（kW/s）	0. 28	28. 61	0. 50
收卷电机均值耗电（kW/s）	0. 29		
牵引电机均值耗电（kW/s）	0. 57		
主电机均值耗电量（kW/s）	2. 87		
热风电机均值耗电（kW/s）	10. 48		
冷风电机均值耗电（kW/s）	1. 37		
版风电机均值耗电（kW/s）	0. 10		
其他机构均值耗电（kW/s）	0. 52		

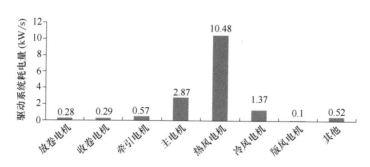

图 6-10　驱动系统分项执行机构耗电值

从上述该卷筒料凹版印刷机耗电指标分析可知，凹版印刷机主要耗能点是加热，其次是驱动系统耗能。从图 6-11 可以看出，在驱动系统中主要耗能点是热风电机，其次是主电机。该结论符合印刷机正常工作经验判断，为印刷机耗能判断提供了理论依据。

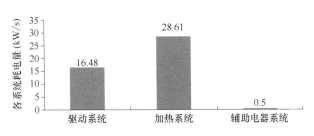

图 6-11 卷筒料凹版印刷机分项系统耗电值

6.3.5 分析结果评价

由能耗分项分析数据可知，加热系统是整台凹版印刷机的最大耗能系统，该系统在有限印刷路径下，通过尽可能提高烘箱温度使热固型油墨快速附着在承印物上；其次是驱动系统。因为印刷机械是一个精密的复杂机械系统，机构复杂，需要多个电机配合完成印刷任务。

印刷机冗余电能以运动能源形式消耗，造成资源浪费。印刷机能源消耗过大，一般对开四色平版印刷机总功率在 80kW 左右。实际上，印刷机的加工材料为纸张，仅有印刷单元需要克服工作阻力，而其他大部分传递纸张主要保证纸张的传递运动精度。消耗功率大的主要原因是存在大量往复非均匀运动的机构，由于构建惯性等原因，各构件振动均存在与预期运动不一致的偏差。同时各构件振动也会造成整机振动，影响印刷机稳定性。为此，印刷机驱动功率中不得不包含较大能量冗余度，克服非均匀运动以保障运转平稳。这些非均匀运动一方面以噪声形式传递，影响环境；另一方面以阻尼形式消散，造成大量资源浪费。

6.4 能耗系统评价方法

6.4.1 评价方法

逐对比较法是通过确定评价指标权重，根据评价尺度，对不同系统进行一一评价，最后再加权求和得到综合评价值。

AHP（Analytic Hierarchy Process）解析递阶过程或层次分析方法是先将复杂问题简单化成各个子因素，将子因素按关系紧密度形成递阶层次关系。通过相互比较的方式，确定最后各个子因素的排序。

模糊综合评价方法是运用模糊数学理论研究和处理模糊性现象的一种评价方法。

6.4.2 印刷机碳排放量分析方法研究

对于电能，每产生 1kW·h 的电能释放的当量 CO_2 质量单位为 $kgCO_2/kW·h$，也称为碳排放因子。标准 ISO 14064 提出将温室气体转化为当量的 CO_2 来进行研究，印刷机电耗量可以运用碳排放量分析法计算。该标准将测试获得的耗电量数据与碳排放因子相乘，得到对应的 CO_2 质量，并提出了一种新的耗电量转换分析方法。各种类型能源发电的电能碳排放因子范围如表6-6所示。

表6-6　　　　　　　　　　　电能碳排放因子总结

能源	下限（1.0×10^{-3}kg CO_2/kW·h）	上限（1.0×10^{-3}kg CO_2/kW·h）	能源	下限（1.0×10^{-3}kg CO_2/kW·h）	上限（1.0×10^{-3}kg CO_2/kW·h）
煤	756	1310	水利	2	237
石油	547	935	核能	2	130
天然气	362	591	太阳能	13	137
风能	6	124	生物能	10	101

作为一次能源和功能单元级之间的传递介质，电能的能量流动关系如图6-12所示。

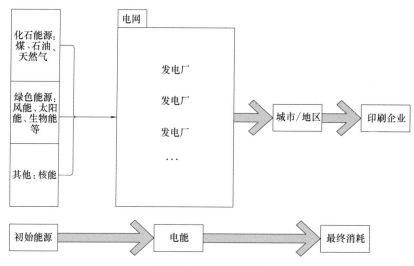

图6-12　电能的能量流关系

从图6-12的能量流动示意图可以看到，要分析完成印刷消耗电能产生的碳排放量需要从电网层出发，从电网反推到发电过程使用的能源类型，再结合不同能源类型对应的电能碳排放因子，最后对印刷过程碳排放量进行定量分析。

因此，电能消耗产生的碳排放量的分析流程可以描述如下：

① 对当地电网中对应发电的发电厂所使用的能源类型以及发电量对整个电网的输送比例进行统计和计算。

② 通过相关研究报告、科技文献等获得不同类型能源发电的电能碳排放因子。

③ 在①和②基础上，计算出当地电网综合的碳排放因子。

④ 将耗电量和综合的碳排放因子相乘，计算出印刷过程中由于电能消耗产生的碳排放量。

需要说明的第一点是：使用不同能源发电的发电厂碳排放因子也不相同。所以对结果的主要影响因素应当是电网中使用发电的能源类型以及该电厂发电所占电网的比例。需要说明的第二点是：不同的电网之间是存在着能量交互的，即相互传输。一个电网一般由多个发电厂组成，这也就是说，一个电网中包含了多种能源的发电。根据加拿大皇后大学的 J. Jeswiet 的研究，这种电能的交互量相对于一个电网的电能总量来说是非常小的，所以可以忽略电网间的相互传输对碳排放量估计结果的影响。

6.4.3　能源标准换算

在卷筒料印刷机中，单卷能耗与卷料半径、薄膜厚度有关。

初始卷料半径 $r_0 = 200\text{mm}$；薄膜厚度 $\Delta r = 0.02\text{mm}$

$$r_1 = r_0 - \Delta r, \cdots, r_n = r_0 - n * \Delta r$$

$$d_0 = 2\pi r_0, d_1 = 2\pi r_1, \cdots, d_n = 2\pi r_n, n = 0, 1, \cdots, 1 \times 10^4$$

卷料长度：$D = \sum_{i=0}^{1 \times 10^4} d_i = 2\pi \sum_{i=0}^{1 \times 10^4} r_i \approx 2\pi \times 10^6 (\text{mm}) = 2\pi \times 10^3 (\text{m}) \approx 6.28 \times 10^3 (\text{m})$

印刷机速度：$v = 120\text{m/min}$

则完成整个料卷的印刷时间：$t = \dfrac{D}{v} \approx 52.3\text{min} = 3140\text{s}$

则完成整个料卷需要消耗能量：$E = 3140 \times 45.59501 = 143168.331\text{kJ}$

根据 GB 2589—2020《综合能耗计算通则》，1kg 标准煤热值产能为 29271kJ，能量折算成标准煤质量，得：

$$M = \frac{E}{29271} \approx 4.8911\text{kg}$$

6.5　小结

在划分能耗分析时间尺度之后，印刷装备检测与故障诊断团队建立了印刷机群整体能耗框架体系，建立了具体的卷筒料凹版印刷机能耗模型。经过现场测试，结合数据对某型卷筒料凹版印刷机电耗进行分析，提出了两种能源分析方法。

第7章

基于ZigBee的
印刷装备能耗检测技术

ENERGY CONSUMPTION
DETECTION TECHNOLOGY BASED ON
ZIGBEE FOR PRINTING EQUIPMENT

7.1　智能网络化传感器

智能传感器是能够对传感器的原始数据进行加工处理，而且具有无线或有线网络接口的传感器。

运用数字处理技术处理的信号和控制电路集成在单个芯片中，提高了传感器的性能并扩展了传感器的功能，即实现智能化。

以某种标准（这种标准可以是企业内部标准也可以是行业协议）实现在各个传感器之间，传感器与上位机之间的数据交换与共享。这是智能网络化传感器发展的重要方向。

7.2　无线传感器网络概述

信息获取是一个多层次的传感信息交融过程，它包括了以敏感现象为基础的物质层、以多传感信号聚合为基础的数据层和以感知信息特征提取为基础的特征层三个层次。

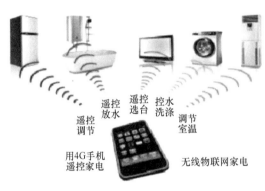

图 7-1　无线传感网络

无线传感网络是一种无基础设施的网络。通过 4G 手机可以实现对物联网家电室内空调、洗衣机、电视机、浴缸、电冰箱的控制，如图 7-1 所示，其综合了传感器技术、嵌入式计算技术、分布式信息处理技术和通信技术，可以使人们在任何条件下获得大量信息。因此，这种网络系统可以被广泛地应用于各种领域。

7.3　基于单片机的下位机检测系统设计

7.3.1　检测系统下位机硬件设计

ZigBee 底板由电源电路、复位电路、USB 转串口电路、数码显示电路、蜂鸣器驱动电路、温度传感器电路、液位测量电路和独立按键电路组成。

电源电路由将 5V 电压转换为 3.3V 的 AMS1117 稳压器及多个电容构成，提供整个电路板的正常工作电压。复位电路由一个手动复位按键 S2、电容 C9、上拉电阻 R16 组成。USB 转串口电路由 RS232 转换为 USB 接口转换器 PL2303 构成电平转换电路，通过管脚 1、管脚 5 与插针 P3 的 4、5 连接，再和芯片 CC2530 串口连接。数码管驱动电路由移位寄存器 74LS164 驱动数码管的 8 段显示。温度检测电路是温度传感器 DS18B20 将温度信号转为电模拟量信号，通过插针 P3 的 9 与芯片 CC2530 串口连接。例如在液位测量领域，有 20 余种液位测量方法，电容法可以方便地用于非导电液体测量。将电容式液位传感器信号端与插针 P5 的 9 连接，再通过插针与射频板连接。蜂鸣器由一个 NPN 三极管驱动，当 P00 为高电平时驱动蜂鸣器发出响声，如图 7-2 所示。

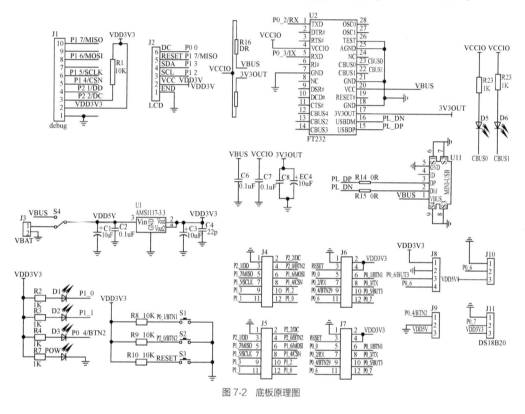

图 7-2　底板原理图

ZigBee 射频板设计原理是射频收发模块集成了 ZigBee 天线、天线与芯片收发管脚之间的匹配电路、射频主芯片 CC2530、外围电路及接口电路。图中 C211、C241、C271、C272、C311、C101、C391、C1 为滤波电容。C401 为 CC2530 内部 1.8V 稳压器的去耦电容，提高电源工作的稳定性。在实现无线数据传输时，芯片 CC2530 官方手册推荐系统时钟源选择 32MHz。引脚 25 和引脚 26 为 CC2530 差分输入输出信号接口，其外围电路中的 L261、C262、L252、C252 等分立器件实现差分信号转单端的功能，如图 7-3 所示。

7.3.2　检测系统下位机软件设计

（1）无线传感网络拓扑结构的搭建　无线传感器模块包括：协调器（CoodrinatorEB-Pro）、路由器（RouterEB-Pro）、终端（EndDeviceEB-Pro）。各模块功能不同，只有协调器创建网络，路由器、终端可以加入网络形成拓扑结构，其中，除协调器

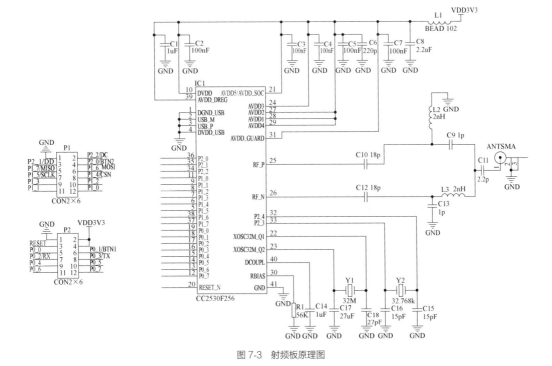

图 7-3 射频板原理图

外, 每个节点如果加入网络需要父节点"介绍", 终端不能作为父节点。所以, 通过不同形式的节点连接, 可以组成形式各异的拓扑结构。一个网络内, 协调器网络短地址固定为 0X0000, 其余节点的网络短地址随机。当需要建立多个网络时, 在网络与网络之间通过个域网 ID (PANID) 地址表示网络的地址连接。

将在软件 IAR 编写好的代码程序导入硬件中, 各节点设定完成。

因为树型结构是分级的集中控制式网络, 通信线路总长度短, 成本较低, 节点易于扩充, 寻找路径较方便, 所以设计采用树形拓扑结构。如图 7-4 所示, 共五个节点, 协调器由一个父节点担任。协调器创建网络, 父节点"介绍"两个检测温度的传感器节点加入网络, 检测液位的传感器节点直

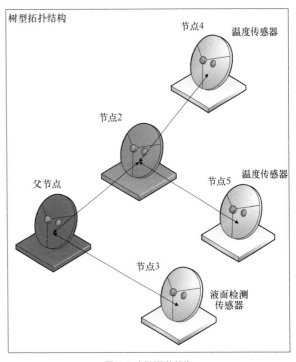

图 7-4 树形拓扑结构

接通过协调器加入网络。

（2）射频通信　当一个节点将检测数据发送至另一个节点时，必须将以信号表示的数据与某一频段信道的高频信号调制，即把检测的数据信号加载至高频信号上，加大传输功率，达到提高信号传输稳定性的目的。值得指出的是：IEEE 802.15.4 中指定的信道包括：2.4GHz 频段、915MHz 频段、896MHz 频段。目前，因为 2.4GHz 频段信号全球免费使用，所以得到广泛使用。本设计选择 2.4GHz 频段的信道。

2.4GHz 频段中共有 16 个信道，从 2405MHz 到 2480MHz（11 号信道至 26 号信道），相邻信道的频带相差 5M。

取 25 号信道频段，运用下列公式设置信道：

$$FREQCTRAL = (MIN\_CHANNEL + (CHANNEL - MIN\_CHANNEL) * CHANNEL\_SPACE) = (11 + (25-11) * 5) = 2475M$$

数据发送与接收的两个节点之间使用相同频段的信道。一个节点有 240 个端点，一个端点有 2 个簇节点。所以，在数据发送与接收时，节点与节点之间的端点可以不同，但簇节点与簇节点通信序号必须保持一致。

IEEE802.15.4 网络定义了四种类型的帧：信标帧、数据帧、确认帧和 MAC 帧。在数据发送和接收中使用数据帧格式，如表 7-1 所示。

表 7-1　　　　　　　　　　　　　　　　数据帧格式

帧控制	序列码	寻址信息	数据载荷	FCS

例如，数据帧：|0X0C，OX61，OX88，OX00，OX07，OX20，OXEF，0XBE，0X50，0X20，数据，0|，其中，0X0C 表示数据长度，（OX07，0X20）表示个域网 ID0X2007，（0XEF，OXBE）表示数据接收地址 0XBEEF，　（0X50，0X20）表示数据发送地址 0X2050，数据表示用户的数据载荷。数据帧即数据传输格式，严格按照协议执行。

① 数据发送模块设计　芯片 CC2530 包含一块 128 字节的存储发送数据的 RAM 和一块 128 字节的存储接收数据的 RAM。当调用外部中断时，这里的外部中断可以是硬件设计中的按钮启动，也可以由各种传感器检测产生电信号的上升沿或下降沿触发产生。程序执行数据发送函数，数据发送函数如下：

```
Void RFSend( char * pstr,char len);        //数据发送函数初始化
准备发送数据的寄存器配置：
RFST( RF Command storbe);                  //射频命令寄存器
RFST = 0XEC;                               //确保该节点接收数据前,存储为空
RFST = 0XE3;                               //清空接收标志
While( FSMTAT1&0X22);                      //等待该节点射频发送数据
RFST = 0XEE;                               //确保该节点发送数据队列为空
RFIRQF1& = ~ 0X02;                         //清空发送标志位
```

RFSend(SendPacket,数据长度(字节))；　//数据发送函数

数据发送函数包括：

for(i=0;i<len;i++)

{RFD=pstr[i]；　　　　　　　　　　　//数据寄存器 RFD

}//目的是将需要发送的数据循环压入发送缓冲区 RAM 中

RFST=0XE9；　　　　　　　　　　　//发送数据

While(！(RFIRQF1&0X02))；　　　　　//等待发送数据完成

RFIRQFI=~0X02；　　　　　　　　　//清空发送完成标志位

设置该节点模块数据的发送与接收地址：

发送模块短地址:OX2050

SHORT_ADDR0=0X50；　　　　　　　//低八位

SHORT_ADDR1=0X20；　　　　　　　//高八位

接收模块短地址:0XBEEF

SHORT_ADDR0=0XEF；　　　　　　　//低八位

SHORT_ADDR1=0XBE；　　　　　　　//高八位

② 数据接收模块设计　芯片 CC2530 包含一块 128 字节的存储发送数据的 RAM 和一块 128 字节的存储接收数据的 RAM。调用接收中断时，程序执行数据接收函数，数据接收函数如下：

准备接收数据的寄存器配置：

If(RFIRQF0&0X40)

{RevRFProc()；　　　　　　　　　　//将接收到的数据存储在 RAM

S1con=0；

RFIRQF0&=~0x40；

}

While(i--)；

RFST=0XEC；　　　　　　　　　　　//清空接收缓存器

RFST=0XE3；　　　　　　　　　　　//开启接收缓存器

EA=1

读数据：

len=RFD；　　　　　　　　　　　　//读出数据帧中第一个字节判断数据总字节数

Uart0_SecondCh(len)；

while(len>0)

{Ch=RFD；　　　　　　　　　　　　//RFD 寄存器

Uart0_SecondCh(Ch)

if((主数据所在命令字节数=len)&&(主数据(宏定义==Ch))

```
{P0_1^=1;
}
len--;
}                            //循环取出数据
EA=0                         //取完数据跳出
```

7.4　基于 Android 系统的上位机设计

下位机数据需要传到上位机进行收集并做后期处理。本节设计了一个基于 Android 系统的印刷机能耗监测平台，用于监测印刷机现场温度及各色组水、油墨等液体介质的液位。上位机实现串口数据的发送与接收，接收数据绘制曲线波形。串口数据通信采用 VC 自带控件 MSCOMM，图形绘制则采用 TeeChart 控件实现绘图功能。运用 VC++6.0 编辑能耗监测平台功能函数。

由于硬件设计使用 32MHz 晶振，根据串口波特率计算公式，由寄存器 UxBAUD. BAUD_M [7：0] 和 UxGCR. BAUD_E [4：0] 定义波特率：

$$波特率 = \frac{(256+BAUD\_M) * 2^{BAUD\_E}}{2^{28}} * F$$

表 7-2　　　　　　　　32MHz 系统时钟常用的波特率设置

波特率/bps	UxBAUD. BAUD_M	UxGCR. BAUD_E	误差/%
2400	59	6	0. 14
4800	59	7	0. 14
9600	59	8	0. 14
19200	59	9	0. 14
115200	216	11	0. 03

选择波特率 9600，并在程序中编程，达到硬件与软件匹配的目的。

印刷机群能耗监测平台界面如图 7-5 所示。

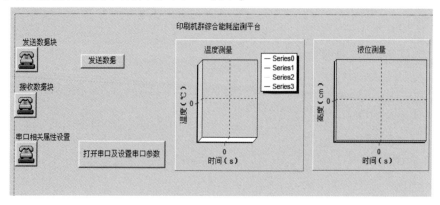

图 7-5　印刷机综合能耗监测平台

　　界面包括串口数据的发生与接收、串口参数设置、温度测量绘图模块以及液位测量模块。通过该界面，可在线监测印刷机能耗。

　　上位机功能主函数如下：

```
//能耗监测平台 Dlg. cpp ：implementation file
#include "stdafx. h"
#include "能耗监测平台 . h"
#include "能耗监测平台 Dlg. h"
/*********************************/
/ * 曲线函数头文件                 * /
/*********************************/
#include "series. h"
#include "axis. h"
#include "page. h"
#include "valuelist. h"
#include "toollist. h"
#include "tools. h"
#include "annotationtool. h"
#include "axes. h"
#ifdef _DEBUG
#define new DEBUG_NEW
#undef THIS_FILE
static char THIS_FILE[ ] = __FILE__;
#endif
//Set the icon for this dialog.   The framework does this automatically
//when the application's main window is not a dialog
SetIcon( m_hIcon, TRUE) ;//Set big icon
SetIcon( m_hIcon, FALSE) ;//Set small icon
//TODO：Add extra initialization here
if( m_ctrlComm. GetPortOpen( ) )
m_ctrlComm. SetPortOpen( FALSE) ;
m_ctrlComm. SetCommPort( 1 ) ;// * *选择 COM1
if( ! m_ctrlComm. GetPortOpen( ) )
m_ctrlComm. SetPortOpen( TRUE) ;// * *打开串口
else
```

```
AfxMessageBox("cannot open serial port");
m_ctrlComm. SetSettings("9600,n,8,1");//波特率9600,无校验,8个数据位,1个
停止位
m_ctrlComm. SetInputMode(1);//1:表示以二进制方式检取数据
m_ctrlComm. SetRThreshold(1);//参数1表示每当串口接收缓冲区中有多于或等
于1个字符时将引发一个接收数据的OnComm事件
m_ctrlComm. SetInputLen(0);//设置当前接收区数据长度为0
m_ctrlComm. GetInput();//先预读缓冲区以清除残留数据
m_ctrlChart1. Series(0);Clear();//清除 m_ctrlChart. Series(0)定义的温度测量图
像变量
m_CtrlChart1. GetAxis. GetLeft. SetMinMax(0,80);//设置温度范围
m_ctrlChart2. Series(0);Clear();//清除 m_ctrlChart. Series(0)定义的液位测量图
像变量
m_CtrlChart2. GetAxis. GetLeft. SetMinMax(0,40);//设置液位范围
return TRUE;  //return TRUE  unless you set the focus to a control
}
void CMyDlg::OnComm()//串口时间消息处理函数
{
//TODO:Add your control notification handler code here
VARIENT varient_inp;
COleSafeArray safearray_inp;
LONG len,k;
BYTE rxdata[2048];//设置 BYTE 数组 An 8-bit integerthat is not signed
CString strtemp,tempdata;
if (m_ctrlComm. GetCommEvent()==2)//事件值为2表示接收缓冲区内有字符
{
variant_inp=m_ctrlComm. GetInput();//读缓存区
safearray_inp=varaint_inp;//VARAINT 型变量转换为 ColeSafeArray 型变量
len=safearray_inp. GetOneDimSize();//得到有效长度
for(k=0;k<len;k++)
safearray_inp. GetElement(&k,rxdata+k);//转换为 BYTE 型数组
for(k=0;k<len;k++)//将数组转换为 Cstring 型变量
{
BYTE bt= *(char *)(rxdata+k);//字符型
```

```
strtemp. Format("%",bt);//将字符送入临时变量 strtemp 存放
m_strRXDATA+=strtemp;//加入接收编辑框对应字符串
}
if(m_strRXDATA! ='\n')//若没接收完一串完整的字符串则继续接。对应下位机
程序协议
{
tempdata=m_strRXDATA;
m_strRXDATA="";//清空接收字符
}
double dValue=atof(tempdata);//将字符串转换为浮点数
m_ctrlChart1. Series(0). AddXY(X++,dValue,NULL,RGB(0,255,0));//绘制接收
到的温度数据
m_ctrlChart2. Series(0). AddXY(X++,dValue,NULL,RGB(0,255,0));//绘制接收
到的液位数据
}
UpdateData(FALSE);//更新编辑框内容
}
void CMyDlg::OnButtonManualsend()
{
//TODO:Add your control notification handler code here
UpadateData(TRUE);//读取编辑框内容
m_ctrlComm. SetOutput(COleVariant(m_strTXData));//发送数据
}
```

7.5　小结

介绍了无线传感网络技术，开发了一套印刷机能耗检测系统，该系统包括以 Zig-
Bee 协议传输的下位机能耗检测节点以及利用 VC++编程的上位机能耗监测平台。

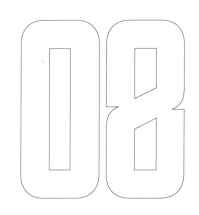

第8章

印刷机扭矩测试及振动能源建模分析

第七章从功能级单元角度研究了印刷机能耗特性，本章从机械特性及微振动能量的角度研究印刷机能耗特性并提出一种非接触式扭矩检测方法。

印刷机机械特性表示方法之一是以扭矩数据为基础的机械传递效率。传递效率公式为：

$$\eta = \frac{T_1}{T_2}$$

扭矩不仅是电机拖动效率的间接参数，还是计算机械系统传递链的传递效率。系统的动态特性和响应分析必须以扭矩测试为基础。

8.1　非接触式扭矩检测系统开发

国内外提出了多种测量扭矩的方法。印刷装备检测与故障诊断团队搭建了印刷机的压印滚筒扭矩测试平台。本节研究的主要目标是设计一种非接触式的印刷机电机扭矩检测系统，为计算机械传递效率提供理论与技术支撑。

8.1.1　测试系统原理

非接触式电机扭矩检测系统包括转速测量装置和扭矩计算平台。转速测量装置中信号采集部分使用了高灵敏度的光电传感器，光电传感器的采样周期是可在程序中设定的，因此可以针对不同被测试对象设置不同采样周期。扭矩系统测试框图如图 8-1 所示。

图 8-1　扭矩系统测试框图

（1）电机扭矩测试原理　　　　　　　　$T = 9550P/n$　　　　　　　　　　　　（8-1）

式中　T——扭矩；

　　　P——电机有功功率；

　　　n——电机转速，由转速测量装置检测得到。

将数据 P、n 导入扭矩计算平台。

（2）转速测量原理　　转速测量装置包括光电传感器、单片机、串口（USB 或 RS232）。将光电传感器产生的激光垂直对准电机上的同轴齿轮，再用单片机采集光电传感器产生的 TTL 信号，测量原理如图 8-2 所示。

图 8-2　转速测量原理

转速测量原理公式为：

$$n = \frac{N}{m \times t}$$

（8-2）

式中　n——转速，r/min；

　　　N——在检测时间内单片机接收脉冲总数，个；

　　　t——采样时间，min；

　　　m——电机上的齿轮齿数。

通过修改单片机的采样周期以及设定齿数 m 达到对不同对象的转速测试的要求。

8.1.2　基于单片机原理的转速测量设计

转速测量系统包括电源、单片机复位电路、串口电平转换电路、传感器信号接收电路和液晶显示电路。电源电路的作用是给整个检测系统供电，它将电源输入的 5V 转换为 3.3V。SP3232 芯片的作用是将单片机串口电平转换为 232 电平。光电传感器产生的 TTL 信号作为单片机计数脉冲的中断信号，单片机由此计算电机转速。PCB 电路图如图 8-3、图 8-4 所示。

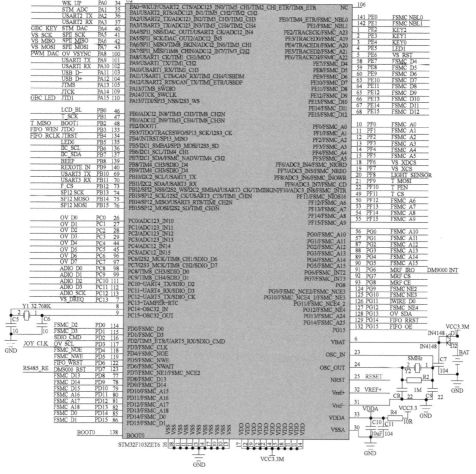

图 8-3　PCB 电路图

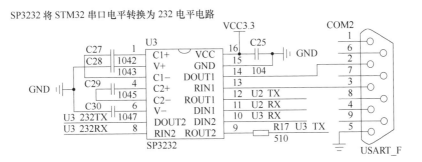

图 8-3　PCB 电路图（续）

转速测量框架程序原理如图 8-4 所示。

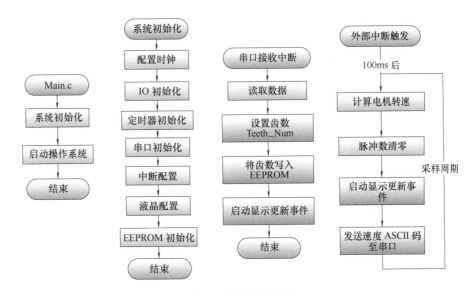

图 8-4　转速测量程序原理

主函数从系统初始化到启动操作，操作系统即开始转速测量再到测量结束。初始化工作则是将时钟、中断配置，I/O 口、定时器、串口等硬件初始化。外部中断是转速测量的主要部分，将 TTL 信号作为外部中断触发，单片机开始电机脉冲数计算，达到测量转速的目的。

8.1.3　扭矩数据计算平台

该扭矩计算平台采用 MATLAB 软件 GUI 环境编程，如图 8-5 所示。图 8-5（a）为扭矩计算平台主界面；图 8-5（b）为有功功率数据平台界面，可导入有功功率并绘图；图 8-5（c）为转速数据平台界面，计算时可以将转速数据导入；图 8-5(d) 为扭矩数据平台界面，分别将转速数据与有功功率数据导入，计算得到扭矩数据。三个平台界面可以相互切换。

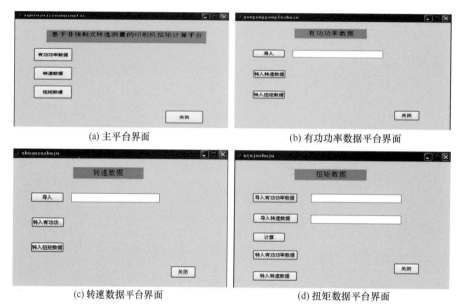

(a) 主平台界面   (b) 有功功率数据平台界面

(c) 转速数据平台界面   (d) 扭矩数据平台界面

图8-5　扭矩分析平台界面图

8.1.4　非接触式扭矩检测系统应用

利用自主开发的非接触式扭矩检测系统对某走纸机电机驱动部分进行现场测试。测试局部图如图8-6所示，功率仪接触式测得功率数据。有功功率测试现场如图8-6（a）所示；转速测试现场如图8-6（b）所示。通过上位机将转速数据导入PC机。

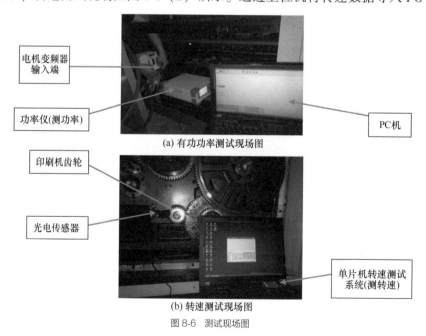

(a) 有功功率测试现场图

(b) 转速测试现场图

图8-6　测试现场图

将得到的有功功率数据以及转速数据导入如图8-5所示的扭矩计算平台，最后以绘图形式表示扭矩测试数据。图8-7为扭矩分析结果数据曲线。

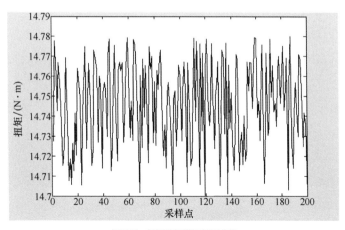

图 8-7　扭矩分析数据结果曲线

8.2　印刷机振动能源建模及分析

机械振动发电是国际上能源循环利用的热点问题，除风能、太阳能等新型能源外，振动能源是一种无污染、不消耗自然能源的二次新能源。往复运动、构件惯性、运动副间隙、滚筒空档、振动等因素引起印刷装备附加的非均匀运动，造成能量耗散。通过理论及实验研究，界定印刷装备的有效和无效能耗。对非均匀运动进行频率及相位特征分析，确定冗余动能特征。采用多点运动能量收集器采集耗散能量，整流后输送到存储器，供其他辅助装置使用。

印刷装备具有机械的共同特征。为此，介绍一种机械振动能量发电。在能源利用方面，几种能量获取效果见表 8-1。

表 8-1　　　　　　　　　　　能源转换能量汇总表

序号	能源	能量密度及性能	备注
1	噪声	$0.003\mu W/cm^3$（75 分贝）	——
2	温度变化	$10\mu W/cm^3$	——
3	自然光	$100mW/cm^3$（室外，阳光直射）	——
4	机械振动	$800\mu W/cm^3$	微发电机
5	机械振动	$200\mu W/cm^3$	压电晶体
6	气流	$1\mu W/cm^3$	——

机械振动是仅次于自然光能量密度的能源，通过微发电机及压电晶体可以获得不同能量密度及性能。

国内西安交通大学、哈尔滨工业大学、河北工业大学等院校及科研机构开展了振动能量收集器的研究，取得了较大进展。国外将机械振动能量变换成电能主要采取可变电容、压电晶体和电磁感应线圈三种方式。

其中，压电晶体是一种可以实现机械能与电能相互转换的材料。美国 Mide 公司开发了能量收集系统，包括压电振动能量收集器、集成压板、能量调节电子系统和保护罩壳。各种压电振动能量收集器可以将振动转化为电能，适用频率为 60~175Hz。

以上研究表明：根据振动的频率及相位特征，将无规则的机械振动信号传递至压电等能量转换器件，可实现能源变换。获取有规则的信号是实现机械振动转换为电能的关键。

为了研究振动能量技术指标，本节建立单激振源激振的质点振动能量模型，利用 B&K 振动测试系统通过接触式方法测试简支梁刚体振动加速度情况，结合加速度计算质点振动势能。

8.2.1　简谐激振力引起的强迫振动建模

系统的动力学模型及运动微分方程的建立：单自由度有阻尼强迫振动系统的力学模型如图 8-8 所示，此系统受力包括弹性恢复力 kx、阻尼力 $c\dot{x}$、激振力 $F = F_0\sin\omega t$。图 8-8 为简谐激振力引起的强迫振动模型简化示意图。

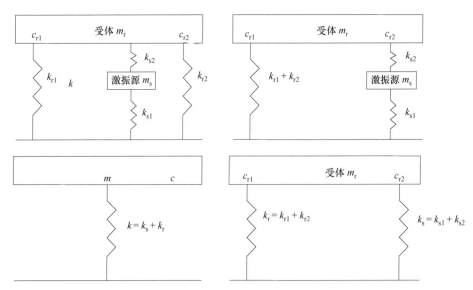

图 8-8　简谐激振力引起的强迫振动模型简化示意图

以平衡位置作为起始点，将质量块 m 的振动位移 x 定义为广义坐标，且向下为正，则系统微分方程为

$$m\ddot{x} + c\dot{x} + kx = F_0\sin\omega t \tag{8-3}$$

令

$$\omega_n^2 = \frac{k}{m}, \quad n = \frac{c}{2m}, \quad h = \frac{F_0}{m}$$

则改写为如下形式：

$$\ddot{x} + 2n\dot{x} + \omega_n^2 x = h\sin\omega t \tag{8-4}$$

这是一个非其次二阶常系数线性微分方程式，其通解为：

$$x(t)=x_1(t)+x_2(t) \tag{8-5}$$

其中 $x_1(t)$ 是齐次方程的解：

$$m\ddot{x}+c\dot{x}+kx=0$$

即

$$\ddot{x}+2n\dot{x}+\omega_n^2 x=0$$

解为

$$x=\mathrm{e}^{-nt}\left(x_0\cos\omega_d t+\frac{\dot{x}_0+nx_0}{\omega_d}\sin\omega_d t\right) \tag{8-6}$$

还可以写为

$$x=A\mathrm{e}^{-nt}\cos(\omega_d t-\varphi)$$

式中

$$A=\sqrt{x_0^2+\left(\frac{\dot{x}_0+nx_0}{\omega_d}\right)^2},\ \tan\varphi=\frac{\dot{x}_0+nx_0}{\omega_d x_0};$$

$$\omega_d=\sqrt{\omega_n^2-n^2}$$

由式（8-6）可看出，系统的振动是衰减振动。振幅被限制在曲线 $\pm A\mathrm{e}^{-nt}$ 之内。

$x_2(t)$ 是方程式的一个特解，因为这一方程的非齐次项为正弦函数，其特解的形式为

$$x_2(t)=B\sin(\omega t-\varphi)$$

所以方程式的通解为

$$x=A\mathrm{e}^{-nt}\cos(\omega_d t-\varphi)+B\sin(\omega t-\varphi) \tag{8-7}$$

右边第一项为有阻尼自由振动（衰减振动）的解，后一项表示有阻尼的强迫振动解。一段时间后，衰减振动衰减掉了，强迫振动则持续下去，形成振动的稳态过程。

这里只研究振动稳态过程，因此只分析

$$x(t)=B\sin(\omega t-\varphi) \tag{8-8}$$

式中　B——强迫振动的振幅；

　　　ω——强迫振动的频率；

　　　φ——强迫振动的初相位。

B、φ 由激振频率决定，是常数。通过数学运算可求得

$$B=\frac{h}{\sqrt{(\omega_n^2-\omega^2)^2+4n^2\omega^2}}$$

$$\tan\varphi=\frac{2n\omega}{\omega_n^2-\omega^2}$$

令 $B_0=\dfrac{h}{\omega_n^2}=\dfrac{F_0/m}{k/m}=\dfrac{F_0}{k}$，称为静变位；

$\lambda=\dfrac{\omega}{\omega_n}$，称为频率比；

$\zeta=\dfrac{n}{\omega_n}=\dfrac{c/2m}{k/m}=\dfrac{c}{2k}$，称为阻尼比。

所以

$$x(t) = B\sin(\omega t - \varphi) = \frac{B_0}{\sqrt{(1-\lambda^2)^2 + (2\zeta\lambda)^2}}\sin(\omega t - \varphi) \tag{8-9}$$

$$v = \frac{\mathrm{d}x(t)}{\mathrm{d}t} = \frac{B_0}{\sqrt{(1-\lambda^2)^2 + (2\zeta\lambda)^2}}\omega\cos(\omega t - \varphi) \tag{8-10}$$

弹性势能：

$$E_k = \frac{1}{2}kx^2 = \frac{1}{2}k\left[\frac{B_0}{\sqrt{(1-\lambda^2)^2 + (2\zeta\lambda)^2}}\sin(\omega t - \varphi)\right]^2 \tag{8-11}$$

振动动能：

$$E_v = \frac{1}{2}mv^2 = \frac{1}{2}m\left[\frac{B_0}{\sqrt{(1-\lambda^2)^2 + (2\zeta\lambda)^2}}\omega\cos(\omega t - \varphi)\right]^2 \tag{8-12}$$

$$E = E_k + E_v$$
$$= \frac{1}{2}k\left[\frac{B_0}{\sqrt{(1-\lambda^2)^2 + (2\zeta\lambda)^2}}\sin(\omega t - \varphi)\right]^2 + \frac{1}{2}m\left[\frac{B_0}{\sqrt{(1-\lambda^2)^2 + (2\zeta\lambda)^2}}\omega\cos(\omega t - \varphi)\right]^2$$

$$\tag{8-13}$$

8.2.2 质点振动能量测试

振动能量测试框架如图 8-9 所示。

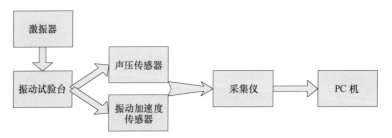

图 8-9 测试框架简图

如图 8-10 所示为现场测试照片，如图 8-11 所示为测试布点示意图。

图 8-10 现场测试照片

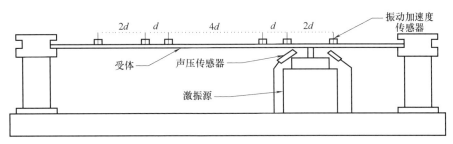

图 8-11　测试布点示意图

从图 8-12 测试数据图中可看出，六个显示振动信号的通道在激振源为 100Hz 的激振下产生不同程度的拍振现象。当激振源频率调至激振台固有频率时，质点拍振现象更为明显，如图 8-13 所示。拍振现象是一种普遍的物理现象，频率很接近的任何两个简谐振动叠加都有可能产生拍振现象。

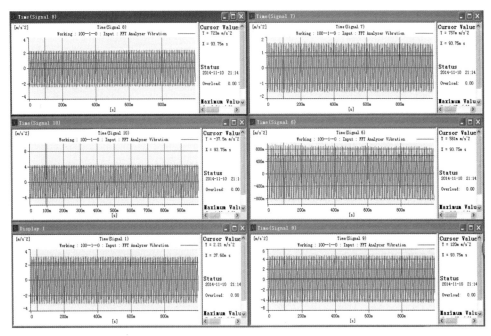

图 8-12　激振源为 100Hz 的六个通道振动测试数据

（1）结合具体质点振动特征建立数学模型　刚体上不同质点受到激振后运动产生不同方向、不同频率简谐运动，则 t 时刻位移分别为：

$$x_1(t) = A_1 \cos(\omega_1 t)$$

$$x_2(t) = A_1 \cos(\omega_2 t)$$

$$x_3(t) = A_2 \cos(\omega_2 t)$$

$$x_4(t) = A_3 \cos(\omega_3 t)$$

单个振源激振引起刚体振动，刚体振动产生多个衍生伪振源。衍生伪振源与单个

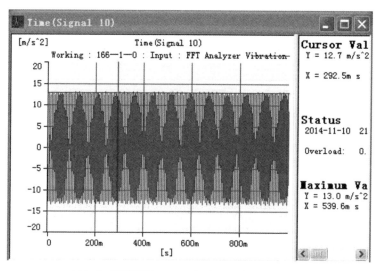

图 8-13　当激振源为 166Hz 时，第 10 通道振动测试数据

实振源耦合产生不同现象。由位移方程式二次微分后得到振动加速度：

$$a_1(t) = \frac{d^2 x_1(t)}{dt^2} = -\omega_1^2 A_1 \cos\omega_1 t$$

$$a_2(t) = \frac{d^2 x_2(t)}{dt^2} = -\omega_2^2 A_1 \cos\omega_2 t$$

$$a_3(t) = \frac{d^2 x_3(t)}{dt^2} = -\omega_2^2 A_2 \cos\omega_2 t$$

$$a_4(t) = \frac{d^2 x_4(t)}{dt^2} = -\omega_3^2 A_3 \cos\omega_3 t$$

① 振幅相同，频率不同的信号叠加　$x(t) = x_1(t) + x_2(t) = 2A_1 \cos[(\omega_1 - \omega_2)t/2]$ $\cos[(\omega_1 + \omega_2)t/2]$

二次微分：$a(t) = -A_1(\omega_1^2 \cos\omega_1 t + \omega_2^2 \cos\omega_2 t)$

由于 $\omega_1 \rightarrow \omega_2$，所以 $a(t) = -2A_1 \omega_2^2 \cos\omega_2 t$，加速度曲线为余弦规则曲线，幅值为 $-2A_2 \omega_2^2$。上式可知，信号时强时弱形成拍，成余弦趋势曲线。

② 振幅不同，频率相同的信号叠加　$x(t) = x_2(t) + x_3(t) = (A_1 + A_2)\cos\omega_2 t$

$$a(t) = -(A_1 + A_2)\omega_2^2 \cos\omega_2 t$$

③ 振幅不同，频率不同的信号叠加　$x(t) = x_3(t) + x_4(t) = A_2 \cos\omega_2 t + A_3 \cos\omega_3 t$

$$a(t) = -(A_2 \omega_2^2 \cos\omega_2 t + A_3 \omega_3^2 \cos\omega_3 t)$$

振动耦合关系：

$$a(t) = -[(3A_1 + 2A_2)\omega_2^2 \cos\omega_2 t + A_3 \omega_3^2 \cos\omega_3 t] \tag{8-14}$$

实际振动测试数据如图 8-14 所示。

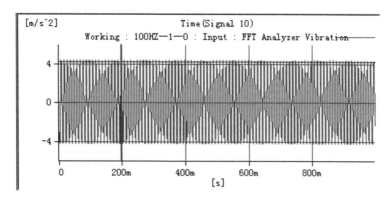

图 8-14　质点激振源为 100Hz 时，第 10 通道振动测试数据

（2）振动数据　在 100Hz 激振源激振测试下第 10 通道质点振动数据如表 8-2 所示。

表 8-2　　　　　　　　第 10 通道在激振源为 100Hz 下的振动频域数据

序号	频率 ω /Hz	振幅 A / (mm/s^2)	序号	频率 ω /Hz	振幅 A / (mm/s^2)
1	99	2. 14	3	129	2. 37
2	100	1. 17			

拍振现象形象地说明在多自由度系统的振动过程中，不仅存在着动能与势能之间的转换，还存在着能量在各自由度之间的转移。

从能量的角度看，弹性元件不消耗能量而是以势能的方式存储能量。势能计算包括振动动能与弹性势能。为了方便计算，近似取 $k = 6.62 \times 10^{10} \text{N/m}^2$，受体质量 M 假设均匀分布，取质点质量 $m_i = M/n = 1\text{kg}$（$i = 1$，2，$3 \cdots n$），$T = t_2 - t_1 = 576.2 - 396.2 = 180$（ms）$= 0.18$（s）。

将上述数据代入，得到激振源频率为 100Hz 的质点微振动能量：

$$
\begin{aligned}
E &= E_k + E_v \\
&= \frac{1}{2}kx^2 + \frac{1}{2}mv^2 \\
&= \frac{1}{2}k\left(\int_{t_1}^{t_2} v\mathrm{d}t\right)^2 + \frac{1}{2}mv^2 \\
&= \frac{1}{2}k\left(\int_{t_1}^{t_2}\left(\int_{t_1}^{t_2} a\mathrm{d}t\right)\mathrm{d}t\right)^2 + \frac{1}{2}m\left(\int_{t_1}^{t_2} a\mathrm{d}t\right)^2 \\
&= \frac{1}{2}k\left(\int_{t_1}^{t_2}\left(\int_{t_1}^{t_2} -\left[(3A_1 + 2A_2)\omega_2^2\cos\omega_2 t + A_3\omega_3^3\cos\omega_3 t\right]\mathrm{d}t\right)\mathrm{d}t\right)^2 \\
&\quad + \frac{1}{2}m\left\{\int_{t_1}^{t_2} -\left[(3A_1 + 2A_2)\omega_2^2\cos\omega_2 t + A_3\omega_3^2\cos\omega_3 t\right]\mathrm{d}t\right\}^2 \\
&= 8.82 \times 10^4 + 5.88 \text{ (J)}
\end{aligned}
\tag{8-15}
$$

因为存在振动耦合特性，所以存在振动能量间的耦合关系。

8.3 小结

对某印刷机扭矩进行了非接触式测量。设计了一种非接触式扭矩测试系统。通过搭建振动测试平台，利用丹麦 B&K 振动测试系统检测简支梁振动，将振动加速度数据与已建立的数学模型结合，基于拍振现象得到了振动势能的量化值。

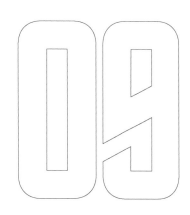

第9章

印刷装备振动
能量收集技术

VIBRATION ENERGY
COLLECTION TECHNOLOGY
FOR PRINTING EQUIPMENT

本章将着重探究印刷装备中振动能量的收集问题。首先对印刷装备非均匀运动能量收集技术进行了可行性分析，对压电能量收集技术进行了深入研究，建立了悬臂梁型压电能量收集器动力学模型，并结合电学性能进行了机电耦合建模；设计了悬臂梁型压电能量收集器输出特性测试系统；通过对悬臂梁型压电能量收集器的实验测试，得到了不同类型、不同末端下的压电能量收集器输出特性；结合印刷装备中飞达部分工作方式，将压电能量收集器安装于飞达部分，并进行了测试研究；设计了压电能量收集电路；最后对压电能量收集中自适应谐振技术进行了研究。

9.1 印刷装备振动能量收集技术研究

9.1.1 印刷装备非均匀运动研究

（1）国外研究现状 2001 年，开姆尼茨工业大学 Xingliang Gao 对卷筒纸胶印机和单张纸胶印机的机架振动进行了详细的系统研究，在四种不同的激励和不均匀的安装情况下模拟了单张纸胶印机的强制振动，如图 9-1 所示。

2016 年，德国莱布尼茨汉诺威大学 Martin Eckl, Thomas Lepper 等开发柔性多体模型来模拟印刷过程中的非线性效应，如图 9-2 所示。

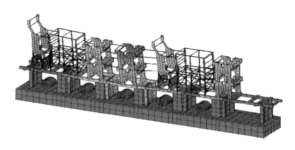

图 9-1 塔式印刷机机架动力学仿真

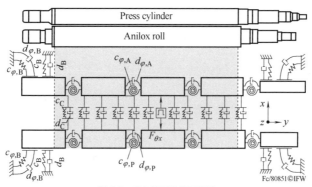

图 9-2 多色组柔性多体模型

国外学者对印刷装备振动问题的研究主要集中在滚筒弯曲振动、机架振动、输纸张力控制、"电子轴"驱动技术、卷筒纸与辊筒间接触过程、振动的主动控制、印刷机组振动与其对印刷图像质量的影响、印刷过程中的非线性效应等方面，其中，对机组振动问题、印刷过程的非线性效应研究较为深入，印刷过程中的振动问题是学者关注的重点，机组振动对印刷图像质量的影响较大，且其影响关系复杂，直观体现在印刷图像的质量上。印刷机组振动主动控制的相关研究较少，学者通过在输纸振动中增加主动控制器降低输纸过程中纸张振动。

（2）国内研究现状 2011 年，北印研究团队通过振动测试分析了印刷机滚筒的轴向串动，如图 9-3 所示，并提出了基于测试技术的印刷机递纸机构动态设计。2012年，提出基于实例推理的印刷机传动系统振动分析与研究；对输纸机构输纸皮带振动进行了分析；借助 PULSE 测试系统对印刷机压印滚筒进行了振动特性研究。对印刷滚筒的扭转振动进行了分析，提出了扭振主动控制方法。2016 年，提出了基于 AR 模型的印刷机滚筒扭矩及其振动试验研究，如图 9-4 所示。

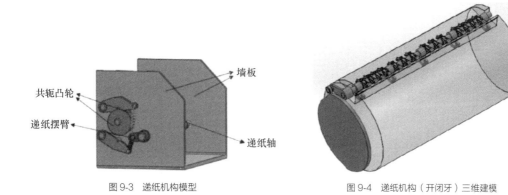

图 9-3 递纸机构模型　　　　　　　　　　图 9-4 递纸机构（开闭牙）三维建模

国内对印刷装备振动的研究主要集中在北京印刷学院、西安理工大学、北京工业大学等院校，其中北印研究团队主要针对印刷装备的动态测试、优化设计研究，以及对印刷装备创新设计进行理工研究；西安理工大学张海燕、武吉梅团队主要针对印刷机输纸、收纸过程进行研究，以及对印刷机的动态测试、优化设计进行研究；北京工业大学主要针对印刷机振动测试研究。

国内对印刷装备的振动研究侧重于印刷机结构振动，对印刷机各部分振动分析均有涉及，包括印刷滚筒振动（扭振）、印刷输纸和收纸振动、递纸机构振动、传动系统振动等，对滚筒动态特性分析和递纸机构振动的分析研究较为深入。递纸机构是保证纸张精确传送、图文准确转印的基础，色组中滚筒是完成图文转印的工具，同时递纸机构和色组滚筒在高速运转时产生的振动不可忽视，因此对此两部分的研究非常必要。

9.1.2　能量收集技术利用现状

环境能量采集技术能将自然环境中存在的太阳能、风能、波浪能、温差能、振动能等多种形式的能量转换为电能，可为各种电子设备特别是无线传感器等电子设备供电。振动在环境中普遍存在。例如喷气式飞机发动机的振动、飞机飞行过程中气流扰动造成的振动以及滑行时机体的振动、车辆电动机运转产生的振动、公路铁路桥梁振动、铁轨振动、由风激励转化过来的振动等。其具有较高的能量密度，能量收集效率较高，受环境影响较小，在实现机械能与电能转换的同时，可以有效减少很多场合中振动对结构造成的负面影响。因此，根据对振动能量的采集和利用的机理的不同，用于实现振动能量采集的装置主要有电磁式、静电式及压电式三类。与其他的能量采集器相比，压电式振动能量采集器具有结构简单、输出功率大、不发热、无电磁干扰、清洁环保和易于与 MEMS（Micro-Electro-Mechanical System，微机电系统）技术集成等诸多优点。

压电式振动能量采集器的工作原理是由特定的结构将外界的振动激励转化为结构自身的振动，使压电换能元件发生交变变形，利用压电材料的正压电效应将形变产生的机械能转换成压电元件表面的电荷，从而输出电能。

压电换能元件是影响压电式振动能量采集器输出功率及工作效率的关键元件。按照构造形式，压电换能元件可以分为压电单晶片（unimorph）、压电双晶片（bi-morph）、钹式结构压电片（cymbal）、压电叠堆（stack）、彩虹结构压电片（rain-bow）、褶皱形（wrinkled）压电换能元件等。不同结构形式的压电换能元件适用于不同的振动能量采集结构。

压电双晶片较压电单晶片而言，适用于激励范围较宽、激励幅值较小的情况。压电双晶片包括串联压电双晶片、并联压电双晶片两种，如图 9-5 所示，该结构由电极、中间电极、底部电极及质量块放置处组成，用压电层代替基片完成机械支撑作用。实验结果表明，当外界激励加速度为 $1g$（重力加速度）时，能量收集结构输出功率为 $7.35\mu W$；同等激励条件下，高压装配的压电双晶片输出功率更高，达到 $33.2\mu W$。

1—电极；2—中间电极；3—底部
电极；4—质量块放置处。

图 9-5　置于锂锰纽扣电池上的厚膜式压电双晶片

在彩虹结构压电换能元件基础上，提出一种褶皱形压电换能元件，如图 9-6 所示。换能元件包括褶皱形弹性基体部分、弹性体弧形拐角处所加刚性连接块及弹性体上下表面分别粘贴 PVDF（聚偏二氟乙烯，俗称特氟龙）压电薄膜。压电薄膜上、下层粘贴导电胶层，褶皱形压电换能元件的一个电极通过弹性导电基体引出，另一电极通过导电胶层引出。有限元分析结果表明，褶皱形压电换能元件输出电压与其上的每段平直的矩形梁厚度成反比，与梁长度成正比。这些结构大大增加了换能元件的变形能力和输出电能。

2009 年国外首次提出了多方向振动能量采集的概念，并同时提出了两种多方向压电振动能量采集器新型结构。国内在研究多方向宽频带压电振动能量采集器技术上较深入，结构创新，形式多样。结合印刷装备中非均匀运动形式及能量收集结构形式，

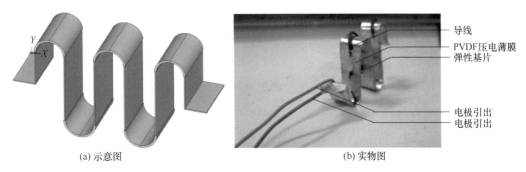

(a) 示意图　　　　　　　　　　　　　　(b) 实物图

图 9-6　褶皱形压电换能元件

设计了印刷装备能量收集系统，该系统如图 9-7 所示，通过对印刷装备中能量耗散形式分析，找到振动位置，设计符合印刷装备工作方式及运动状态的能量收集装置，为电池或无线传感节点供电。

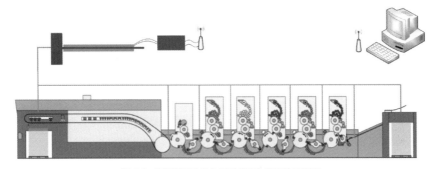

图 9-7　印刷装备非均匀运动能量收集系统示意图

9.2　印刷装备能量收集技术可行性分析

印刷装备具有机械的共有特性，为此，先介绍一般机械振动能量发电。在能源利用方面，几种典型能量获取效果见表 9-1。可见，机械振动是仅次于自然光能量密度的能源，通过微发电或压电晶体可以获得不同能量密度计性能。

表 9-1　　　　　　　　　　　　典型能量获取效果

序号	能源	能量密度计性能	备注	序号	能源	能量密度计性能	备注
1	噪声	$0.003\mu W/cm^3$（75 分贝）	—	4	机械振动	$800\mu W/cm^3$	微发电机
2	温度变化	$10\mu W/cm^3$	—	5	机械振动	$200\mu W/cm^3$	压电晶体
3	自然光	$100mW/cm^3$	—	6	气流	$1.0\mu W/cm^3$	—

当汽车通过桥梁时会产生机械振动；火车通过时，铁轨也将产生机械振动。引人关注的是，如今在人们的日常商业活动中会遇到各种各样的振动。通常情况下人们认为振动是不需要的。振动无法完全消除。国外机械振动能量变换为电能主要有可变电

容、压电晶体和电磁感应线圈三种方式。

（1）采用可变电容将机械周边振动转化为电能　麻省理工学院（MIT）2001年提出将机器周边振动转化为电能，该能源可以为物联网系统中国远程无线传感提供能量，或者为低功率电气系统供电。电能通过可变电容转换，采用MEMS技术，开发了机械振动到电能的转换系统。通过超低功率延迟锁定闭环系统可以得到稳态的机械振动频率。MIT的研究人员开发了一种适用于桥梁或管道等低频振动的微型能量收集器，可将采集到的振动能量转化为电能，用于无线传感器。在工厂机器和输油管道上，有许多传感器用于监控设备状态或输油安全性。电池需要经常更换。MIT的能量收集器可以利用环境的振动提供能源，完全取代电池。

（2）利用电磁感应线圈实现机械振动到电能的转换　电磁感应是振动转化为电能的基本原理。振动能源发生器是一种将机械周边自由振动的运动能量转换为电能的转换器。根据法拉第电磁感应定律，磁性线圈相对于导体运动，即使微小振动也会产生微电流。日本三菱电子公司（Mitsubishi Electric Engineering Co., Ltd, MEE）把振动看做一种新能源。机械振动时，线圈在磁场中运动会产生电能。实际上弹簧在产生电能中发挥着重要作用，主要是吸收各种装置的冲击，弹簧与其他物体的接触面会产生同步振动，其中弹簧是弱者，一般尽可能减少同步振动。MEE则利用了这种放大的振动，将弹簧放于磁场中，产生了电能。采用该途径对弹簧的振幅进行研究，研究证明弹簧因感应同步振动而向外传递振动波。对材料和布局进行了大量研究，发现尽管连续振动，弹簧不会断裂。振动弹簧确保在此线圈中运动，通过电磁感应产生电流，实现振动产生再生动力。

（3）利用压电效应实现机械能逆转换　压电晶体是一种可以实现机械能与电能互相转换的材料。美国MIDE公司开发了能量收集系统，包括压电振动能量收集器、集成压板、能量调节电子系统和保护壳体。各种压电振动能量收集器可以将振动转化为电能，使用频率为60~175Hz。目前已经商业化的产品只有美国MIDE公司生产的振动能量收集器，该器件适合在振动较大的环境下工作。

（4）机械振动信号处理增效技术　美国纽约州立大学石溪分校（Stony Brook University）研制的机械运动镇流器（Mechanical Motion Rectifier）是一种"基于铁轨的能量收集器"，据估计，利用这种设备，仅纽约市铁路每年便可节约1000多万美元，他们把无规律的山下振动变为有规律的单向的发电机的旋转运动，增加了能量转换效率和稳定性。若用于汽车，在常规行驶条件下该能量收获期可以产生100~400W的能量。美国现有140000多英里铁路线，铁路旁需要电力输送设备以保证信号灯、路口通行灯、轨道转换和监控传感器的需求。该成果产生了良好的经济、环境保护效益。

以上研究表明：根据振动的频率及相位特征，经无规则的机械振动信号传递至压电等能量转换器件，可实现能源逆变换。获取有规则的信号实现机械振动转换为电能的关键问题。研究工作包括振动的获取、能量转换及方法研究、信号调试，如何实现高效能量转换、产生机械振动的非均匀运动的处理等。

9.3 压电能量收集技术

自 2006 年以来，振动能量收集技术受到了越来越多的关注。小型电子元器件的低功率化是促进这一研究领域发展的一个动力源。例如，用于被动和主动检测的无线传感网络，其最终目标是通过收集环境中的振动能量来为这些小型元器件提供动力。一旦实现这一目标，那么就可以省去外部电源，并可降低由于周期性更换电池（组）带来的维护保养费用，此外，还能减少传统电池造成的化学废弃物。

一般有三种基本的振动-电能转换机制，分别是磁电式、静电式以及压电式，如图 9-8 所示。近几年的研究中学者综合几种方式的优缺点，又开发出了复合式能量收集方式。已经有若干篇文章讨论了可从环境振动中汲取低功率电能的转换机制。比较现有的采用不同机制的文献数量可以看出，压电式换能机制是其中最受重视的一种。

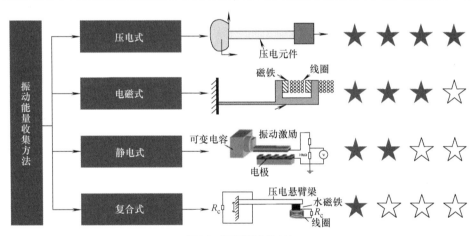

图 9-8　振动能量收集方法

与另外两种基本换能机制相比，用于能量收集的压电材料的主要优点体现在功率密度大且应用方便。图 9-9 给出了功率密度和电压的对比情况。该图表明，压电式能量收集占据了主导地位，其功率密度可以与那些薄膜和厚膜离子电池以及热力发电机相媲美。还可看出，在电磁式能量收集技术中，输出电压一般非常低，往往需要多个阶段的后处理才能获得足以用于充电的电压水平。然而，在压电式能量收集中，从压电材料自身即可直接获得可用输出电压。就静电式机制而言，为使电容器单元产生相应的振动，进而获得交变输出，一般还需施加输入电压或电流。与此不同的是，压电能量收集中的输出电压来源于材料本身的固有特性，所以不需要外部电压的输入。还有一个优点在于，借助于良好的薄膜和厚膜制造技术，压电式可以制作成宏观和微观两种尺度，而在磁电式结构中，平面线圈的使用往往会带来一些弊端，如平面磁铁的性能较差、线圈绕组的圈数受限等，这些不足使得此类装置在微观尺度上的应用受到了极大的限制。

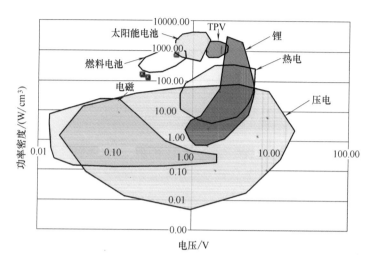

图9-9 功率密度和电压的对比情况

注：功率密度——能量收集器的功率密度是指单位体积对应的输出功率。在振动能量收集中，输入常常是用加速度水平和频率来绘制，一般是简谐情况。因此，除非给出了输入能量，否则仅用功率密度参数不足以比较不同能量收集器。

大多数压电能量收集器采用了一层或两层压电陶瓷层（即单晶或双晶）的悬臂梁形式。悬臂梁放置在一个振动主体上，压电层的动应变可以通过电极产生交变的输出电压，如图9-10所示。

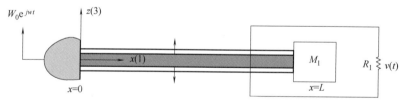

图9-10 基础激励下的悬臂梁式压电能量收集器原理简图

从电学角度来看，输出的交变电压还需要通过整流桥和滤波电容器（即构成了交流/直流转换器）转换成稳定的整流电压，从而才能将收集到的能量向小电池或电容器中充电。事实上，往往还需要另一个阶段的处理，即利用交流/直流转换器来调整整流输出的电压，以期充向蓄电装置的功率可以达到最大化，如图9-11所示。

图9-11 压电能量收集系统的基本原理

9.4　压电能量收集数学建模研究

结构振动导致的电学响应是从压电层中获取的，但是决定共振频率（即最大功率生成频率）的却是整个复合结构的动力学特性。所以，从机械学角度来看，结构建模必须具备足够的准确性，这样构建而成的机电模型才能在系统层面上对一系列重要参数做出正确预测，例如，为达到预期输出电压所需的加速度级，电路设计时需明确的匹配阻抗，以及结构设计时压电层所能承受的最大加速度等。

在早期数学建模中研究者采用了集中参数下的单自由度解法来预测压电能量收集器这一耦合系统的动力学特性，如图 9-12 所示。采用集中参数建模是很方便的，这是因为此时的电学域也是由集中参数原件组成的：一个来自压电陶瓷固有属性的电容；一个来自外部负载的电阻。于是唯一需要解决的就是得到力学域的集中参数描述，这样力学平衡式和电路方程就可以通过压电本构方程耦合在一起，并且同时可以建立转换关系。虽然集中参数建模法可以通过简单的形式来帮助我们初步剖析问题，然而它还只是一种近似方法，一般仅局限于单个振动模态，难以用于耦合系统的一些重要问题的分析，如模态振型和应变的精确分布问题以及对电学响应的影响问题等。

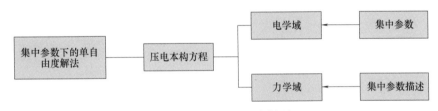

图 9-12　集中参数的单自由度解法

（1）分布质量对于基础激励的影响　由于悬臂梁型能量收集器大多是在基础激励下工作的，而一些基本的振动书籍对于简谐基础激励下的集中参数模型的分析已经较为透彻，因而研究者大多进行了直接借鉴并用在了建模、功率生成最大化以及参数优化等方面的研究中。不过，在两个分别针对横向与纵向振动的已有的集中参数模型中没有考虑分布质量对于基础激励幅值的影响，事实上，分布质量带来的惯性分布对于激励幅值是很重要的，特别是在收集器没有附加大质量的情况下。

（2）瑞利-利兹（Rayleigh-Ritz）型离散描述　与单自由度集中参数模型相比，这一近似模型更为精确。瑞利-利兹模型给出了分布质量系统的空间离散，将原本具有无限自由度的分布系统近似描述为一个具有有限个自由度的离散系统，一般来说，这一方法的计算量要远高于解析解法（如果有解析解）。

一般地，极化后的压电陶瓷（如 PZT-5A 和 PZT-5H）是横观各向同性材料。各向同性面这里定义为 12 面（或者 xy 面）。压电材料的对称性也就是关于 3 轴（或者 z

轴）了，这也是材料的极化轴。场变量是应变分量（T_{ij}）、应变分量（S_{ij}）、电场分量（E_k）和电位移分量（D_k）。

压电本构方程的标准形式可以有四种，每种都有两个场变量作为独立变量。应变-电位移形式的张量描述中，独立变量是应力分量和电位移分量，其形式为

$$S_{ij} = s_{ijkl}^{E} T_{kl} + d_{kij} E_k \tag{9-1}$$

$$D_i = d_{ikl} T_{kl} + \varepsilon_{ik}^{T} E_k \tag{9-2}$$

对于有边界媒质来说，这是一种首选的形式（可以根据集合特点来消去一些应力分量，根据电极位置消去部分电场）。对式（9-1），式（9-2）可以表示为矩阵形式为：

$$\begin{bmatrix} S \\ D \end{bmatrix} = \begin{bmatrix} s^E & d^T \\ d & \varepsilon^T \end{bmatrix} \begin{bmatrix} T \\ E \end{bmatrix} \tag{9-3}$$

其中，上标 E 和 T 分别代表常电场和常应力条件。

式（9-3）的扩展形式为

$$\begin{bmatrix} S_1 \\ S_2 \\ S_3 \\ S_4 \\ S_5 \\ S_6 \\ D_1 \\ D_2 \\ D_3 \end{bmatrix} = \begin{bmatrix} s_{11}^E & s_{12}^E & s_{13}^E & 0 & 0 & 0 & 0 & 0 & d_{31} \\ s_{12}^E & s_{11}^E & s_{13}^E & 0 & 0 & 0 & 0 & 0 & d_{31} \\ s_{13}^E & s_{13}^E & s_{33}^E & 0 & 0 & 0 & 0 & 0 & d_{33} \\ 0 & 0 & 0 & s_{55}^E & 0 & 0 & 0 & d_{15} & 0 \\ 0 & 0 & 0 & 0 & s_{55}^E & 0 & d_{15} & 0 & 0 \\ 0 & 0 & 0 & 0 & 0 & s_{66}^E & 0 & 0 & 0 \\ 0 & 0 & 0 & 0 & d_{15} & 0 & \varepsilon_{11}^T & 0 & 0 \\ 0 & 0 & 0 & d_{15} & 0 & 0 & 0 & \varepsilon_{11}^T & 0 \\ d_{31} & d_{31} & d_{33} & 0 & 0 & 0 & 0 & 0 & \varepsilon_{33}^T \end{bmatrix} = \begin{bmatrix} T_1 \\ T_2 \\ T_3 \\ T_4 \\ T_5 \\ T_6 \\ E_1 \\ E_2 \\ E_3 \end{bmatrix} \tag{9-4}$$

式中，采用了简化符号即 Voigt 符号：$11 \rightarrow 1$，$22 \rightarrow 2$，$33 \rightarrow 3$，$23 \rightarrow 4$，$13 \rightarrow 5$，$12 \rightarrow 6$，于是应变和应力矢量为

$$\begin{bmatrix} S_1 \\ S_2 \\ S_3 \\ S_4 \\ S_5 \\ S_6 \end{bmatrix} = \begin{bmatrix} S_{11} \\ S_{22} \\ S_{33} \\ 2S_{23} \\ 2S_{13} \\ 2S_{12} \end{bmatrix}, \quad \begin{bmatrix} T_1 \\ T_2 \\ T_3 \\ T_4 \\ T_5 \\ T_6 \end{bmatrix} = \begin{bmatrix} T_{11} \\ T_{22} \\ T_{33} \\ T_{23} \\ T_{13} \\ T_{12} \end{bmatrix} \tag{9-5}$$

因此，简化符号中的剪力应变分量就是工程剪应变。必须注意，上式中的弹性常数、压电常数和介电常数已经直接采用横观各项同性材料的对称性进行了处理（即

$$s_{11}^E = s_{22}^E 、 d_{31} = d_{32} \ 等)$$

9.5 悬臂梁型压电能量收集器的参数式机电建模

9.5.1 带轴向变形的欧拉-伯努利机电模型

如图 9-13 所示是压电能量收集器构型，其基础层上粘接了一个压电陶瓷层，因而是一种单晶悬臂梁。压电陶瓷层的上下表面均完全覆盖了理想的电极（忽略电极厚度），并与负载相连接。

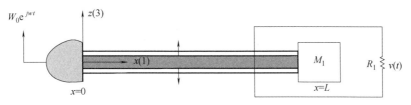

图 9-13 压电能量收集器构型

实际施加到梁上的基础位移由式（9-6）给出

$$w_b(x,t) = g(t) + xh(t) \tag{9-6}$$

式中 $g(t)$——横向平动位移；

$h(t)$——叠加的小转动。

相对运动基础的非零位移场为

$$u(x,z,t) = u^0(x,t) - z \frac{\partial w^0(x,t)}{\partial x} \tag{9-7}$$

$$w(x,t) = w^0(x,t) \tag{9-8}$$

式中 $u^0(x,t)$、$w^0(x,t)$——中性轴在点 x 和时刻 t 相对于运动基础的轴向位移和横向位移。

位移场的矢量形式为

$$\boldsymbol{u} = \left[u^0(x,t) - z \frac{\partial w^0(x,t)}{\partial x} \quad 0 \quad w^0(x,t) \right] \tag{9-9}$$

其中 t 表示时间。对于位移场，唯一的非零应变可以表示为

$$S_{xx}(x,z,t) = \frac{\partial u(x,z,t)}{\partial x} = \frac{\partial u^0(x,t)}{\partial x} - z \frac{\partial^2 w^0(x,t)}{\partial x^2} \tag{9-10}$$

结构中的总势能为

$$U = \frac{1}{2} \left(\int_{V_s} \boldsymbol{S}^t \boldsymbol{T} dV_s + \int_{V_p} \boldsymbol{S}^t \boldsymbol{T} dV_s \right) \tag{9-11}$$

式中 S——工程应变矢量；

T——工程应力矢量；

下标 s 和 p——基础层初位移和压电陶瓷，积分是在单元材料的体积上进行的。

各向同性的基础遵循胡克定律：

$$T_{xx}(x,z,t) = Y_s S_{xx}(x,z,t) \tag{9-12}$$

式中　Y_s——基础层的弹性模量。

压电陶瓷应力分量的本构方程式：

$$T_{xx}(x,z,t) = T_1 = \overline{c}_{11}^E S_1 - \overline{e}_{31} E_3 = \overline{c}_{11}^E S_{xx}(x,z,t) + \overline{e}_{31} \frac{v(t)}{h_p} \tag{9-13}$$

这里，电场是以输出电压形式给出的，即 $E_3(t) = -v(t)/h_p$，其中 $v(t)$ 为电极两端电压，h_p 为压电陶瓷的厚度，简化的弹性模量、压电应力常数和介电常数分别为 $\overline{c}_{11}^E = 1/s_{11}^E$、$\overline{e}_{31} = d_{31}/s_{11}^E$、$\overline{\varepsilon}_{33}^s = \varepsilon_{33}^T - d_{31}^2/s_{11}^E$。

于是，得到总势能，见式（9-14）：

$$U = \frac{1}{2} \int_{V_s} Y_s \left(\frac{\partial u^0(x,t)}{\partial x} - z \frac{\partial^2 w^0(x,t)}{\partial x^2} \right)^2 dV_s +$$

$$\frac{1}{2} \int_{V_p} \left[\overline{c}_{11}^E \left(\frac{\partial u^0(x,t)}{\partial x} - z \frac{\partial^2 w^0(x,t)}{\partial x^2} \right)^2 + \overline{e}_{31} \frac{v(t)}{h_p} \left(\frac{\partial u^0(x,t)}{\partial x} - z \frac{\partial^2 w^0(x,t)}{\partial x^2} \right) \right] dV_p$$

$$\tag{9-14}$$

系统的总动能可以写为

$$T = \frac{1}{2} \left(\int_{V_s} \rho_s \frac{\partial \boldsymbol{u}_m^t}{\partial t} \frac{\partial \boldsymbol{u}_m}{\partial t} dV_s + \int_{V_p} \rho_p \frac{\partial \boldsymbol{u}_m^t}{\partial t} \frac{\partial \boldsymbol{u}_m}{\partial t} dV_p \right) \tag{9-15}$$

式中　ρ_s、ρ_p——分别为基础层和压电陶瓷的质量密度；

　　　$\boldsymbol{u}_m$——修正后的位移矢量，即基础位移和位移矢量 $\boldsymbol{u}$ 的叠加。

$$\boldsymbol{u}_m = \left[u^0(x,t) - z \frac{\partial w^0(x,t)}{\partial x} \quad 0 \quad w^0(x,t) + w_b(x,t) \right]^T \tag{9-16}$$

于是，总动能为

$$T = \frac{1}{2} \int_{V_s} \rho_s \left[\left(\frac{\partial u^0(x,t)}{\partial t} - z \frac{\partial^2 w^0(x,t)}{\partial t \, \partial x} \right)^2 + \left(\frac{\partial w^0(x,t)}{\partial x} + \frac{\partial w_b(x,t)}{\partial t} \right)^2 \right] dV_s +$$

$$\frac{1}{2} \int_{V_p} \rho_p \left[\left(\frac{\partial u^0(x,t)}{\partial t} - z \frac{\partial^2 w^0(x,t)}{\partial t \, \partial x} \right)^2 + \left(\frac{\partial w^0(x,t)}{\partial x} + \frac{\partial w_b(x,t)}{\partial t} \right)^2 \right] dV_p$$

$$\tag{9-17}$$

总势能可重新表达为

$$U = \frac{1}{2} \int_0^L \left\{ Y_s \left[A_s \left(\frac{\partial u^0(x,t)}{\partial x} \right)^2 + I_s \left(\frac{\partial^2 w^0(x,t)}{\partial x^2} \right)^2 - 2H_s \frac{\partial u^0(x,t)}{\partial x} \frac{\partial^2 w^0(x,t)}{\partial x^2} \right] + \right.$$

$$\overline{c}_{11}^E \left[A_p \left(\frac{\partial u^0(x,t)}{\partial x} \right)^2 + I_s \left(\frac{\partial^2 w^0(x,t)}{\partial x^2} \right)^2 - 2H_p \frac{\partial u^0(x,t)}{\partial x} \frac{\partial^2 w^0(x,t)}{\partial x^2} \right] + \tag{9-18}$$

$$\left. B_p v(t) \frac{\partial u^0(x,t)}{\partial x} - J_p v(t) \frac{\partial^2 w^0(x,t)}{\partial x^2} \right\} dx$$

总运动能的展开式为：

$$T = \frac{1}{2}\int_0^L \left\{ \rho_s \left[A_s \left(\frac{\partial u^0(x,t)}{\partial t}\right)^2 + A_s \left(\frac{\partial^2 w^0(x,t)}{\partial t^2}\right)^2 - 2A_s \frac{\partial w^0(x,t)}{\partial t}\frac{\partial w_b(x,t)}{\partial t} + \right. \right.$$

$$A_s \left(\frac{\partial w_b(x,t)}{\partial t}\right)^2 - 2H_s \frac{\partial u^0(x,t)}{\partial t}\frac{\partial^2 w^0(x,t)}{\partial t\,\partial x} \right] +$$

$$\rho \left[A_p \left(\frac{\partial u^0(x,t)}{\partial t}\right)^2 + A_s \left(\frac{\partial w^0(x,t)}{\partial t}\right)^2 + 2A_p \frac{\partial w^0(x,t)}{\partial t}\frac{\partial w_b(x,t)}{\partial t} + \right.$$

$$\left. \left. A_p \left(\frac{\partial w_b(x,t)}{\partial t}\right)^2 - 2H_p \frac{\partial u^0(x,t)}{\partial t}\frac{\partial^2 w^0(x,t)}{\partial t\,\partial x} \right] \right\} \mathrm{d}x \tag{9-19}$$

其中，转动惯量产生的动能部分被忽略了，但为了保持全面性，可能造成轴向和横向运动发生耦合（来源于层的不对称）的项仍然保留。任意点 x 处，基础和黏结的压电陶瓷层横截面上的零阶、一阶和二阶矩为

$$(A_s, H_s, I_s) = \iint_s (1, z, z^2)\,\mathrm{d}y\mathrm{d}z \tag{9-20}$$

$$(A_p, H_p, I_p) = \iint_p (1, z, z^2)\,\mathrm{d}y\mathrm{d}z \tag{9-21}$$

其中，H_s 和 H_p 对关于中性轴对称的结构而言是不存在的，例如对称双晶或任何对称的多晶片。所以，这种情况下不存在 $u^0(x, t)$ 和 $w^0(x, t)$ 之间的耦合，因而轴向位移 $u^0(x, t)$ 不能被基础位移 $w_b(x, t)$ 所激励，这将简化问题，并存在解析解。有必要指出的是，在前面的表达式以及下文中，$A_s = A_s(x)$、$A_p = A_p(x)$、$H_s = H_s(x)$、$H_p = H_p(x)$、$I_s = I_s(x)$、$I_p = I_p(x)$ 是成立的。

与压电耦合有关的项为

$$B_p = \iint_p \frac{\bar{e}_{31}}{h_p}\,\mathrm{d}y\mathrm{d}z \tag{9-22}$$

$$J_p = \iint_p \frac{\bar{e}_{31}}{h_p}z\,\mathrm{d}y\mathrm{d}z \tag{9-23}$$

其中，根据式（9-23）可知，B_p 耦合了电压和伸长部分，而 J_p 则耦合了电压和弯曲部分。

压电陶瓷层中的电能为

$$W_{ie} = \frac{1}{2}\int_{V_p} \boldsymbol{E}^t \boldsymbol{D}\,\mathrm{d}V_p \tag{9-24}$$

式中　E——电场矢量；

　　　D——电位移矢量。

将各项替换后，得：

$$W_{ie} = -\frac{1}{2}\int_{V_p} \frac{v(t)}{h_p}\left[\bar{e}_{31}\left(\frac{\partial u^0(x,t)}{\partial x} - z\frac{\partial^2 w^0(x,t)}{\partial x^2}\right) - \bar{\varepsilon}_{33}^S \frac{v(t)}{h_p}\right]\mathrm{d}V_p$$

$$= -\frac{1}{2}\int_0^L \left(B_p v(t)\frac{\partial u^0(x,t)}{\partial x} - J_p v(t)\frac{\partial^2 w^0(x,t)}{\partial x^2}\right)\mathrm{d}x + \frac{1}{2}C_p v^2(t) \tag{9-25}$$

此处，C_p 为压电陶瓷的内部电容，即

$$C_p = \bar{\varepsilon}_{33}^S \frac{A_p}{h_p} \tag{9-26}$$

式中　A_p——电极面积。

为了考虑机械阻尼，可以采用瑞利耗散函数，也可以引入与质量和刚度阵成比例的阻尼矩阵（在假设模态求解处理过程中对系统进行空间离散后引入）。后一种方法更为简单，也是这里所采用的。

在不考虑机械耗散效应时，考虑内部电能的扩展的哈密顿原理为

$$\int_{t_1}^{t_2} (\delta T - \delta U + \delta W_{ie} + \delta W_{nc}) \mathrm{d}t = 0 \tag{9-27}$$

式中　δT、δU、δW_{ie}——分别为总运动能、总势能和内部电能的首次积分；

　　　　δW_{nc}——非保守机械力和电荷的虚功。

由于基础激励的效果在总动能项中，机械阻尼效应在后续过程中才引入，因而唯一的非保守虚功是由电荷输出 $[Q(t)]$ 导致的，即

$$\delta W_{nc} = \delta W_{nce} = Q(t) \delta v(t) \tag{9-28}$$

根据假设模态方法的一般过程，下一步是对扩展的哈密顿原理中的总动能、总势能、内部电能和非保守电荷虚功进行离散处理。

9.5.2　能量方程的空间离散

力学域中的分布参数变量是 $u^0(x, t)$ 和 $w^0(x, t)$，而电学变量是 $v(x)$。将振动响应的两部分表示为如下的有限展开（为简便起见，假定模态数量相同）：

$$w^0(x,t) = \sum_{r=1}^{N} a_r(t) \phi_r(x) \tag{9-29}$$

$$u^0(x,t) = \sum_{r=1}^{N} b_r(t) \alpha_r(x) \tag{9-30}$$

式中　$\phi_r(x)$、$\alpha_r(x)$——运动学上的容许试探函数，它们满足各自基本的边界条件；

　　　　$a_r(t)$、$b_r(t)$——未知广义坐标；

　　　　N——求解中选定的模态数量。

将式（9-24）和式（9-25）用到式（9-13）中，总势能方程变为

$$U = \frac{1}{2} \sum_{r=1}^{N} \sum_{l=1}^{N} \left\{ a_r a_l \int_0^L (Y_s I_s + \bar{c}_{11}^E I_p) \phi_r''(x) \phi_l''(x) \mathrm{d}x + b_r b_l \int_0^L (Y_s A_s + \bar{c}_{11}^E A_p) \alpha_r'(x) \alpha_l'(x) \mathrm{d}x - \right.$$
$$\left. 2 a_r b_l \int_0^L (Y_s H_s + \bar{c}_{11}^E H_p) \phi_r''(x) \alpha_l'(x) \mathrm{d}x + b_r v(t) \int_0^L B_p \alpha_r'(x) \mathrm{d}x - a_r v(t) \int_0^L J_p \phi_r''(x) \mathrm{d}x \right\}$$

$$\tag{9-31}$$

式中　"$'$"表示对 x 的常微分。

类似的，由公式（9-31）给出的总动能可离散为

$$T = \frac{1}{2} \sum_{r=1}^{N} \sum_{l=1}^{N} \left\{ \dot{a}_r \dot{a}_l \int_0^L (\rho_s A_s + \rho_p A_p) \phi_r(x) \phi_l(x) \, dx + \right.$$

$$2\dot{a}_r \int_0^L (\rho_s A_s + \rho_p A_p) \phi_r(x) \frac{\partial w_b(x,t)}{\partial t} dx + \int_0^L (\rho_s A_s + \rho_p A_p) \left(\frac{\partial w_b(x,t)}{\partial t} \right)^2 dx + \tag{9-32}$$

$$\left. \dot{b}_r \dot{b}_l \int_0^L (\rho_s A_s + \rho_p A_p) \alpha_r(x) \alpha_l(x) \, dx - 2\dot{a}_r \dot{b}_l \int_0^L (\rho_s H_s + \rho_p H_p) \phi'_r(x) \alpha_l(x) \, dx \right\}$$

其中，符号上方的圆点代表对时间 t 的常微分。

将式（9-30）和式（9-31）代入式（9-32），内部电能变为

$$W_{ie} = -\frac{1}{2} \sum_{r=1}^{N} \left\{ b_r v(t) \int_0^L B_p \alpha'_r(x) \, dx - a_r v(t) \int_0^L J_p \phi''_r(x) \, dx - C_p v^2(t) \right\} \tag{9-33}$$

式（9-32）、式（9-33）可写为

$$U = \frac{1}{2} \sum_{r=1}^{N} \sum_{l=1}^{N} (a_r a_l k_{rl}^{aa} + b_r b_l k_{rl}^{bb} - 2a_r b_l k_{rl}^{ab} - a_r v \widetilde{\theta}_r^b + b_r v \widetilde{\theta}_r^b) \tag{9-34}$$

$$T = \frac{1}{2} \sum_{r=1}^{N} \sum_{l=1}^{N} (\dot{a}_r \dot{a}_l m_{rl}^{aa} + \dot{b}_r \dot{b}_l m_{rl}^{bb} - 2\dot{a}_r \dot{b}_l m_{rl}^{ab} + 2\dot{a}_r p_r) + \tag{9-35}$$

$$\frac{1}{2} \int_0^L (\rho_s A_s + \rho_p A_p) \left(\frac{\partial w_b(x,t)}{\partial t} \right)^2 dx$$

$$W_{ie} = -\frac{1}{2} \sum_{r=1}^{N} (-a_r v \widetilde{\theta}_r^a + b_r v \widetilde{\theta}_r^b - C_p v^2) \tag{9-36}$$

其中

$$m_{rl}^{aa} = \int_0^L (\rho_s A_s + \rho_p A_p) \phi_r(x) \phi_l(x) \, dx \tag{9-37}$$

$$m_{rl}^{bb} = \int_0^L (\rho_s A_s + \rho_p A_p) \alpha_r(x) \alpha_l(x) \, dx \tag{9-38}$$

$$m_{rl}^{ab} = \int_0^L (\rho_s H_s + \rho_p H_p) \phi'_r(x) \alpha_l(x) \, dx \tag{9-39}$$

$$p_r = \int_0^L (\rho_s A_s + \rho_p A_p) \phi_r(x) \frac{\partial w_b(x,t)}{\partial t} dx \tag{9-40}$$

$$k_{rl}^{aa} = \int_0^L (Y_s I_s + \bar{c}_{11}^E I_p) \phi''_r(x) \phi''_l(x) \, dx \tag{9-41}$$

$$k_{rl}^{bb} = \int_0^L (Y_s I_s + \bar{c}_{11}^E I_p) \alpha'_r(x) \alpha'_l(x) \, dx \tag{9-42}$$

$$k_{rl}^{ab} = \int_0^L (Y_s H_s + \bar{c}_{11}^E H_p) \phi''_r(x) \alpha'_l(x) \, dx \tag{9-43}$$

$$\widetilde{\theta}_r^a = \int_0^L J_p \phi''_r(x) \, dx \tag{9-44}$$

$$\widetilde{\theta}_r^b = \int_0^L B_p \alpha'_r(x) \, dx \tag{9-45}$$

式中 $r = 1, 2, \cdots, N$；

$l = 1, 2, \cdots, N$。

9.5.3　拉格朗日导出的机电系统能量方程

根据式（9-32），基于扩展的哈密顿原理的拉格朗日导出的机电系统能量方程为

$$\frac{\mathrm{d}}{\mathrm{d}t}\left(\frac{\partial T}{\partial \dot{a}_i}\right) - \frac{\partial T}{\partial a_i} + \frac{\partial U}{\partial a_i} - \frac{\partial W_{ie}}{\partial a_i} = 0 \tag{9-46}$$

$$\frac{\mathrm{d}}{\mathrm{d}t}\left(\frac{\partial T}{\partial \dot{b}_i}\right) - \frac{\partial T}{\partial b_i} + \frac{\partial U}{\partial b_i} - \frac{\partial W_{ie}}{\partial b_i} = 0 \tag{9-47}$$

$$\frac{\mathrm{d}}{\mathrm{d}t}\left(\frac{\partial T}{\partial \dot{v}}\right) - \frac{\partial T}{\partial v} + \frac{\partial U}{\partial v} - \frac{\partial W_{ie}}{\partial v} = 0 \tag{9-48}$$

式中　Q——压电陶瓷层的输出电荷。

注意由基础激励导致的外力函数可从总运动能得到，从而本节后文中引入的比例阻尼则可以表征机械耗散效应。

式（9-47）中的非零部分为

$$\frac{\partial T}{\partial \dot{a}_i} = \frac{1}{2}\sum_{r=1}^{N}\sum_{l=1}^{N}\left[\left(\frac{\partial \dot{a}_r}{\partial \dot{a}_i}\dot{a}_l + \frac{\partial \dot{a}_l}{\partial \dot{a}_i}\dot{a}_r\right)m_{rl}^{aa} - 2\frac{\partial \dot{a}_r}{\partial \dot{a}_i}\dot{b}_l m_{rl}^{ab} + 2\frac{\partial \dot{a}_r}{\partial \dot{a}_i}p_r\right]$$
$$= \frac{1}{2}\sum_{r=1}^{N}\sum_{l=1}^{N}\left[(\delta_{ri}\dot{a}_l + \delta_{li}\dot{a}_r)m_{rl}^{aa} - 2\delta_{ri}\dot{b}_l m_{rl}^{ab} + 2\delta_{ri}p_r\right] = \sum_{l=1}^{N}(m_{il}^{aa}\dot{a}_l - m_{il}^{ab}\dot{b}_l + p_i) \tag{9-49}$$

$$\frac{\partial U}{\partial \dot{a}_i} = \frac{1}{2}\sum_{r=1}^{N}\sum_{l=1}^{N}\left[\left(\frac{\partial a_r}{\partial \dot{a}_i}a_l + \frac{\partial a_l}{\partial \dot{a}_i}a_r\right)k_{rl}^{aa} - 2\frac{\partial a_r}{\partial \dot{a}_i}b_l k_{rl}^{ab} - 2\frac{\partial a_r}{\partial \dot{a}_i}v\tilde{\theta}_r^a\right]$$
$$= \frac{1}{2}\sum_{r=1}^{N}\sum_{l=1}^{N}\left[(\delta_{ri}a_l + \delta_{li}a_r)k_{rl}^{aa} - 2\delta_{ri}b_l k_{rl}^{ab} - \delta_{ri}v\tilde{\theta}_r^a\right] = \sum_{l=1}^{N}(k_{il}^{aa}a_l - k_{il}^{ab}b_l) - \frac{1}{2}\tilde{\theta}_i^a v \tag{9-50}$$

$$\frac{\partial W_{ie}}{\partial a_i} = \frac{1}{2}\sum_{r=1}^{N}\frac{\partial a_r}{\partial a_i}\tilde{\theta}_r^a v = \frac{1}{2}\sum_{r=1}^{N}\delta_{ri}\tilde{\theta}_r^a v = \frac{1}{2}\tilde{\theta}_i^e v \tag{9-51}$$

于是，第一组拉格朗日方程（针对广义坐标 a_l）为

$$\sum_{l=1}^{N}(m_{il}^{aa}\ddot{a}_l - m_{il}^{aa}\ddot{b}_l + k_{il}^{aa}a_l - k_{il}^{aa}b_l - \tilde{\theta}_i^a v - f_i) = 0 \tag{9-52}$$

式中，f_i 为由基础激励导致的加载力，即

$$f_i = -\frac{\partial p_i}{\partial t} = -\int_0^L(\rho_s A_s + \rho_p A_p)\phi_i(x)\frac{\partial^2 w_b(x,t)}{\partial t^2}\mathrm{d}x$$
$$= -\frac{\mathrm{d}^2 g(t)}{\mathrm{d}t^2}\int_0^L(\rho_s A_s + \rho_p A_p)\phi_i(x)\mathrm{d}x - \frac{\mathrm{d}^2 h(t)}{\mathrm{d}t^2}\int_0^L(\rho_s A_s + \rho_p A_p)x\phi_i(x)\mathrm{d}x \tag{9-53}$$

类似地，式（9-47）中的非零部分为

$$\frac{\partial T}{\partial \dot{b}_i} = \frac{1}{2}\sum_{r=1}^{N}\sum_{l=1}^{N}\left[\left(\frac{\partial \dot{b}_r}{\partial \dot{b}_i}\dot{b}_l + \frac{\partial \dot{b}_l}{\partial \dot{b}_i}\dot{b}_r\right)m_{rl}^{bb} - 2\frac{\partial \dot{b}_r}{\partial \dot{b}_i}\dot{a}_l m_{rl}^{ab}\right] \tag{9-54}$$
$$= \frac{1}{2}\sum_{r=1}^{N}\sum_{l=1}^{N}\left[(\delta_{ri}\dot{b}_l + \delta_{li}\dot{b}_r)m_{rl}^{bb} - 2\delta_{ri}\dot{a}_l m_{rl}^{ab}\right] = \sum_{l=1}^{N}(m_{rl}^{bb}\dot{b}_l - m_{il}^{ab}\dot{a}_l)$$

$$\frac{\partial U}{\partial b_i} = \frac{1}{2} \sum_{r=1}^{N} \sum_{l=1}^{N} \left[\left(\frac{\partial b_r}{\partial b_i} b_l + \frac{\partial b_l}{\partial b_i} b_r \right) k_{rl}^{bb} - 2 \frac{\partial b_r}{\partial b_i} \dot{a}_l k_{rl}^{ab} + \frac{\partial b_r}{\partial b_i} v \widetilde{\theta}_r^b \right]$$

$$= \frac{1}{2} \sum_{r=1}^{N} \sum_{l=1}^{N} \left[(\delta_{ri} b_l + \delta_{li} b_r) k_{rl}^{bb} - 2\delta_{ri} \dot{a}_l k_{rl}^{ab} + \delta_{ri} v \widetilde{\theta}_r^b \right] = \sum_{l=1}^{N} (k_{rl}^{bb} b_l - k_{il}^{ab} a_l) + \frac{1}{2} \widetilde{\theta}_r^b v$$

$$\tag{9-55}$$

$$\frac{\partial W_{ie}}{\partial b_i} = -\frac{1}{2} \sum_{r=1}^{N} \frac{\partial b_r}{\partial b_i} \widetilde{\theta}_r^b v = -\frac{1}{2} \sum_{r=1}^{N} \delta_{ri} \widetilde{\theta}_r^b v = -\frac{1}{2} \widetilde{\theta}_r^b v \tag{9-56}$$

关于广义坐标 b_l 的拉格朗日方程为

$$\sum_{l=1}^{N} (m_{il}^{bb} \dot{b}_l - m_{il}^{ab} \dot{a}_l + k_{il}^{bb} b_l - k_{il}^{ab} a_l + \widetilde{\theta}_i^b v) = 0 \tag{9-57}$$

式（9-48）左边部分中的非零项为

$$\frac{\partial U}{\partial v} = \frac{1}{2} \sum_{r=1}^{N} (-a_r \widetilde{\theta}_r^a + b_r \widetilde{\theta}_r^b) \tag{9-58}$$

$$\frac{\partial W_{ie}}{\partial b_i} = C_p v - \frac{1}{2} \sum_{r=1}^{N} (-a_r \widetilde{\theta}_r^a + b_r \widetilde{\theta}_r^b) \tag{9-59}$$

进而有

$$C_p v + Q + \sum_{r=1}^{N} (a_r \widetilde{\theta}_r^a - b_r \widetilde{\theta}_r^b) = 0 \tag{9-60}$$

对式（9-60）求时间的导数，得

$$C_p \dot{v} + \dot{Q} + \sum_{r=1}^{N} (\dot{a}_r \widetilde{\theta}_r^a - \dot{b}_r \widetilde{\theta}_r^b) = 0 \tag{9-61}$$

其中，电荷的时间变化率是通过阻抗的电流，即

$$\dot{Q} = \frac{v}{R_1} \tag{9-62}$$

关于 v 的拉格朗日方程变为

$$C_p \dot{v} + \frac{v}{R_1} + \sum_{r=1}^{N} (\dot{a}_r \widetilde{\theta}_r^a - \dot{b}_r \widetilde{\theta}_r^b) = 0 \tag{9-63}$$

前两个拉格朗日方程（9-57）和式（9-63），可以以矩阵形式表达：

$$\begin{bmatrix} m^{aa} & -m^{ab} \\ -m^{ab} & m^{bb} \end{bmatrix} \begin{bmatrix} \ddot{a} \\ \ddot{b} \end{bmatrix} + \begin{bmatrix} k^{aa} & -k^{ab} \\ -k^{ab} & k^{bb} \end{bmatrix} \begin{bmatrix} a \\ b \end{bmatrix} + \begin{bmatrix} -\widetilde{\boldsymbol{\theta}}^a \\ \widetilde{\boldsymbol{\theta}}^b \end{bmatrix} v = \begin{bmatrix} f \\ 0 \end{bmatrix} \tag{9-64}$$

将瑞利阻尼引入来表达耗散型的机电系统，式（9-64）变为

$$\begin{bmatrix} m^{aa} & -m^{ab} \\ -m^{ab} & m^{bb} \end{bmatrix} \begin{bmatrix} \ddot{a} \\ \ddot{b} \end{bmatrix} + \begin{bmatrix} d^{aa} & -d^{ab} \\ -d^{ab} & d^{bb} \end{bmatrix} \begin{bmatrix} \dot{a} \\ \dot{b} \end{bmatrix} + \begin{bmatrix} k^{aa} & -k^{ab} \\ -k^{ab} & k^{bb} \end{bmatrix} \begin{bmatrix} a \\ b \end{bmatrix} + \begin{bmatrix} -\widetilde{\boldsymbol{\theta}}^a \\ \widetilde{\boldsymbol{\theta}}^b \end{bmatrix} v = \begin{bmatrix} f \\ 0 \end{bmatrix} \tag{9-65}$$

其中，阻尼矩阵为

$$\begin{bmatrix} d^{aa} & -d^{ab} \\ -d^{ab} & d^{bb} \end{bmatrix} = \mu \begin{bmatrix} m^{aa} & -m^{ab} \\ -m^{ab} & m^{bb} \end{bmatrix} + \gamma \begin{bmatrix} k^{aa} & -k^{ab} \\ -k^{ab} & k^{bb} \end{bmatrix} \tag{9-66}$$

这里，μ 和 γ 分别为与质量阵和刚度阵之间的比例常数。

由式（9-66）给出的电流方程将变为

$$C_p \dot{v} + \frac{v}{R_1} + (\tilde{\boldsymbol{\theta}}^a)^T \dot{\boldsymbol{a}} - (\tilde{\boldsymbol{\theta}}^b)^T \dot{\boldsymbol{b}} = 0 \tag{9-67}$$

式（9-64）和（9-66）是分布参数型机电系统的离散方程。这里，$N \times 1$ 维的广义坐标矢量为

$$\boldsymbol{a} = [\, a_1 a_2 \cdots a_N \,]^T, \quad \boldsymbol{b} = [\, b_1 b_2 \cdots b_N \,]^T \tag{9-68}$$

$N \times 1$ 维的机电耦合矢量为

$$\tilde{\boldsymbol{\theta}}^a = [\, \tilde{\theta}_1^a \tilde{\theta}_2^a \cdots \tilde{\theta}_N^a \,]^T, \quad \tilde{\boldsymbol{\theta}}^b = [\, \tilde{\theta}_1^b \tilde{\theta}_2^b \cdots \tilde{\theta}_N^b \,]^T \tag{9-69}$$

质量、刚度和阻尼子矩阵（m^{aa}、m^{bb}、m^{ab}、k^{aa}、k^{ab}、k^{bb}、d^{aa}、d^{bb}、d^{ab}）都是 $N \times N$ 维的，外力矢量 f 是 $N \times 1$ 矢量，其元素由式（9-69）给出。压电材料特性及其简化特性如表9-2，表9-3所示。

表9-2　　　　　　　　　　　PZT-5H 的特性

技术参数（单位）	PZT-5H	技术参数（单位）	PZT-5H	技术参数（单位）	PZT-5II
$S_{11}^E / (\text{pm}^2/\text{N})$	16.5	$S_{55}^E / (\text{pm}^2/\text{N})$	43.5	$d_{15}(\text{pm/V})$	741
$S_{12}^E / (\text{pm}^2/\text{N})$	−4.78	$S_{66}^E / (\text{pm}^2/\text{N})$	42.6	$\varepsilon_{11}^T / \varepsilon_0$	3130
$S_{13}^E / (\text{pm}^2/\text{N})$	−8.45	$d_{31}(\text{pm/V})$	−274	$\varepsilon_{33}^T / \varepsilon_0$	3400
$S_{33}^E / (\text{pm}^2/\text{N})$	20.7	$d_{33}(\text{pm/V})$	593		

表9-3　　　　　　针对欧拉伯努利梁的 PZT-5H 的简化特性

简化特性	PZT-5H	简化特性	PZT-5H
弹性模量（$\bar{c}_{11}^E$）/MPa	60.6	介电常数（$\bar{\varepsilon}_{33}^s$）/(nF/m)	25.55
压电常数（$\bar{e}_{31}$）/(C/m^2)	−16.6	质量密度（$\rho_{\tilde{p}}$、$\rho_{\tilde{s}}$）/(kg/m^3)	7500

9.6　印刷装备振动能量收集实验研究

9.6.1　振动能量收集实验系统说明

本次实验主要用于测试能量片的振动能量转化效率及验证能量收集耦合模型。主要测试基座处的振动、能量片输出电压。

实验目的：本次实验主要测试基础激励下不同类型的能量片的输出响应，验证单晶与双晶悬臂梁型压电能量收集机电耦合模型。

原理：实验装置由激振系统、振动能量收集装置、测试系统三部分组成，激振平台包括振动梁、激振器、功率放大器；振动能量收集装置包括压电能量片、压电能量收集电路等；测试系统包括传感器（加速度传感器、微位移传感器、激光测振仪）数据采集仪、示波器、计算机及 Pulse 测试系统等，如图 9-14 所示。

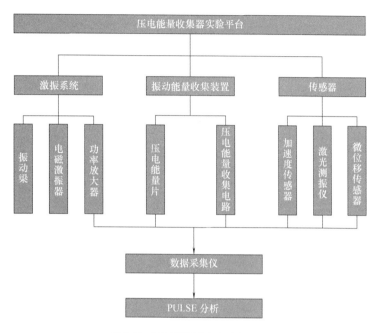

图 9-14　压电能量收集实验测试系统图

振动源是通过固定在基座上的激振器对振动梁进行激励产生的，能量收集装置通过磁力座固定在振动梁上，随梁的振动而振动，加速度传感器安装在能量收集器位置的下方，测试振动能量收集装置处的振动加速度，微位移传感器利用万向磁力座安装于基座上方，测量其基础位移，激光测振仪通过三脚架安装于能量收集器上方，测试能量片一端的速度，测试得到的数据信号由数据采集仪传送给计算机中的 PULSE 分析系统进行数据分析。实验装置如图 9-15 ~ 图 9-17 所示。

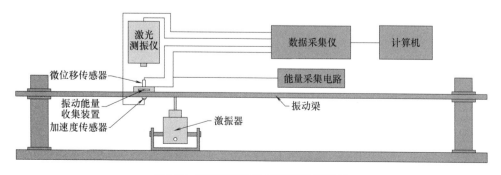

图 9-15　悬臂梁型压电能量收集实验装置结构图

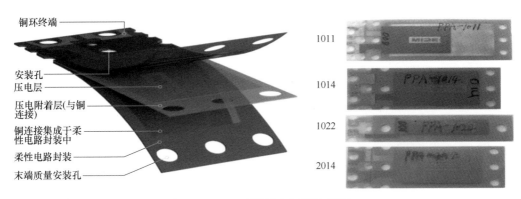

图 9-16　MIDE 压电能量收集片（PPA 系列）

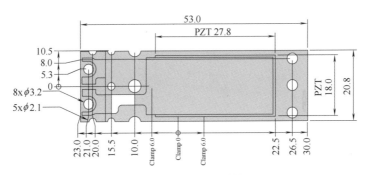

图 9-17　单晶能量片-1014 结构图

能量片基本参数如表 9-4 所示。

表 9-4　　　　　　　　　　　压电能量片基本参数

型号	PPA-1014		PPA-2014	
类型	单晶		双晶	
电容/nF	40		95	
质量/g	2.0		2.9	
压电能量片各层厚度/mm	FR4(环氧树脂)	0.08	FR4(环氧树脂)	0.08
	铜基础层	0.03	铜基础层	0.03
	PZT-5H(压电陶瓷层)	0.19	PZT-5H(压电陶瓷层)	0.19
	铜基础层	0.03	铜基础层	0.03
	FR4(环氧树脂)	0.36	FR4(环氧树脂)	0.08
	—	—	铜基础层.	0.03
	—	—	PZT-5H(压电陶瓷层)	0.19
	—	—	铜基础层	0.03
	—	—	FR4(环氧树脂)	0.08
	总厚度	0.71	总厚度	0.83

测试仪器说明：

① 丹麦 B&K 公司 PULSE 测试系统，包括 3560-B 型 PULSE 多分析系统等。

② 丹麦 B&K 公司 4506 型三向加速度传感器，参数见表 9-5。

表 9-5　　　　　三向加速度传感器参数（序列号：31154，31153）

方向	灵敏度/（mV/ms^{-2}）	测量频率范围/Hz	方向	灵敏度/（mV/ms^{-2}）	测量频率范围/Hz
X	9.931	0.3~5.5k	Z	9.986	0.6~3k
Y	10.00	0.6~3k			

注：测量频率范围(Hz)内，幅值误差±10%，相位误差±5°。

③ 德国米铱公司电涡流测量系统 eddyNCDT 3300，参数见表 9-6。

表 9-6　　　　米铱 DT3300-EU1 参数（注：FSO＝Full-Scale Output 满量程输出）

型号	DT3300-EU1
测量范围	1mm
SMR 起始距离	0.1mm
EMR 重点距离	1.1mm
Linearity 绝对误差	≤±0.2%FSO
	±2μm
分辨率　至 25Hz	≤0.005%FSO
	0.005μm
分辨率　至 2.5kHz	≤0.01%FSO
	0.1μm
分辨率　至 25/100kHz	≤0.02%FSO
	2μm
响应频率	25kHz/2.5kHz/25Hz(−3dB) 可选
温度补偿	10~100℃(可选 TCS：−40…180℃)
信号输出	0~5V；0~10V；±5V；±10V(或反向)；4~20mA(负载 350Ω)

④ 英国 OMETRON 公司激光测振仪 VH-1000-D，见表 9-7。

表 9-7　　　　　　　　激光测振仪 VH-1000-D 参数

输出电压	±4V	超范围指标阈值	Typ. 94%满量程
频率范围	0.5~22kHz	最佳分辨率	0.002μm/s/ $\sqrt{Hz}$ (rms)
D/A 转换器的分辨率	24bit	无杂散动态范围	>90dB
输出阻抗	50Ω	谐波失真	<1%THD
负载电阻	Min. 10kΩ(−0.5%误差)	传播延迟	Typ. 1.1ms

测试布点如表 9-8 所示，实验测试系统和测试布点图如图 9-18、图 9-19 所示。

表 9-8　　　　　　　　　传感器布点说明

通道序号	传感器型号（序列号）	传感器布点位置说明	通道序号	传感器型号（序列号）	传感器布点位置说明
1	输出电压 1	压电片电极 0	5	三向 31154-Y	振动梁-左右方向
2	输出电压 2	压电片电极 1	6	三向 31154-Z	振动梁-水平方向
3	激振器信号源	—	7	微位移	压电能量片固定端部
4	三向 31154-X	振动梁-垂直方向	8	激光测振仪	压电能量片自由端部

测试数据中基础加速度、末端速度、输出电压三个信号可以得到两个频响函数，分别是输出电压相对于基础加速度的频响函数（电压频响函数），末端速度相对于基础

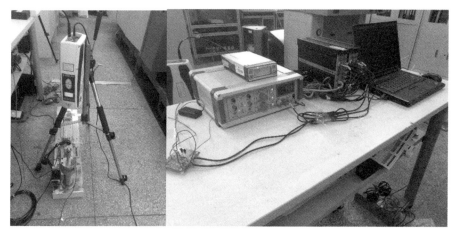

图 9-18　实验测试系统

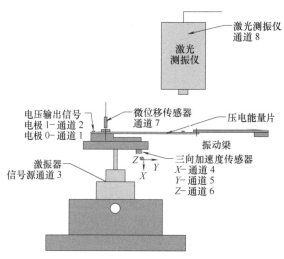

图 9-19　能量收集测试布点图

加速度的频响函数。在此频响函数测量中，参考输入为基础加速度，如图 9-20 所示。

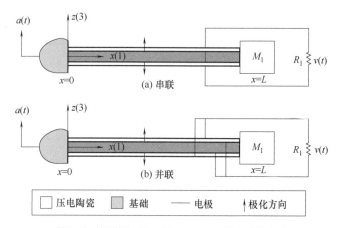

图 9-20　基础激励下的悬臂梁式双晶压电能量收集器构型

　　激振器前面连接了功率放大器，对激振器的频率及输出功率进行调整。由于激振器的主要功能是验证线性机电模型，因此，应确保基础加速度大小不超过 $1g$，以免引起固有的非线性振动。

　　在测试中压电能量片电极间接发光二极管及能量存储电路，在电极 0、电极 1 处各接数据采集仪通道 1 和通道 2，利用万用表测量电极间电阻约 $10M\Omega$，可视为断路状态。一般状态下，电极 1 处电压较高，压电晶体在受到激励时所产生的电荷在电极端聚集产生电压差，所使用的压电能量片由电极 0 和电极 1 组成，单晶能量片电极 0 处为底层，即铜层，压电晶体附着于铜层上，压电晶体连接电极 1，可知在单晶压电晶体收到激励达到共振后电极 0 上同时也会有电荷聚集，产生电压，但没有电极 1 所产生的电压大（在以下测试中均有体现）。双晶能量片测试中，双晶片的压电陶瓷层均附着于铜层上，铜层为电极 0，两层压电陶瓷为并联形式（图 9-20），串联与并联形式的压电晶片在机电耦合建模中有所不同，并联形式下机电耦合项为串联形式下的 2 倍。

9.6.2　带末端质量的压电单晶悬臂梁

　　此次测试所用压电能量片型号为单晶（PPA-1014），连接件质量为 5g，末端质量为 14g，螺钉及螺母质量为 1.2g（下同），如图 9-21 所示。

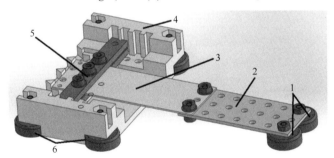

1—末端质量块；2—连接件（末端）；3—压电能量片；4—基座；5—固定连接件；6—磁力座。

图 9-21　压电能量片安装形式

　　压电能量片电压输出规律曲线如图 9-22 所示。

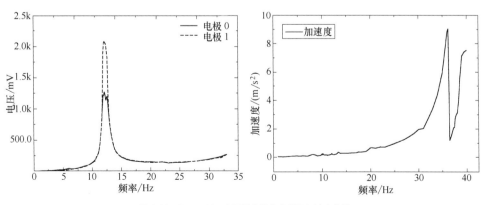

图 9-22　PPA-1014 电压输出规律曲线及加速度曲线

从曲线上可以看出，激振频率在 0～30Hz 内，加速度变化较小，较平稳，在 12.5Hz 处电极 1 电压输出达到最大值 2.08V，电极 0 电压输出达到 1.20V。此单晶悬臂梁压电能量收集装置的一阶断路共振频率为 12.5Hz。

通过电压输出规律可分析得到最大输出电压，但由于压电能量输出电压输出与其加速度水平和频率有关，可用电压输出的 FRF（即电压输出与加速度的比值）来描述其响应规律，如图 9-23 所示。从图中可知，电压输出在 12.5Hz 处电压频响可以达到最大值，在 37Hz 处有小波峰，分析其加速度值可知在此频率激起了梁的共振，加速度幅值已经超过 $8m/s^2$，压电晶体在此加速

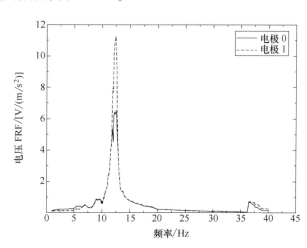

图 9-23 单晶悬臂梁压电能量收集器的电压频响测试值

度和频率下的频响已经激起了悬臂梁的非线性部分，故在此不做讨论。

末端速度频响函数（末端速度值/基础加速度值）如图 9-24 所示，图中末端速度为测试得到不同频率下时域最大值。由于频率在 35Hz 以后激起梁的共振，振动加速度及速度较大，非线性因素影响较大，故在此不做讨论，从末端速度-频率图中可以看出，在悬臂梁共振点 12.5Hz 处其末端速度可达峰值，在 25Hz 处同样有峰值存在，但在测试中，其末端速度值起伏较大，并且与电压输出响应相比，其共振点处的速度幅值并不呈明显增大。末端速度的 FRF 图中，频率在前 5Hz 处呈现峰值，存在原因分析为测试误差，在前 5Hz 中加速度幅值与速度幅值较小，且存在白噪声，噪声的存在导致其 FRF 值较大，在 10～13Hz 阶段起伏较大，FRF 曲线没有明显峰值存在，这

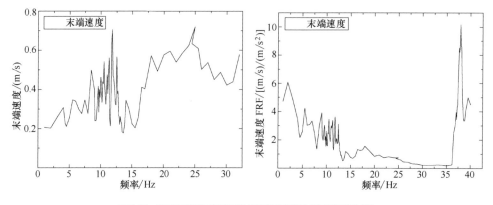

图 9-24 单晶悬臂梁压电能量收集器的末端速度及其频响测试值

与数学模型不相符。

对于冲击激励下单晶能量片电压输出响应，实验施加的激励为手动将能量片末端拨至距离平衡位置约 20mm 处，然后释放能量片，让其自由振动，记录能量片电压输出响应及末端速度响应。测试数据如图 9-25 所示。

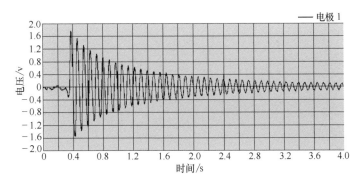

图 9-25 冲击激励下悬臂梁型单晶压电能量收集器电压输出时域图

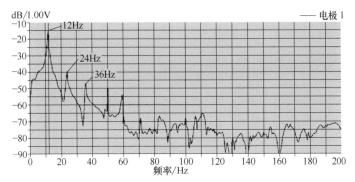

图 9-26 冲击激励下悬臂梁单晶压电能量收集器电压输出频域图

从时域图 9-25 中可以看出，单晶悬臂梁压电能量片在达到弯曲最大位置处的输出电压为 1.8V，频域图中，单晶悬臂梁压电能量片的前三阶共振频率分别为 12Hz、24Hz、36Hz，在图 9-26 中可以得到前三阶共振成分。与前一次实验对比，前一次实验由激振器对梁进行激振得到单晶压电能量片在 12.5Hz 处电压输出达到最大值，而本次相同条件下直接激励能量片得到在 12Hz 处电压输出达到最大值，两次测试其一阶共振频率相近，但相差 0.5Hz。分析其一阶共振相差 0.5Hz 可能存在的原因有以下几个因素：

① 连续周期性激励与单次冲击激励对悬臂梁的电压输出响应的影响。

② 安装压电能量片的基础部分结构在振动状态下和静止状态下对能量片固有频率有一定影响。

末端速度时域及频域如图 9-27、图 9-28 所示。同样可以看出其前三阶共振频率为 12Hz、24Hz、36Hz，末端最大速度为 13.5m/s。

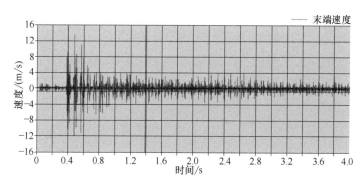

图 9-27　冲击激励下悬臂梁型单晶压电能量收集器末端速度时域图

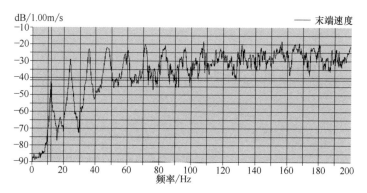

图 9-28　冲击激励下悬臂梁型单晶压电能量收集器末端速度频域图

末端增加质量 14g 悬臂梁单晶能量片（PPA-1014）测试，末端质量为 24g，通过观察，可以看出悬臂梁已经呈弯曲状态，测试方法与以上相同。

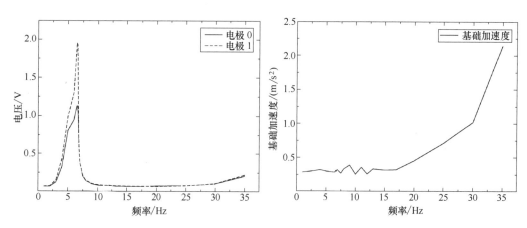

图 9-29　末端增加质量 M 的悬臂梁单晶能量输出电压及加速度曲线

如图 9-29 所示，末端增加质量 M 后，由输出电压可知，能量片整体的共振频率发生偏移，在 6.5Hz 处电压达到最大值 1.95V。在 5Hz 至 6.8Hz 区间输出电压在 1V 以上。输出电压频响如图所示，从图中可以看出输出电压 FRF 与输出电压幅值曲线接近，同样在 6.5Hz 处达到峰值 6.8V/（m/s²），从而可知末端增加质量 M 的一阶共振频率为 6.5Hz，与末端有质量相比较，如图 9-30。

由图 9-31 可知，末端增加质量后，悬臂梁型压电能量收集器的一阶共振频率发生偏移，由原来的 12.5Hz 偏移至 6.5Hz，输出电压的幅值是没增加前的 3.3 倍，可见末端质量对输出电压起到了至关重要的作用。

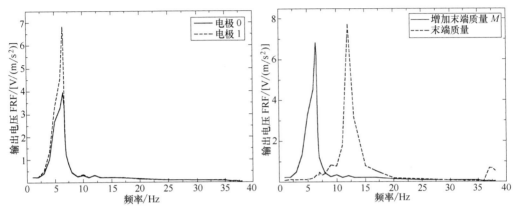

图 9-30　末端增加质量 M 的悬臂梁单晶能量输出电压 FRF

图 9-31　末端增加质量 M 与末端有质量悬臂梁单晶能量收集器输出电压 FRF 比较

9.6.3　不带末端质量的压电单晶悬臂梁

测试所用单晶悬臂梁压电能量片为 PPA-1014，末端无质量。

不带末端质量的单晶压电悬臂梁在进行测试时，共振不明显，由于悬臂梁末端无附加质量，悬臂梁刚度与长度比较大，其共振区较高，输出电压及其频响函数如下图所示。在 40Hz 处由于已经激起振动梁的共振，共振加速度和速度较大，不稳定，非线性因素影响大，所得出数据不准确。本次末端不带质量单晶悬臂梁测试参考性差，故不做详细分析。所得曲线如图 9-32~图 9-34 所示。

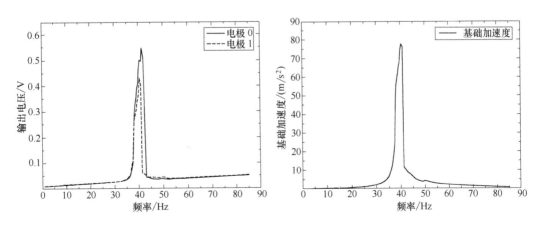

图 9-32　末端无质量-悬臂梁单晶能量输出电压及加速度曲线

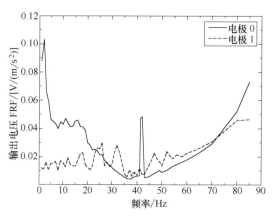

图 9-33　末端无质量-悬臂梁单晶能量输出电压 FRF

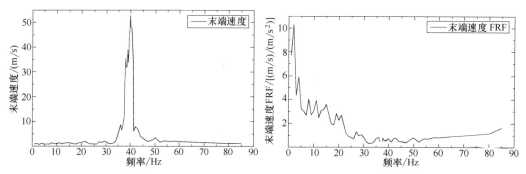

图 9-34　末端无质量-悬臂梁单晶能量输出末端速度及频响函数曲线

9.6.4　带末端质量的压电双晶悬臂梁

如图 9-35，图 9-36 所示，从输出电压曲线中可以看出，在 1～120Hz 内，出现了两个峰值，分别是 19Hz 和 40Hz，电压幅值分别是 6.89V 和 7.31V，40Hz 处梁共振出现峰值。频率在 17.5Hz 至 20.8Hz 范围内（3.3Hz），输出电压值在 2V 以上。从输出电压 FRF 图中可以看出，其一阶共振频率为 19Hz，此时得到电压输出频响峰值为

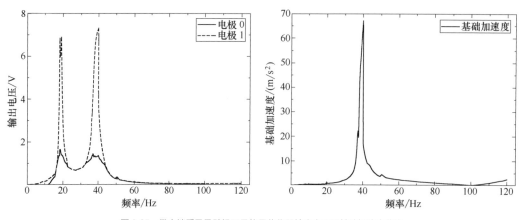

图 9-35　带末端质量悬臂梁双晶能量收集器输出电压及基础加速度曲线

14.75V/（m/s²）。而在 40Hz 处并未出现峰值，且在此处其电压 FRF 值较平稳。

与相同条件下单晶悬臂梁相比较，如图 9-37，图 9-38 所示，所取数据在 1~36Hz 内，36Hz 以后数据较小，且其一阶共振在 0~36Hz 内，输出电压以一阶共振为主。相同尺寸、相同末端质量、相同测试基础下，双晶悬臂梁能量收集器共振频率范围较大且效率高，输出电压幅值高最大可达 7.31V，单晶悬臂梁能量收集器共振频率范围小，输出电压幅值最高为 2.08V。相同条件下双晶悬臂梁能量收集器输出电压为单晶 3.5 倍。

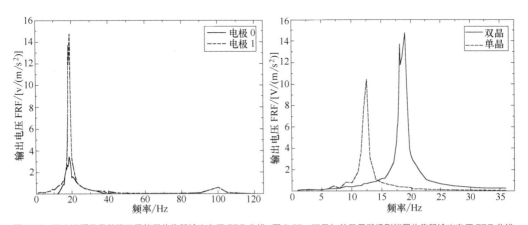

图 9-36　带末端质量悬臂梁双晶能量收集器输出电压 FRF 曲线　图 9-37　双晶与单晶悬臂梁型能量收集器输出电压 FRF 曲线

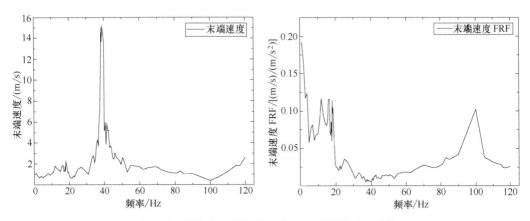

图 9-38　双晶与单晶悬臂梁型能量收集器末端速度及 FRF 曲线

9.6.5　冲击激励下的压电悬臂梁测试

为测试不同结构形式下悬臂梁型压电结构共振频率，对双晶能量片和单晶能量片分别进行了测试。所测试双晶和单晶能量片尺寸相同（PPA-2014 和 PPA-1014），能量片内部结构不同。测试分为悬臂梁不带末端（仅有能量片）、带末端（能量片+连接件）、带末端带质量（能量片+连接件+末端质量）、带末端质量偏移几种情况，具体结构连接形式如图 9-39。测试所得数据如表 9-9 所示。

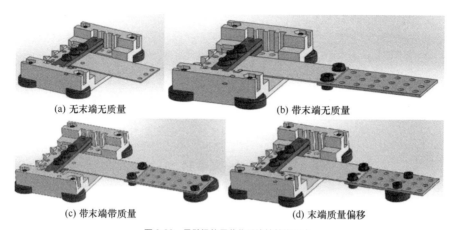

(a) 无末端无质量　　　　　　　　　　(b) 带末端无质量

(c) 带末端带质量　　　　　　　　　　(d) 末端质量偏移

图 9-39　悬臂梁能量收集器连接结构形式

表 9-9　　　　　　　　　冲击激励下不同类型、不同末端下测试数据

能量片类型及偏移情况	电压		末端速度	
	最大值/V	共振频率/Hz	最大值/(mm/s)	共振频率/Hz
双晶末端带质量	9.51	17.75	23.2	17.75
双晶带末端	10.4	18.5	42.6	—
双晶无质量无末端	8.99	316.9/619.4	6.44	320.6
双晶末端质量偏移	10.1	23.75	42.4	23.75
单晶末端带质量	3.7	12.25/24.5	21.5	12.5/24.5
单晶带末端	5.33	31.75/63.5	45.7	32.25
单晶无质量无末端	3.02	—	4.29	—
单晶末端质量偏移	7.62	15.5/31	24.7	15.5/31

注：表中的最大值为相同条件下测试多次得到的最大值，共振频率为测试多次取得的平均值。表中"—"表示所测得频率数据复杂，选择采样频率在 200Hz，采样频率较小会导致测试不出其值。

由表中数据可知，能量片连接末端质量会减小原有结构共振频率，输出电压相应增加，单个能量片在不加末端质量情况下，共振频率较大，输出电压较小。在实际应用中，考虑到设备工作频率范围，应使用带末端质量的能量片。另外末端质量发生偏移后，一阶共振频率也随之改变，可通过末端质量的偏移来适应设备工作频率，以达到能量收集器共振，使得输出功率最大。

9.6.6　不同负载电阻下的压电能量收集器测试

为进一步研究压电能量收集器性能及电压输出影响因素，对不同负载电阻进行了测试。测试中选择了五种电阻值：100Ω、1kΩ、4.6kΩ、59.3kΩ、5.9MΩ。按照机电耦合模型中电阻负载对电压输出的影响规律，负载电阻增大，输出电压随之增大，共振频率也会发生偏移，频率增大。

测试原理与 9.6.4 中相同，压电能量片为单晶 PPA-1014，带末端质量，激励为冲击激励。测试用电阻如图 9-40 所示，测试所得数据如表 9-10 所示。

图 9-40　实验测试及负载电阻

表 9-10　　　　　　　　　　　冲击激励下不同负载电阻下测试数据

负载电阻	输出电压		末端速度	
	最大值/V	共振频率/Hz	最大值/(mm/s)	共振频率/Hz
噪声(无激励)	0.035	50	29.6u	196
电阻 100Ω	0.046	50	19.7	12/24
电阻 1kΩ	0.062	12/23.5	19.6	12/24
电阻 4.6kΩ	1.09	12/23.75	23.4	12/24
电阻 59.3kΩ	7.08	12.25/50	20.05	12.25/24.25
电阻 5.9MΩ	8.6	12.25/24.75	25.4	12.25

通过观察测试数据可知，随电阻阻值的增大，输出电压同时增大，且负载电阻小于 1kΩ，输出电压非常小。在负载电阻为 100Ω 时，即相当于短路状态，输出电压与噪声相差不大，即输出电压较小，其共振频率无法准确给出，只能测出其噪声的频率值，即 50Hz。但在末端速度数据中可以得到其共振频率，一阶共振频率在 12Hz。负载电阻在 5kΩ 以下，一阶共振频率均在 12Hz，负载电阻在 60kΩ 以上，即相当于断路状态，一阶共振频率在 12.25Hz。可知负载电阻改变，系统一阶共振频率随之发生变化，但变化幅度较小。

实验测试中负载电阻对输出电压及共振频率的影响规律符合机电耦合模型对其的预测，但负载电阻对共振频率的影响因素较小，共振频率的偏移较小（约 0.25Hz）。这需要通过对本次实验模型的数值仿真来确定悬臂梁型压电机电耦合模型的准确性，及负载电阻对共振频率影响的精确解析。

9.6.7　测试结果总结分析

针对悬臂梁型压电能量收集器的研究，研究人员利用实验室已有测量设备对悬臂梁型压电能量收集器做了大量重复性实验工作，探究了悬臂梁型压电能量收集器的性能。实验研究工作包括以下几个方面：

① 研究了悬臂梁型压电能量收集器的输出电压规律及其共振频率，得到了不同激励频率下的电压输出规律。

② 研究了相同条件下单晶和双晶悬臂梁型能量收集器的输出电压及共振频率，得到双晶压电能量收集器的电压输出效率高，能量收集效果好，且双晶能量收集器的共振频率范围较宽，共振频率比单晶高。

③ 研究了末端质量对悬臂梁型压电能量收集器的影响，得到了末端质量对压能量收集器的共振频率的影响规律。

④ 研究了不同负载电阻对悬臂梁型压电能量收集器输出电压及共振频率的影响，得到了负载电阻对输出电压的影响规律，在负载电阻小（小于5kΩ）时输出电压极小，在负载电阻大（60kΩ）时输出电压可达到7V。负载电阻对共振频率影响因素较小。

9.7 印刷装备悬臂梁型压电能量收集器

在印刷机中飞达部分是纸张传输过程中至关重要的环节，输纸质量影响着整体印刷速度及印刷质量。飞达部分运动形式多样，动作具有连续性，其动态分析在很多论文中均有涉及，但对于振动能量的二次利用并为辅助微电子设备供电的研究较少，将此处的振动能量进行收集还可减少振动，可实施对振动的主动控制。

通过分析，可得到不同类型、不同负载下的悬臂梁型能量器的共振频率及其电压输出规律，双晶悬臂梁型能量收集器的效果好，输出电压高，选择双晶能量收集器作为飞达部分振动能量收集装置。可通过振动测试分析飞达整体振动较大位置及其振动频率范围，为能量收集器提供最佳布点位置，以达到高效、高功率输出。

测试对象选择印刷机输纸实验平台，其生产商为高宝（KBA），输纸试验台输纸过程稳定、动态性能良好。测试布点选择飞达运转中振动较大处，且不影响正常输纸过程，不增加原有传动系统输出能量。利用吸附固定装置将能量片固定，在布点处安装三向加速度传感器测试其加速度，此次测试方案共布置两点，分别安装了双晶悬臂梁型能量收集器和单晶悬臂梁型能量收集器，末端均有附加质量。测试系统与以上相同，在 PULSE 测试系统中进行。测点图及实验系统如图 9-41 所示。

实验中测试通道说明如表 9-11 所示。

双晶悬臂梁能量收集器主要受飞达顶部墙板垂直方向振动，单晶悬臂梁能量收集器主要受传动面墙板纵向振动。

在工作速度下进行测试，以 500s/h 为起点，依次增加 500s/h，逐次进行测试，在每一速度下测试三次，测试中等待速度稳定后进行保存。

实验数据如图 9-42~图 9-45 所示。

图9-41　能量收集器布点及测试系统图

表9-11　　　　　　　　　　　　传感器布点说明

通道序号	传感器型号（序列号）	传感器布点位置说明	通道序号	传感器型号（序列号）	传感器布点位置说明
1	三向30820-X	飞达顶部墙板-垂直方向	6	三向31156-Z	传动部墙板-横向
2	三向30820-Y	飞达顶部墙板-纵向	7	双晶-电极1	飞达顶部墙板
3	三向30820-Z	飞达顶部墙板-横向	8	双晶-电极0	飞达顶部墙板
4	三向31156-X	传动部墙板-纵向	9	单晶-电极1	传动部墙板
5	三向31156-Y	传动部墙板-垂直方向	10	单晶-电极0	传动部墙板

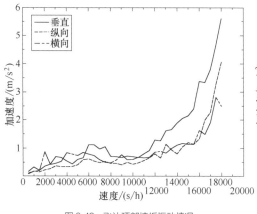

图9-42　飞达顶部墙板振动情况

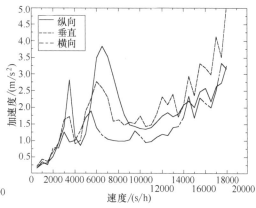

图9-43　传动部墙板振动情况

从图9-42~图9-45飞达顶部振动数据中可以看出，墙板面振动平稳，在速度升至14000s/h后加速度幅值剧烈上升，振动较大。此处放置的双晶能量收集器在7000s/h处电压出现峰值1.6V，在11500s/h处出现第二个峰值1.35V，速度在15500~17500s/h段内，输出电压在1.5V以上，峰值电压可以达到3.3V。传动面墙板在速度为3500~6500s/h处，出现两个峰值，纵向振动明显高于其他两个方向，振动幅值较

151

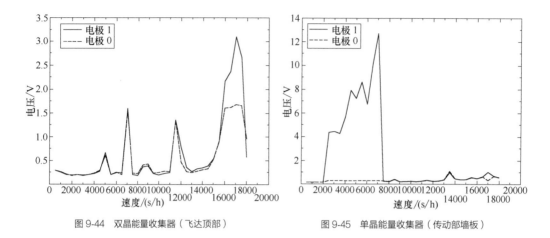

图 9-44　双晶能量收集器（飞达顶部）　　　图 9-45　单晶能量收集器（传动部墙板）

大。在此处安装的单晶能量收集器在速度为 2500～7000s/h 时输出电压在 3V 以上，峰值可以达到 12.7V。

在速度为 7000s/h 时，双晶能量收集器和单晶能量收集器的电压均达到峰值。由此振动测试可知传动面在工作以正常速度（6000～9000s/h）运行时，加速度幅值较大，在此处安装能量收集器，达到了振动能量收集效果，但在高速状态下（10000s/h 以上），单晶能量收集器（PPA-1011）效果不佳。

双晶能量收集器在高速状态下，电压输出较高，但与单晶相比输出电压较小。分析出现这种情况的原因可能为单晶能量收集器与双晶能量收集器尺寸不同，此处所用到的单晶能量收集器整体尺寸较大，压电晶体覆盖面积较大，另外安装位置不同也会导致这种结果。

9.8　印刷装备振动压电能量收集电路

传统的微弱能量收集电路主要包括桥式整流电路、电荷同步获取电路和电感同步开关电路，能量存储装置采用超级电容或充电电池。传统的能量收集电路电路压降大，电路自身能耗过大，且输出电压不稳定，使得电路的收集效率很低。为了尽可能多地收集到更多的能量，使用 LTC3588-1 电源管理芯片为核心的电压变换电路来进行整流和稳压，利用 LTC4071 充电控制芯片为核心的充电控制电路，将收集到的富余能量进行存储，在能量收集不足的情况下，给负载备用供电，采用 TPL5100 定时器电路来定时输出电能，以达到节约电能、延长电池工作时间的目标，系统框图如图 9-46 所示。

9.8.1　电压变换电路

电压变换电路以 LTC3588-1 电源管理芯片为核心。LTC3588-1 是美国凌力尔特公

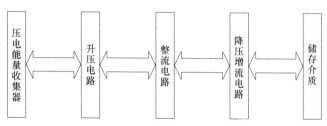

图 9-46　压电能量收集电路系统图

司推出的新型电源管理模块，以优化对低压电源的管理。LTC3588-1 内部电路可以分为 3 个模块：输入端整流限压模块、滤波模块、DC-DC 稳压模块。而且 LTC3588-1 的自身功耗极低，输出能力强，静态工作电流只有 950nA，输出电流最大可以达到 100mA。PZ1、PZ2 的输入端既可是交流又可以是直流，使之可以满足更多的场合。

同时，Vin 端接地的稳压二极管使得转化后的电压控制在 20V 以内，起保护电路的作用。电压变换电路以 LTC3588-1 电源管理芯片为核心，一般由全桥整流电路、电容及负载组成，利用电容或充电电池实现能量存储，如图 9-47 所示。

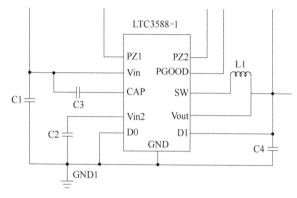

图 9-47　电压变换电路

9.8.2　充电控制电路

充电控制电路以 LTC4071 充电控制芯片为核心，LTC4071 能够实现从低电流、断续或连续电能对锂离子/锂聚合物电池充电。利用 LTC4071，可通过 ADJ 引脚来选择 3 种不同的浮置电压功能，当引脚接地时，浮置电压为 4.0V；当引脚悬空时，浮置电压为 4.1V；当引脚接高电平时，浮置电压为 4.2V，该浮置电压的准确度达 ±1%。通过在 NTC 热敏电阻温度高于 40℃时自动降低电池浮置电压，该器件的集成化电池热量查验器延长了电池的使用寿命并改善了可靠性。另外，LTC4071 还提供了通过 LBSEL 引脚来选择电池低电量的断接电平和通过 HBO 引脚来指示电池高电量状态输出。充电控制电路如图 9-48 所示。

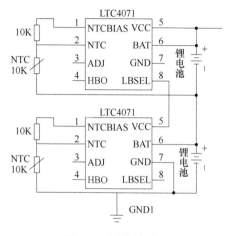

图 9-48　充电控制器电路

9.8.3 定时器电路

定时器电路的核心是 TPL5000 定时器芯片。TPL5000 是德州仪器推出能显著降低系统待机功耗的可编程系统定时器。支持看门狗定时器且流耗仅 30nA。此外，它还可替代微控制器（MCU）的内部定时器，系统大多数时间都处于睡眠或断电模式，但 MCU 内部定时器的功耗非常大。而 TPL5000 的流耗远远低于 MCU 定时器，可显著降低功耗，从而减少 60%~80% 的总功耗，延长这些系统的工作时间。TPL5000 可编程定时器通过 D0、D1、D3 引脚来选择定时器的延迟时间，可选定时延迟在 1~

64s。当 PGOOD 引脚为高电平时，定时器开始计时，定时时间到后，WAKE 引脚输出持续时间为 15ms 左右的高电平，高电平的值约等于 VCC 的值。因此，它能为测量数据变动缓慢的无线传感器节点间断供电，可进一步延长传感器等众多应用的电池使用寿命。定时器电路如图 9-49 所示。

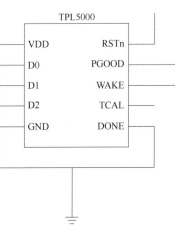

图 9-49　定时器电路

用激振器来产生振动，来激励压电能量收集器，然后将能量收集器接入到微弱能量收集电路中，以 MSP430F149 和 NRF24L01 为负载组合成无线传感器网络节点，进行无线传输的实际测试。测试电路的原理如图 9-50 所示，电压变换电路将能量收集器产生的电压进行变换，输出稳定直流电压给负载供电，如果能量收集器产生的电能多，则可以在给负载供电的同时给电池充电；如果收集的能量不够，则可以由电池来反向供电。定时器选择的定时间隔是 1s，每隔 1s，TCAL 端产生一个持续 15ms 的高电平，触发 MSP430F149，让它从低功耗状态进入正常的工作模式，无线传感器 NRF24L01 也从待机模式进入发射状态，然后把数据通过 NRF24L01 发送出去，另外一端用相同的传感器去接收所发送的

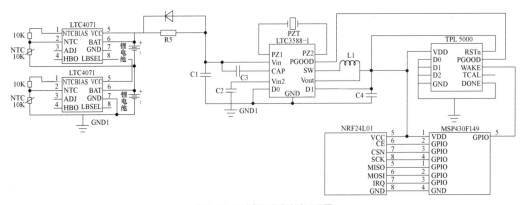

图 9-50　压电能量收集电路原理图

数据，无线发射传感器发射的距离为 10m 以上，整个发射的过程持续时间为 2ms。整个电路消耗的平均功率为 182μW 左右，如果在实际应用中，选择的时间间隔更长，那么电路所消耗的功率将更小。

9.9　小结

本章着重探究了印刷装备中振动能量的收集问题；探究了印刷装备非均匀运动形式、压电能量收集技术、压电能量收集方法、悬臂梁型压电能量收集机电耦合模型、能量收集装置的设计及能量收集电路的设计。主要在以下几个方面进行了深入研究：

①　对印刷装备总非均匀运动进行了分析研究，并总结了非均匀运动中能量耗散情况；针对能量收集方法进行了分析，初步建立印刷装备能量收集系统框架。

②　进行了印刷装备非均匀运动能量收集技术可行性分析，针对国内外研究机构和学者的研究成果，并结合印刷装备冗余运动形式，论证了对印刷装备非均匀运动的能量收集方法可行，技术可靠。

③　对压电能量收集技术进行深入研究，参考国内外研究现状提出了适用的能量收集方法，建立了悬臂梁型压电能量收集器动力学模型，并结合电学性能进行了机电耦合建模，通过对悬臂梁模型的动力学分析推导了分布参数的机电耦合模型，探讨了影响压电能量收集器输出性能的因素。

④　设计了悬臂梁型压电能量收集器，构建了压电能量收集器输出性能测试系统，并针对不同影响因素进行了大量实验研究，通过对悬臂梁型压电能量收集器的实验测试，得到了不同类型、不同末端下的压电能量收集器输出特性，为后续印刷装备中应用压电能量收集器奠定基础。

⑤　构建了基于输纸运动的悬臂梁型能量收集器，结合印刷装备中飞达部分工作方式，将压电能量收集器安装于输纸部分，并进行了测试研究，研究结果表明飞达部分非均匀运动（冗余）在正常工作状态下可进行能量收集，能量收集输出效果较好；最后设计了压电能量收集电路，用于将能量收集存储于电池中或无线传感节点。

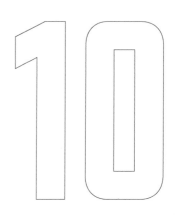

第10章

印刷机邻域VOCs监测方法及技术

MONITORING
METHODS AND TECHNOLOGIES
FOR VOCS IN THE NEIGHBORHOOD
OF PRINTING MACHINES

空气中的 VOCs 是造成雾霾的污染源之一，危害人体健康。VOCs 排放来源很多，印刷包装行业被列为大气污染治理重点行业之一。国外对包装印刷行业 VOCs 排放研究较早，日本采用均匀阵列布点方案监测了印刷过程中 VOCs 的排放规律，但监测过程中尚未考虑到气体受风力、温度等因素的影响，而实际印刷过程会产生热气流，检测结果不能完全体现 VOCs 扩散特征。国内关于印刷过程中 VOCs 排放的溯源研究较少，监测方法尚不完善。因此，研究印刷过程中 VOCs 监测方法，可为控制包装印刷行业 VOCs 排放提供有效途径，实现印刷绿色化。根据印刷过程温度场及气流场的变化，界定了印刷机邻域 VOCs 气体监测范围。通过建立气流扩散过程分子动力学模型，分析了气体在边界条件下扩散速度、浓度等参数变化特征。采用 Fluent（计算流体动力学）软件，模拟温度场、气流场等边界条件，对印刷机邻域 VOCs 气体扩散特征进行了仿真分析。结合印刷过程 VOCs 扩散机理及现场操作环境，确定非均匀阵列测点方案，使用便携式检测仪检测并分析 VOCs 扩散特征。结果表明，温度梯度对 VOCs 排放速度、浓度等特征参数的变化有较大的影响，理论分析与实验结果基本吻合。在理论研究的基础上，提出了印刷过程 VOCs 监测及排放控制方法，为包装印刷行业 VOCs 的治理提供依据。

10.1　印刷车间 VOCs 检测技术研究进展

印刷行业虽然未被列入大气污染联防联控的重点行业，但是被列为挥发性有机物排放的重点治理行业，主要因为挥发性有机化合物 VOCs 是形成雾霾主要原因之一。印刷行业 VOCs 主要组分为烷烃、烯烃、芳香烃、含氧有机物、卤代烃等，其中常见的如乙酸、苯、甲苯、二甲苯、甲乙酮、异丙醇、代烃、含氧烃、氮烃、硫烃、低沸点多环芳烃等。VOCs 排放约占印刷业有毒物质总排放量的 98%~99%。印刷包装行业 VOCs 主要排放环节包括印刷、烘干、复合及清洗环节。印刷过程中的温度场、压力场、气流场成为影响有机溶剂挥发和控制的关键因素。对印刷机邻域气体扩散及分布，国内外的学者、专家进行了初步研究。关于印刷 VOCs 研究主要集中在源头控制与末端治理，尚缺少对印刷工艺过程 VOCs 扩散特征的研究，气体扩散影响因素比较多，如温度、气流、气体密度、扩散模式等。考虑印刷机邻域温度场的变化，分析印刷过程 VOCs 扩散特征，提出一种适合于印刷过程中监测与控制 VOCs 的方法，为包装印刷行业 VOCs 的治理提供依据。

10.2　印刷机邻域 VOCs 扩散特性分析

10.2.1　印刷机邻域 VOCs 扩散方程

根据流体系统的质量守恒定律，印刷机邻域的 VOCs 扩散过程中，每种组分都遵守质量守恒定律。对于印刷车间的流体系统，组分质量守恒定律可表述为车间内某种气体组分质量对时间的变化率等于通过车间空间系统界面的净扩散流量与由反应产生的生成率之和，可表示为：

$$\frac{\partial(\rho m_1)}{\partial t}+div(\rho vm_1+J_1)=S_1 \qquad (10\text{-}1)$$

式中　$\dfrac{\partial(\rho m_1)}{\partial t}$——单位体积内组分 l 的质量变化率；

　　　div——散度；

　　　J_1——气体扩散流量密度，由 Fick 定律给出；

　　　S_1——单位体积内组分 l 的生成率；

　　　ρvm_1——组分 l 的对流流量密度。

根据气体雷诺数气体流动状态分为层流与湍流。分析室内气体多应用湍流模型。气体扩散领域应用最多的湍流模型是 k-ε 模型。k-ε 模型基于涡流黏滞度理论进行方程闭合，具有比较广泛的适用性，在气体扩散计算中能够得到较精确的结果。雷诺应力的涡黏性模型为：

$$\tau_{tij}=-\rho\overline{u}u_j=2\mu(S_{ij}-S_{nn}\delta_{ij}/3)-2\rho k\delta_{ij}/3 \qquad (10\text{-}2)$$

式中　τ_{tij}——雷诺应力；

　　　μ——涡黏性；

　　　S_{ij}——平均速度应变率张量；

　　　ρ——流体密度；

　　　$\overline{u}$——平均涡黏性；

　　　u_j——组分 j 的涡黏性；

　　　S_{nn}——组分 nn 的平均速度应变率张量；

　　　k——湍动能；

　　　δ_{ij}——克罗内克算子。

涡黏性定义为湍动能 k 和涡流耗散率 ε 的函数。

$$\mu_t=c_\mu f_\mu \rho k^2/\varepsilon \qquad (10\text{-}3)$$

湍流运动方程可表示成湍流能量输运方程和能量耗散输运方程

$$\frac{\partial \rho k}{\partial t}+\frac{\partial}{\partial x_j}\left[\rho u_j\frac{\partial k}{\partial x_j}-\left(\mu+\frac{\mu_\tau}{\sigma_k}\right)\frac{\partial k}{\partial x_j}\right]=\tau_{tij}S_{ij}-\rho\varepsilon+\phi_k \qquad (10\text{-}4)$$

$$\frac{\partial \rho\varepsilon}{\partial t}+\frac{\partial}{\partial x_j}\left[\rho u_j\varepsilon-\left(\mu+\frac{\mu_\tau}{\sigma_k}\right)\frac{\partial\varepsilon}{\partial x_j}\right]=c_{\varepsilon1}\frac{\varepsilon}{k}\tau_{tij}S_{ij}-c_{\varepsilon2}f_2\rho\frac{\varepsilon^2}{k}+\phi_\varepsilon \qquad (10\text{-}5)$$

其中右端项分别表示生成项、耗散项和壁面项。

10.2.2　印刷机邻域 VOCs 扩散浓度

根据著名的菲克扩散定律，在含有两种或两种以上的组分的流体内部，如果存在组分浓度梯度，则每一种组分都有向低浓度方向转移以减弱这种浓度不均匀的趋势。

在单位时间内通过垂直于扩散方向的单位截面积的扩散物质流量与该截面处的浓度梯度成正比，即：

$$J = -D\frac{\mathrm{d}\rho}{\mathrm{d}x} \tag{10-6}$$

式中　J——扩散通量；

$\quad\quad D$——扩散系数；

$\quad\quad \rho$——扩散物质的质量浓度；

$\quad\quad x$——扩散方向距离。

$\quad\quad$负号——通量的方向与浓度梯度方向相反。

由 $pV = mRT$ 及 $\rho = \dfrac{m}{V}$ 得 $\rho = \dfrac{m}{V} = \dfrac{p}{RT}$，代入式（10-6）可得：

$$J = -D\frac{\mathrm{d}\rho}{\mathrm{d}x} = -D\frac{\mathrm{d}}{\mathrm{d}x}\left(\frac{p}{RT}\right) = -\frac{D}{R}\left[\frac{1}{T}\frac{\partial p}{\partial x} + p\frac{\partial}{\partial x}\left(\frac{1}{T}\right)\right] \tag{10-7}$$

令 $u = \dfrac{1}{T}$，则 $\dfrac{\partial}{\partial x}\left(\dfrac{1}{T}\right) = \dfrac{\partial u}{\partial T}\cdot\dfrac{\partial T}{\partial x}$，而 $\dfrac{\partial u}{\partial T} = \dfrac{\partial}{\partial T}\left(\dfrac{1}{T}\right) = -\dfrac{1}{T^2}$

则

$$J = -\frac{D}{RT}\left(\frac{\partial p}{\partial x} - \frac{p}{T}\cdot\frac{\partial T}{\partial x}\right) \tag{10-8}$$

从式（10-8）可以看出印刷车间气体扩散状态与温度梯度及压力梯度有关。

10.3　印刷机邻域 VOCs 扩散特性仿真

采用 Fluent 软件，对印刷机领域的 VOCs 扩散特征进行仿真。

10.3.1　印刷车间三维模型建立

建立一个 22000mm×8000mm×6000mm 的印刷车间模型，如图 10-1 所示。印刷车间两侧设有排（进）风口，尺寸均为 1000mm×300mm，距离地面分别为 4000mm、400mm，门尺寸为 3000mm×2000mm。车间顶部的排（进）风口尺寸为 300mm×300mm。印刷车间内印刷机模型的尺寸为 10100mm×2200mm×2250mm。

内印刷车间气流因素复杂，通风情况尤为重要。模拟车间通风情况为低温送风空调系统，如图 10-2 所示。为了接近实际印刷机邻域气体扩散情况，分三部分给定印刷机邻域的参数，即印刷机组上方、印刷机组侧面及印刷色组。具体边界条件如表 10-1 所示。

表 10-1　　　　　　　　　　　　　边界条件

编号	名称	尺寸/mm	边界条件类型	具体数据
1	门	3000×2000	速度进口	2m/s
2	车间两侧排（进）风口	1000×300	速度进口	5.5m/s，5m/s
3	车间顶部排（进）风口	300×300	速度进口	6m/s
4	印刷机	10100×2200×2250	质量进口	160.5mg/（m²h），50℃

图 10-1 印刷车间模型

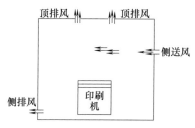

图 10-2 车间通风口位置示意图

10.3.2 印刷车间 VOCs 仿真分析

将印刷车间仿真模型导入 ICEM CFD（The Integrated Computer Engineering and Manufacturing code for Computational Fluid Dynamics，计算流体动力学前处理软件）前端处理器进行网格划分后，导入 Fluent 软件，设置边界条件，给定残差步，观察残差曲线变化，直到残差曲线收敛，得到印刷车间印刷机邻域气体的温度场云图、浓度场云图等。

在印刷机邻域温度场云图及质量分布云图上，分别在 $y = 2.5m$ 的位置以平行于 xoz 平面的截面截取云图，得到印刷机领域 VOCs 高度方向即纵向温度场梯度及质量分布云图，如图 10-3 所示。

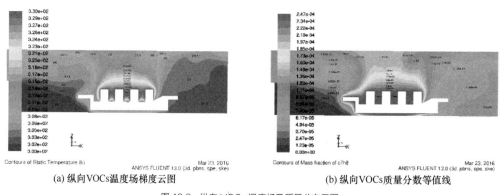

(a) 纵向VOCs温度场梯度云图　　　　　　(b) 纵向VOCs质量分数等值线

图 10-3 纵向 VOCs 温度场及质量分布云图

由图 10-3（a）可以看出，在印刷机领域的高度方向上，车间内温度出现分层，车间内顶部温度高于接近地面部分，印刷车间内温度偏低适中，印刷机周围温度相对高于车间内其他空间的温度。印刷机四个机组周围的温度达到最高。由图 10-3（b）可以看出，在高度方向上，除了印刷机周围，车间其他空间 VOCs 含量较少。印刷机周边 VOCs 浓度较高，印刷机组之间及收纸台上下 VOCs 浓度最高。车间内整体 VOCs 浓度分布出现分层，印刷机上方车间顶部 VOCs 浓度高于印刷机前后靠近门及两侧通风口处的空间。印刷机邻域远离印刷机的颜色分层逐渐变浅，表明印刷机周边 VOCs 浓度呈等值线形式分布，并随距离增加浓度降低。

在印刷机邻域温度场云图及质量分布云图上，分别在 $z = 1.5\text{m}$ 的位置以平行于 xoy 平面的截面截取云图，得到印刷机领域 VOCs 水平方向即横向温度场梯度及质量分布云图，如图 10-4 所示。

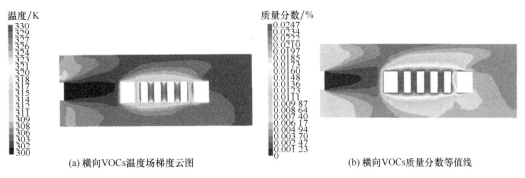

(a) 横向VOCs温度场梯度云图　　　　　　　(b) 横向VOCs质量分数等值线

图 10-4　横向 VOCs 温度场及质量分布云图

由图 10-4（a）可以看出，在印刷机邻域的水平方向上，机组之间的温度最高，水平方向上印刷机周边温度呈梯度形式向外扩散，随着距离的增加，颜色变浅，温度降低。靠近车间内四周墙壁的地方温度较低，尤其是有通风口的墙壁位置温度达到最低。由图 10-4（b）可以看出，车间内水平方向上，除了印刷机周边，整体 VOCs 含量较少。水平方向印刷机周边 VOCs 浓度较高，印刷机组之间 VOCs 浓度达到最高。车间内整体 VOCs 浓度分布出现分层，车间中部印刷机周围 VOCs 浓度高于靠近门及两侧通风口处。印刷机邻域颜色分层逐渐变浅，表明印刷机周边水平方向 VOCs 浓度呈等值线形式分布，并随距离增加浓度降低。

在速度场云图的 $x = -3\text{m}$ 位置以平行于 yoz 平面的截平面截取云图，得到速度场横截面图，如图 10-5 所示。从图 10-5 中可以看出气流流动情况，出现漩涡，VOCs 由车间顶部排风口和左侧墙上出风口排出，气流流动方式有助于 VOCs 排出。

印刷机邻域 VOCs 的扩散情况可以从图 10-6 所示的 VOCs 含量散点分布图中看出。图 10-6（a）表明，在印刷车间高度方向，随着扩散距离的增加，污染物浓度降低，到 5m 时趋于稳定，此时接近车间顶部排风口。从

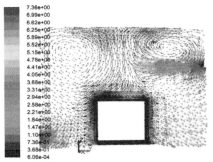

图 10-5　纵向 VOCs 速度场分布图

图 10-6（b）可以看出在车间水平方向四周 VOCs 的扩散情况。随着扩散距离的增加，VOCs 浓度降低，左右扩散 2m 后趋于稳定，此时接近两侧的排（进）风口。

由上述模拟结果得出印刷机周边气体扩散呈等值线梯度形式分布，随着距离增加，浓度减少。结合现场操场环境，工人适合作业情况及便于仪器布点监测，提出界

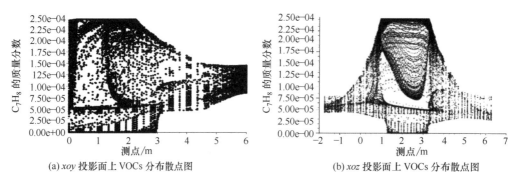

(a) *xoy* 投影面上 VOCs 分布散点图　　　　　(b) *xoz* 投影面上 VOCs 分布散点图

图 10-6　VOCs 分布散点图

定距离印刷机高 2m、横向 2m 左右范围内布点检测相对合理，同时根据各个截面污染物含量分布等值线图可看出，沿一直线方向上气体浓度是不均匀分布的，中间浓度值相对高于两侧气体浓度值，进行印刷机邻域 VOCs 监测试验时，可采用非均匀曲线阵列布点检测方案。

10.4　印刷机邻域 VOCs 扩散浓度实验分析

10.4.1　实验原理

采用 VOCs 检测仪对印刷机邻域选取的测点进行监测。便携式 PID（Photo Ionization Detection，光离子化检测）原理 VOCs 检测仪是基于 3G PID 平台的特种有机气体检测的手持式检测仪，其工作原理如图 10-7 所示，PID 传感器由紫外灯光源和离子室等主要部分构成，在离子室有正负电极，形成电场，有机挥发物分子进入检测仪，在高能紫外线光源激发下，产生负电子和正离子，使有机挥发物分子离子化。这些带点气体离子流过电极产生电流，经检测器放大和处理后输出电流信号，测量电流并转换为浓度值，最终检测到 10^{-6} 级的浓度。气体离子在检测仪的电极上被检测后，很快"复合"，流出仪器。PID 原理 VOCs 检测仪是一种非破坏性检测器，它不会"燃烧"或永久性改变待测气体分子，经过检测的气体仍可被收集，并做进一步的测定。

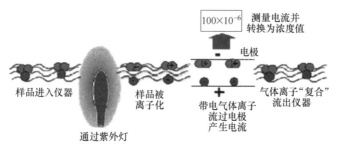

图 10-7　PID 原理 VOCs 检测仪工作原理

10.4.2　印刷机邻域测点分布方案

以某印刷车间里一台四色胶印机为测试对象，结合模拟分析结果得知印刷机邻域 2m 内为最佳检测范围。现场测点分布方案如图 10-8 所示。有三种测点分布方案，第一种测点分布方案为图 10-8（a）的定点测点分布，共有三个测点，色组上方 0.5m 处（A 点），操作处踏板上方（B 点）、收纸台前面（C 点）；第二种测点分布方案如图 10-8（b）所示，根据气体在印刷机周围的分布特征，采用非均匀阵列测点分布，在胶印机机组上方和操作侧沿曲线各分布 5 个测点；第三种测点分布方案如图 10-8（c）所示，根据印刷机工作时操作人员经常活动的区域，采用在印刷机组上方和操作侧沿直线各均匀分布 5 个测点，即均匀阵列分布测点的方案。

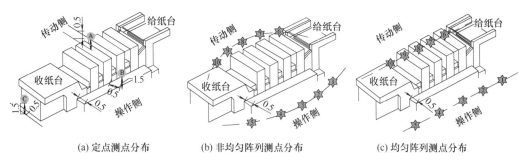

(a) 定点测点分布　　　(b) 非均匀阵列测点分布　　　(c) 均匀阵列测点分布

图 10-8　胶印机邻域 VOCs 测点分布方案图

10.4.3　印刷车间 VOCs 分布实验结果

车间温度为 25℃，湿度控制在 40%，打开排气扇，打开空调通风。VOCs 检测仪的气体种类选为胶印印刷过程排放 VOCs 的主要成分乙酸乙酯，对印刷机邻域的三种布点方案分别进行测试。

首先按照定点测点分布方案，分别测试印刷机邻域的 A、B、C 三点的气体，检测时间为 40min，得到检测时间内各测点 VOCs 浓度变化曲线，如图 10-9 所示。图中纵坐标为 VOCs 浓度（$\times 10^{-9}$），横坐标为时刻（min）。

图 10-9 表明，印刷机组上方气体浓度变化较大，是 VOCs 的主要扩散区域；印刷机组操作侧气体浓度变化较平缓，是 VOCs 扩散的第二个主要区域；收纸台前气体浓度变化较小，VOCs 扩散较少。

使用多台检测仪对方案二和方案三中的测点进行同时监测，每个测点的监测时间为 40min。对测试结果进行处理，非均匀阵列测点分布和均匀阵列测点分布两种布点方案的测试结果对比曲线如图 10-10 所示。图 10-10 中横坐标为测点位置，纵坐标为气体浓度值（$\times 10^{-9}$）。

从图 10-10 可以看出，印刷机操作侧 VOCs 排放浓度大于印刷机组上方，表明印刷机排放出的 VOCs 主要向四周和上方扩散，向四周扩散的浓度要大于向上方扩散。

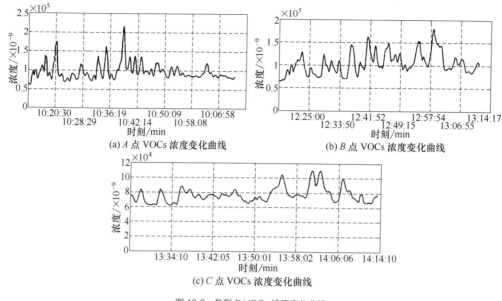

图 10-9　各测点 VOCs 浓度变化曲线

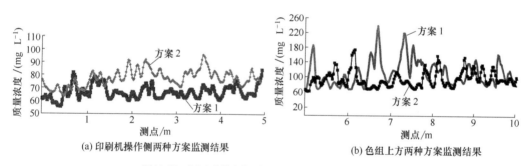

图 10-10　非均匀曲线布点和均匀直线布点方案测试结果对比

同时也可以看出，采用均匀阵列测点分布的方案，测得的中间测点 2、3、4 附近气体浓度值相对高于两侧测点 1、5 附近的气体浓度值，随着测点位置的改变，气体浓度变化比较明显；采用非均匀曲线阵列布点的监测方案，气体浓度随测点位置改变的变化缓慢，曲线比较平缓。表明印机邻域范围内气体分布呈波浪形梯度式分布，与仿真分析得出的印刷机邻域范围内气体扩散呈等值线梯度分布的结论相符。

10.5　小结

通过气体分子动力学理论分析印刷机邻域的气体扩散特征，表明印刷机邻域气体的扩散与气体的质量浓度梯度、温度梯度及压力梯度有关。借助 Fluent 流场仿真软件，模拟印刷车间气流场、温度场等边界条件下印刷机邻域气体扩散特征，表明印刷机邻域气体扩散呈等值线梯度式分布，并随距离改变温度、气体浓度发生变化，据此界定印刷机邻域 VOCs 的监测范围，提出在印刷机邻域范围内采取非均匀阵列布点的监测方法。结合印刷生产工艺，采用不同布点检查方案，使用多台仪器同时采集，进行现场测试实验。实验结果表明印刷机侧面及上方是 VOCs 扩散的主要区域，且印刷机侧面气体扩散浓度大于机器上方气体扩散浓度。印刷机非均匀阵列布点检测方案能够很好地体现印刷过程气体扩散情况，验证印刷机邻域气体浓度呈波浪式分布且气体扩散易受温度的影响。印刷过程 VOCs 监测及排放控制可以采用非均匀曲线布点的方法，确定合理的监测及控制位置，为包装印刷行业 VOCs 的治理提供依据。

第11章

基于ZigBee的印刷过程VOCs监测系统

VOCS MONITORING SYSTEM BASED
ON ZIGBEE FOR PRINTING PROCESS

为了能快速、有效、实时监测车间内气体浓度变化，搭建了无线网络监测系统。相比于传统气体监测系统需要电线与电缆作为基础传输介质进行数据采集存在的受限于测试环境，线路复杂，安装造价高，后期维护成本高等缺点，提出采用基于 ZigBee 技术的无线传感器网络气体监测系统。无线传感器网络（Wireless Sensor Network，WSN），由大量的低成本节点大范围部署而成，监测节点具有传感器感知能力、数据信息采集处理能力以及无线数据传输能力，由自组织形成网络拓扑结构，根据监测数据信息对气体源进行局部定位。ZigBee 技术是近年来快速发展起来的一种短距离无线传输技术，主要频段为全球通用的 2.4GHz，采用扩频技术，被行业内认为是最具优势的应用在工业检测、传感器网络、信息安全问题等领域的无线传输技术。依据 IEEE 802.15.4 标准、采用低功耗的无线个人局域网的标准协议，具有低传输速率、低功耗、低成本、短延时、传输可靠、网络容量大和自配置等显著的优点。能够实现印刷过程中复杂环境下长时间、无人值守、多点监测、多级警的 VOCs 实时监测。本章主要介绍气体监测系统的搭建，包括硬件与软件的实现。

11.1　印刷过程 VOCs 在线监测系统硬件

印刷过程 VOCs 在线监测系统主要包括终端节点、协调器、数据处理模块、计算机监控软件，所要搭建的监测系统平台如图 11-1 所示，图 11-2 为协调器、终端节点实物图。

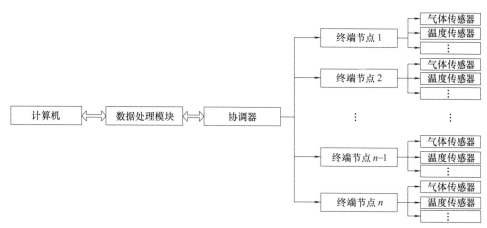

图 11-1　气体在线监测系统基本组成

（1）终端节点　负责目标气体数据信息采集，是 ZigBee 网络的感知与执行部分。本系统终端节点包括 VOCs 气体传感器及调理电路，通过 VOCs 气体传感器数据采集模块检测到气体浓度值，经过 A/D 转换，将检测数据通过协调器多跳路由传输到汇聚节点（sink node），最终将整个区域信息传送到监控主机软件。

核心板

LCD接口

Debug

FT232

I/O扩展接口

Key

LED

USB接口

图 11-2　协调器及终端节点实物图

（2）协调器　ZigBee 协调器支撑网络的链路结构，是整个网络的信息集合点和核心节点。它负责网络的构建、维护和管理，保持与维护网关及传感器节点的通信，配置其他节点的网络参数，接收终端节点的数据信息，具有路由器的数据包转发等所有功能。终端节点检测到气体信息，通过 ZigBee 网络传送给协调器，协调器将数据上传到监控主机。协调器主要负责新建和维护网络，配置监测节点的网络地址，控制监测节点的执行事件，无线接收监测节点的数据信息以及与监控主机软件进行通信。

（3）数据处理模块　主要作用包括将从协调器发回的底层数据进行信号处理转换与将处理过的信号发送给计算机或者液晶显示屏完成数据传输。

（4）监控主机软件　主要完成接收网关数据和发送指令。通过监控软件对气体分布状态进行实时监测。

11.1.1　协调器组成

协调器主要负责接收各终端节点数据，将数据传输给计算机，主要组成包括底板（采集板）和核心板（ZigBee 模块）。

（1）微处理器选型　核心板主要功能是进行数据的收发处理传输。主要器件为微控制器 CC2530F256，它是真正的系统级 SOC 芯片，还有负责收发的天线接口，晶振以及 I/O 扩展口。选择合适的芯片对整个系统起着至关重要的作用。

CC2530 芯片内含模块大致可以分为三类：CPU 和内存相关模块，外设、时钟和电源管理相关的模块以及射频相关的模块。CC2530 在单个芯片上整合了 8051 兼容微控制器、ZigBee 射频（RF）前端、内存和 Flash 存储器等，还包含串行接口（UART）、模/数转换器（ADC）、多个定时器（Timer）、AES128 安全协治理器、看门狗定时器（Watchdog Timer）、32kHz 晶振的休眠模式定时器、上电复位电路（Power On Reset）、掉电检测电路（Brown Out Detection）以及 21 个可编程 I/O 口等外设接口单元。图 11-3 为所选用核心板原理图。

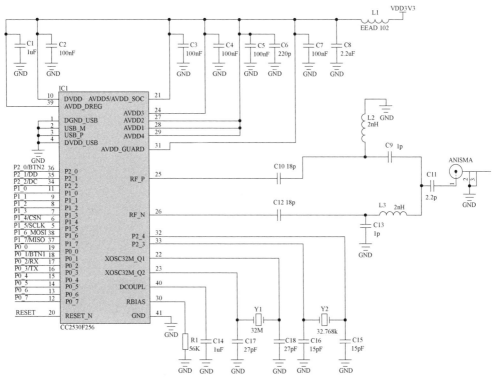

图 11-3　CC2530 核心板原理图

CC2530 的主要特点如下：

① 高性能、低功耗、带程序预取功能的 8051 微控制器内核。

② 2.4GHz IEEE 802.15.4 兼容 RF 收发器。

③ 良好的接收灵敏度和强大的抗干扰性。

④ 精确的数字接收信号强度（RSSI）指示/链路质量指示（LQI）支持。

⑤ 具有 8 路输入和可配置分辨率的 12 位 ADC。

（2）底板　底板（采集板）主要由电源模块、气体传感器模块接口、5V 模块接口、仿真器接口、ZigBee 无线模块接口、FT232 模块、串口收发指示灯等部分组成，图 11-4 为底板电路原理图。通过 USB 接口把仿真器与计算机连接起来仿真，完成仿真器与计算机通信。

ZigBee 仿真器用于无线单片机 CC2530 的程序下载、调试，程序的在线烧写（即对单片机中的 ROM 进行擦写），协议抓包分析等。气体传感器采集到数据经 ZigBee 无线模块 AD 转换治理后完成数据的收发。底板配有 FT232 串口模块，方便与计算机连接。

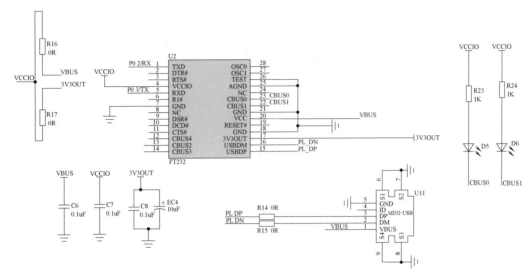

图 11-4 ZigBee 底板电路原理图

11.1.2 终端节点组成

终端节点用于数据采集与发送，主要组成包括核心板、底板、气体传感器模块。其中，底板和核心板与协调器组成基本相同，因此着重介绍气体传感器模块。

气体传感器属于数据采集模块，气体传感器的选型对整个系统有着关键作用。根据印刷过程 VOCs 的排放特征，气体传感器灵敏度高、体积小、成本低、寿命长很关键。印刷 VOCs 气体种类繁多，以甲苯为检测对象，选用 2M009 型甲苯气体传感器模块。

2M009 型甲苯气体传感器所使用的气敏材料是在清洁空气中电导率较低的二氧化锡（SnO_2）。当传感器所处环境中存在甲苯气体时，传感器的电导率随检测环境气体浓度的增加而增大。使用相应的转换电路将电导率的变化转换为与该气体浓度相对应的输出信号。2M009 传感器需要施加两个电压，V_c 回路电压，V_H 加热电压。V_c 作用是测量与 2M009 串联的电阻 R_L 两端的电压 V_{RL}，V_H 是提供一定工作温度。此外需要选用合适的串联电阻 R_L，测试电路如图 11-5 所示。

该模块气体传感器功能包括了负载调节旋钮、温度补偿、灵敏度调节电路，其特点有：模块带电平信号输出，模拟信号输出，电压范围：0~5V；输出低电平有效，可驱动 PNP 三极管，也可接单片机 I/O 口；具有长期的使用寿命和可靠的稳定性；预热后具有快速的响应恢复特性。表 11-1 为该传感器技术指标，图11-6 为该气体模块原理图。

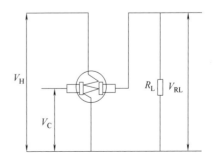

图 11-5 甲苯传感器测试电路图

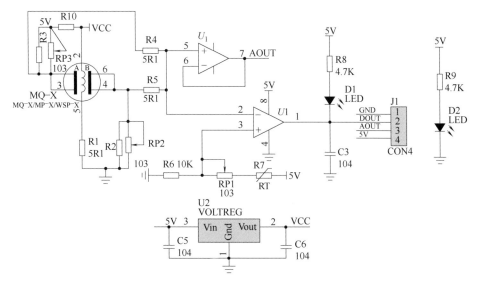

图 11-6　2M009 甲苯传感器模块原理图

表 11-1　　　　　　　　　　　　2M009 型传感器技术指标

产品型号	2M009	负载电阻	R_L	100Ω（可调）
检测原理	半导体	元件功耗	P_H	$\leqslant 0.8W$
标准封装	T0-5	灵敏度	S	$R_0($空气$)/R_S(100\times 10^{-6}C_6H_5CH_3)>5$
检测气体	甲苯气体	工作温度		$(-10)\sim50℃$（标称温度 $20℃$）
检测浓度	$1\times10^{-6}\sim500\times10^{-6}$	工作湿度		$95\%RH$（标称湿度 65%）
回路电压	V_c	DC$(5\sim24V)$	响应时间	$\leqslant10s$（预热 $3\sim5min$，理论预热时间 $48h$）
加热电压	V_H	$5\pm0.1V(AC/DC)$	恢复时间	$<30s$

注:RH 为相对湿度。

　　印刷过程车间内部温度比较高，连续作业时间较长，传感器内部电阻易受温度影响，因此为了减少这种影响，使用温度补偿方法，图 11-7 为气体传感器温度补偿电路。

11.1.3　数据处理模块

主要用于从协调器收集到的各个节点采集的底层数据，将其进行转换传送给计算机，并接收计算机的反馈信号。主要组成包括微处理器 STM32F103RET7、仿真器接口、数据收发指示灯、串口模块等。核心芯片 STM32F103RET7，高性能的 ARM® Cortex™-M3，32 位的 RISC 内核，工作频率为 72MHz，内置高速存储器（高达 512K 字节的闪存和 64K 字节的 SRAM），丰富的增强

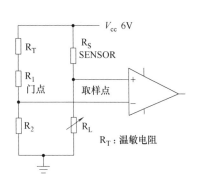

图 11-7　气体传感器温度补偿电路

I/O 端口和连接到两条 APB 总线的外设。包含 3 个 12 位的 ADC、4 个通用 16 位定时器和 2 个 PWM 定时器,多达 2 个 I2C 接口和 SPI 接口、3 个 USART 接口、一个 USB 接口和一个 CAN 接口等。图 11-8 为芯片 STM32F103RET7 引脚接线图。

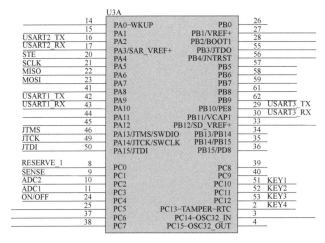

图 11-8 芯片 STM32F103RET7 引脚接线图

11.2 印刷过程 VOCs 在线监测系统软件

基于 ZigBee 技术的气体在线监测系统除了需要硬件之外,还需要软件的实现,编程开发软件借助于 IAR Embedded Workbench,协议栈使用的是 TI 公司的 Z-Stack-CC2530-2.4.0-1.4.0。本节主要介绍终端节点程序设计、协调器程序设计、通信协议等。

11.2.1 协调器程序

协调器节点在 ZigBee 网络中的作用:①负责管理维护网络以及配置其他节点的网络参数;②接收终端节点转发的数据信息,并将这些数据信息融合处理后通过串口传输给 PC 机监控软件。图 11-9 为协调器主要工作流程。

11.2.2 终端节点程序

终端节点主要负责数据的采集,并把采集的数据转换传输给协调器。本系统配置了 4 个终端节点,1 个协调器节点,终端节点都是 RFD,主要任务是目标气体数据信息的采集,并将数据包发送给协调器。其工作流程图如图 11-10 所示。

11.2.3 通信协议

通信协议分为查询与响应两部分。报文是网络中交换与传输的数据单元,即站点一次性要发送的数据块。报文包含了将要发送的完整的数据信息,其长短很不一致,长度不限且可变。响应报文中数据如果等于 0 表示操作失败,等于 1 则操作成功。数

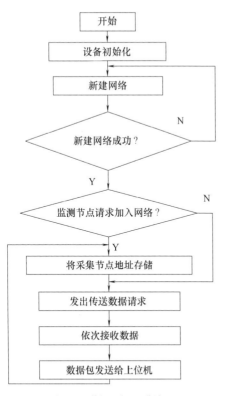

图 11-9　协调器主要工作流程

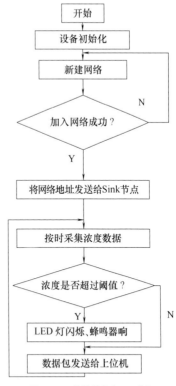

图 11-10　终端节点主要工作流程

据还可分高四位和低四位，高四位保存操作的标志，低四位保存原始数据。表 11-2~
表 11-5 为单个终端节点的查询、响应和控制。

表 11-2　　　　　　　　　　　　　查询单个终端节点

报文组成单元	开始	地址	功能码	校验码	结束
字节数	1 字节	2 字节	1 字节	1 字节	1 字节
描述	3A(:)	—	—	—	23#
缩写	SD	ADDR	FC	XOR	ED

表 11-3　　　　　　　　　　　　　单个终端节点响应

报文组成单元	开始	地址	功能码	数据	校验码	结束
字节数	1 字节	2 字节	1 字节	n 字节	1 字节	1 字节
描述	3A(:)	—	—	—	—	23#
缩写	SD	ADDR	FC	DA	XOR	ED

表 11-4　　　　　　　　　　　　　控制单个终端节点

报文组成单元	开始	地址	功能码	数据	校验码	结束
字节数	1 字节	2 字节	1 字节	n 字节	1 字节	1 字节
描述	3A(:)	—	—	—	—	23#
缩写	SD	ADDR	FC	DA	XOR	ED

表 11-5 　　　　　　　　　　　单个终端节点响应

报文组成单元	开始	地址	功能码	数据	校验码	结束
字节数	1字节	2字节	1字节	1字节	1字节	1字节
描述	3A(∶)	—	—	—	—	23#
缩写	SD	ADDR	FC	DA	XOR	ED

11.2.4 监控软件

借助 MATLAB 编程设计计算机（PC）监控软件，监控界面如图 11-11 所示。借助软件调试助手，借用仿真器下载程序到协调器及终端监测节点，通过串口线 RS232 与 PC 机相连，实现串行通信。打开 PC 监控软件，在监控软件的串口设置栏中选择相应的端口号和波特率，默认情况下是 COM1 和 9600，并设置气体浓度的两级报警值，分别为 $300×10^{-6}$ 和 $500×10^{-6}$。

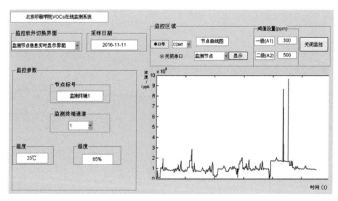

图 11-11 计算机监控软件界面

11.3 小结

提出了采用 ZigBee 技术进行气体监测，搭建了在线监测平台。主要介绍了 2M009 型甲苯气体传感器选型、ZigBee 核心板和底板以及 STM32 数据处理板的组成，最后采用 MATLAB 编程实现对印刷 VOCs 气体的在线监测。

12

印刷车间VOCs
分布及控制技术

DISTRIBUTION AND
CONTROL TECHNOLOGY
OF VOCS IN PRINTING WORKSHOP

印刷过程中产生的大部分 VOCs 集聚在车间内部，无法有效排出，使得车间环境恶劣。车间结构属于大型空间建筑，内部气流影响因素复杂，气体遇到障碍物运动轨迹发生改变，空间温度不均匀气体分布也随之变化。因此本章通过分析不同环境条件下印刷过程 VOCs 的扩散情况，提出可通过改善车间环境控制 VOCs 的排放。

12.1 印刷业 VOCs 控制技术

12.1.1 印刷原材料改进

印刷业 VOCs 来源主要是使用大量的有机型溶剂，如油墨、清洗剂、洗车水等，均含有大量的 VOCs。具体 VOCs 含量为，塑料里印刷油墨白色 65%、白色以外的油墨 70%，塑料表印油墨 60%，纸质凹版印刷油墨 60%，柔版印刷油墨 60%，丝网印刷油墨 45%，金属印刷油墨 45%，商业轮转印刷油墨 30%，单张纸印刷油墨 5%；胶黏剂 30%；涂布液 40%；润版液 20%；洗车水 17%。因此提出印刷材料绿色化，降低 VOCs 输入量。具体措施有：改用环保型油墨（水性油墨、植物性油墨、光固化油墨、电子束固化油墨、UV 无水胶印油墨），无醇润版液或者低醇含量润版液（异丙醇浓度<5%），环保型洗车水，免处理 CTP 板材，使用植物淀粉类型喷类、平装使用聚氨酯（PUR）型热熔胶，预涂膜采用水光基胶黏剂，水光基上光油等。

12.1.2 工艺改进

印刷工艺包括印刷、复合、涂布、上光及烘干等环节，从中也可产生大量的 VOCs，表 12-1 为包装印刷厂印刷工艺过程 VOCs 排放情况。

表 12-1　　　　　　　　　印刷工艺过程 VOCs 排放情况

印刷工艺过程	VOCs 排放情况
原材料存放	油墨、溶剂等的存放过程会释放出 VOCs
成像	显影剂、定色剂/定影剂的使用过程会释放 VOCs
制版	使用显影剂可能会释放出溶剂乙醇
印刷	1. 润版液的使用(胶印机使用酒精润版液系统,乙醇和异丙醇) 2. 油墨的使用 3. 加热烘干
印后加工	1. 胶黏剂的使用会释放 VOCs 2. 覆膜过程中使用了甲苯、香蕉水等 3. 油性上光材料使用的稀释剂主要是甲苯
清洁过程	清洁印版上的油墨、胶黏剂等过程所使用的有机溶剂
废弃物存放和处置过程	废弃油墨、弃置的容器的处置过程会挥发 VOCs

为了降低 VOCs 扩散，提出通过改进工艺方法来减少 VOCs 的产生。常采用的技术大体分为直接替代、间接替代及机械式替代的方式，具体如下：

① 原材料存放严格按照要求储存，建立统一物品存储区域，并及时密封保存，

减少 VOCs 挥发。

② 采用计算机直接制版（CTP）系统和数字化工艺流程软件；采用节省油墨软件，利用底色去除（UCR）工艺减少彩色油墨用量；制版与冲片清洗水通过过滤净化循环等。

③ 建立实施印刷油墨控制程序，集中配墨，定量发放；墨色预调和水/墨快速调节装置；中央供墨系统；静电喷粉器；喷粉收集装置；自动清洗橡皮布装置；减少清洗时间；无水印刷方式等。

④ 采用无溶剂复合工艺，预涂膜覆膜、水性覆膜等。

12.1.3　收集治理技术

在生产过程末端，针对产生的污染物开发并实施有效的治理技术，使污染气体有组织收集，并进行无害化治理。但由于印刷 VOCs 废气成分及性质的复杂性和单一治理技术的局限性，在大多数情况下，采用单一技术往往难以达到治理要求，且成本比较高。利用不同治理技术的优势，采用组合治理工艺不仅可以满足排放要求，还可以降低净化设备的运行费用。因此目前印刷业 VOCs 末端治理技术分为两大部分，回收技术与销毁技术，如图 12-1 所示。表 12-2 简要描述了目前常用的几种治理技术。

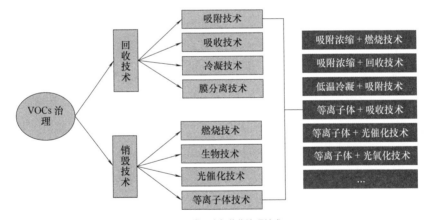

图 12-1　常用废气收集治理技术

表 12-2　　　　　　　　　　印刷业常用 VOCs 治理技术简介

处理方法	类型			
	原理	适宜净化的气体	净化效率	投资费用
吸附浓缩+催化燃烧法	结合了活性炭吸附法和催化燃烧法的优势达到节能、降耗、环保、经济等目的	中小风量、低浓度、不含尘、干燥的常温废气	可稳定保持在95%以上	中等投资费用
沸石吸附+蓄热式焚烧法	利用沸石内部孔隙结构发达，比表面积大，对各种有机物有高效吸附能力	超大风量低浓度常温气体	可稳定保持在95%以上	较高的投资费用

续表

处理方法	类型			
	原理	适宜净化的气体	净化效率	投资费用
活性炭吸附法	利用活性炭内部孔隙结构发达,比表面积较大,对各种有机物具有高效吸附能力	小风量、低浓度、不含尘、干燥的常温废气	初期净化效率可达90%,需要经常更换活性炭	低投资费用
直接燃烧法(或RTO)	利用有机物在高温条件下的可燃性将其通过化学氧化反应进行净化的方法	大风量中高浓度含量	可长期保持95%以上	较高的投资费用
等离子法	利用高压电极发射的等离子及电子,裂解和氧化有机物分子结构,生产无害化的物质	小风量、低浓度、不含尘、干燥的常温废气	正常运行情况下净化效率为40%左右	中高等投资费用
催化燃烧法(或RCO)	利用催化剂的催化作用来降低有机物的化学氧化反应的温度条件,从而达到节能、安全的目的	小风量中高浓度不含尘高温或常温气	可长期保持95%以上	中高等投资费用

12.2 车间环境对 VOCs 分布影响

通过采用以上所述方法,印刷业 VOCs 治理得到了一定的改善,但也存在一定问题。印刷业管理水平相差较大,有效的末端治理设施较少,且 VOCs 捕集效率较低,只有 20%~40%。印刷过程仍有大量的 VOCs 堆积在车间内部,无法有效排出,无法符合行业标准。而车间环境对污染气体的分布有很大的影响,提出可通过分析印刷环境进一步提高废气收集效率,减少 VOCs 的排放。主要从通风条件、车间结构以及车间照明三方面进行初步分析,采用计算机 CFD 数值模拟。

12.2.1 通风条件

车间内部气流方式主要有中央空调输入以及各送、回风口进行送风。风口的形式、尺寸、位置对内部气流分布有很大影响。送风参数包括风量、风速的大小和方向及风温、湿度、污染物等。常见的车间风口形式有百叶窗、旋流风口。百叶风口可以调节角度,可产生不同的射流,可以满足一般工业建筑要求,具有普遍适用性和经济性,所以模拟车间通风口采用百叶风口形式,车间下部采用自动调整型旋流风口。目前大型空间气流组织主要有分层空调形式、侧送侧回形式、上送下回形式以及多种形式综合使用。本节选用常见的分层空调通风方式。车间空间一般比较高大,容易产生上部和下部分层情况,采用这种中送、下上回方式,可以有效改善车间内部气流分布,即上部为非工作区,下部为工作区。表 12-3 为各工况输入条件。

表 12-3　　　　　　　　　　　　　　　各工况输入条件

工况	条件					
	送风口			出风口 1	出风口 2	出风口 3
	速度/（m/s）	角度/°	高度/m	速度/（m/s）	速度/（m/s）	速度/（m/s）
1	5	0	4	1.5	6	6
2	5	45	4	1.5	6	6
3	5	0	4	1.5	6	6
4	5	0	4	1.5	6	6

根据表 12-3 所示条件，采取两种不同的送风角度，在其他条件一样的情况下进行分析，模拟结果如图 12-2~图 12-5 所示。为便于观察，选取操作者经常出入位置，$x = 10\text{m}$ 及 $z = 2.5\text{m}$，进行分析。

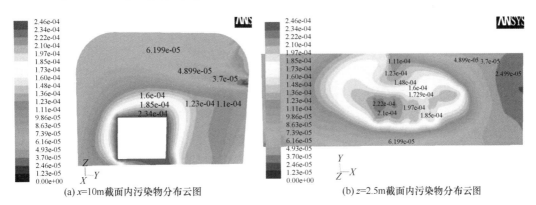

(a) $x=10\text{m}$ 截面内污染物分布云图　　　　　　(b) $z=2.5\text{m}$ 截面内污染物分布云图

图 12-2　工况 1 各个截面污染物分布云图

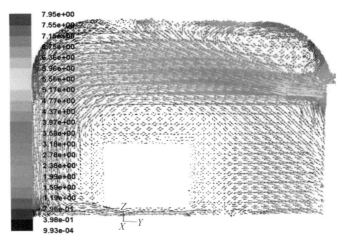

图 12-3　工况 1 车间内气流场分布云图

从图 12-2 与图 12-4 可以看出，通过改变送风角度，车间内污染物分布出现不同的变化。图 12-2 中，正常送风情况下，气体分布主要集中在印刷机周围，并且向两

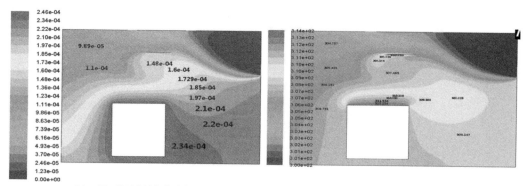

(a) x=10m截面内污染物分布云图　　　　　　(b) z=2.5m截面内污染物分布云图

图12-4　工况2各个截面污染物分布云图

侧扩散，集中于人员活动范围内，严重影响工作区域环境，不利于污染物排放。图 12-4改变送风角度为45°，通过图 12-4（a），$x=10m$ 截面云图看出，污染气体集中分布在车间上部，大大减少了印刷机周围的污染气体分布，降低了工作区域气体浓度。观察图 12-4（b），$z=2.5m$ 截面上车间污染气体分布云图，出现最大浓度 2.34e-04，高于图 12-2（b）最大浓度 2.2e-04，但图 12-4（b）车间内污染气体分布范围大大缩小，车间内整体处于蓝色区域，VOCs 分布量减少。

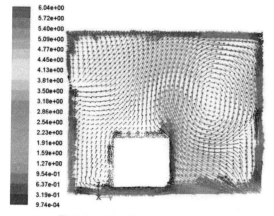

图12-5　工况2车间内速度场分布云图

图12-3与图12-5为两种工况下车间内气流分布情况，图中均出现了漩涡。图 12-5工况2情况下明显出现一个比较大的漩涡，可有效将工作区域里印刷机周围的气体带到上部非工作区域；而图12-3中只在印刷机上部出现一个比较小的漩涡，不利于气体的流动。

因此，通过以上分析得出，改变送风角度有利于改善车间的通风环境，使得车间内污染气体聚集到车间非工作区的某一位置，再采用相应的末端处理技术，有利于提高收集装置的集气效率，从而控制 VOCs 的排放。本文模拟条件下送风角度为45°时有利于集中处理污染物，提高集气装置的收集效率。

12.2.2　车间结构

一般车间的顶部结构为直角形，有些车间顶部设计成不规则形状，根据分子扩散特征，理论上直角处会产生气体堆积，使得车间顶部气体无法排出。本书提出将车间

顶部设置成半径 $r=1.8m$ 的弧面连接。模拟条件同工况 1，具体通风条件见表 12-3 工况 3。图 12-6 为模拟分析结果。

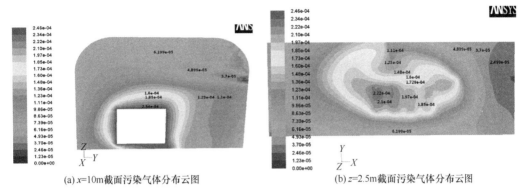

(a) $x=10m$ 截面污染气体分布云图　　　　(b) $z=2.5m$ 截面污染气体分布云图

图 12-6　工况 3 各截面污染气体分布云图

由图 12-6（a）看出，VOCs 气体主要集中在印刷机周围，相对于工况 1 条件下，污染气体最低浓度更低，且印刷机操作侧污染气体扩散范围减小，改善了工作区域环境质量。图 12-6（b）中最高气体浓度区域小于工况 1 条件下，降低了车间内的最大浓度区域。

从图 12-7 车间内气流分布图中可以看出，除了与工况 1 相同情况下印刷机上部出现的漩涡外，在弧面区域也形成了一漩涡，该区域漩涡有利于将车间顶部的污染气体排出去。

因此，相比于普通车间，采用不规则车间建筑，气流会在工作区域及非工作区域产生漩涡，减少工作区域污染气体分布，并有利于将非工作区域的污染气体有效排出。

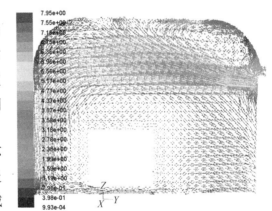

图 12-7　工况 3 车间内气流分布云图

12.2.3　照明情况

印刷车间需要一定的亮度，所以一般需要安装照明灯。由于车间的空间比较大，以及考虑到印刷作业的特点，车间内的照明灯需长时间开启。这期间照明灯会产生大量的热量，空间内温度不均匀，形成温度梯度，影响污染气体的分布。实际工厂使用的照明等形状有圆盘形、长管形状等。以长管形状照明灯为例，仅用于考虑在温度梯度下污染气体的分布情况，具体模拟条件见表 12-3，结果见图 12-8。

图 12-8（a）为车间内污染气体分布云图，与图 12-2（a）工况 1 条件下对比，考虑到在车间内照明灯产生的温度梯度下，车间内污染气体量增加，大量气体集中于

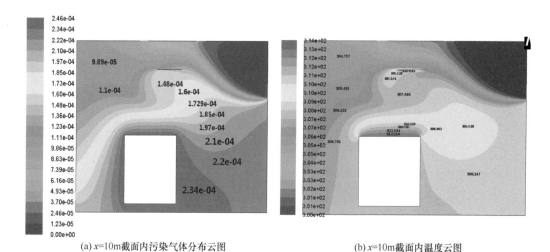

(a) x=10m截面内污染气体分布云图   (b) x=10m截面内温度云图

图 12-8 工况 4 车间污染气体分布云图

车间内部，无法有效排出。图 12-8（b）为车间内温度分布云图，空间温度分布不均匀，照明灯周围出现温度场，照明灯以下的区域温度比较高。而气体也大部分集中于印刷机周围及照明灯左右。

图 12-9 为车间气流分布云图，工作区域气流没有出现漩涡，不利于污染气体流动。非工作区域出现两个小漩涡。对比于工况 1 可看出，图 12-9 中照明灯下方出现一小漩涡，由于照明灯附近会产生温

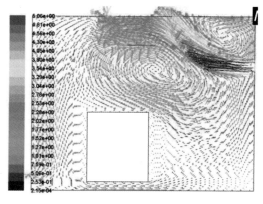

图 12-9 工况 4 车间气流场分布云图

度影响，两者的作用使得气体往空间下部扩散，从而使得气体集中分布于工作区域。

因此，车间内长时间开启照明设备，会产生温度梯度，温度场的作用下不利于气流运动，使得无法有效收集污染气体。

12.3 小结

首先对目前印刷业 VOCs 研究现状进行了概述，在此基础上提出可通过改善车间环境控制 VOCs 的排放。分析得出改变通风角度有利于气流分布，工作区域会产生漩涡使得污染气体集中于非工作区域某一处，提高了集气装置的收集效率；车间顶部设置成不规则形状，有利于使得非工作区气流流动，提高了集气装置的收集效率；车间温度一部分来自车间照明装置，气体流动易受温度影响，温度梯度下不利于气体的流动，使得气体集聚在车间工作区域，不利于废气的收集。

13

第13章

包装印刷智能工厂效能评价体系

EFFICIENCY EVALUATION
SYSTEM FOR PACKAGING
AND PRINTING INTELLIGENT FACTORY

包装印刷智能工厂的效能评价是在印刷智能工厂和绿色化推进与建设过程中的重要推手。国内对于包装印刷智能工厂的建设都在传统印刷工厂与印刷设备的基础上推进，而在印刷装备专用性、印刷设备存在大量信息孤岛、数据孤岛的情况下，在传统工厂基础上推进智能工厂建设就需要进行严格的论证。效能评价是评价一个企业或者工厂的重要指标，准确计算效能尤为重要。

13.1 效能与效能评价的内涵

效能一般是指定设备或者系统在一定时间内从事活动所获得的预期收益或者结果。效能可以用来表示该设备或者系统在这段时间从事该活动的意义和价值，也可以代表设备和系统完成某项指定任务的能力大小。而效能评价是对一个过程的评价，对于效能评价的解释，人们通常理解为某个研究对象在规定的条件下和规定时间内完成一项特定的任务所达到的程度指标。

13.1.1 效能定义

现如今，在不同的行业，对于效能的定义有自己行业的内部定义。美国航空无线电研究公司给出的效能含义是：在规定条件下使用系统时，系统在规定时间内满足作战要求的概率。A. H. Levis 等人在评估 C3I（Communication, Command, Control and Intelligence systems，通信、指挥、控制、智能系统，又称指挥自动化技术系统）的效能时给出的效能含义是：系统与使命的匹配程度。在军事领域，效能又有不同的定义，美国工业界武器效能咨询委员会的定义是：系统效能是预期一个系统满足一组特定任务要求的程度的度量。国外研究中的效能意指"事物所蕴藏的有利作用"，而英文"effectiveness"为"有效性或有效度"等。在我国，系统效能是指系统在一定的条件下、一定的时间内满足一组特定任务达到的程度。

在某种意义上说，效能是效率、效果、效益的综合体现。效能也不同于绩效，绩效是对目标达成程度的评价，是结果、收益，是投入了要素之后的产出，付出了成本之后的收益，而效能不仅限于结果，还包括系统实现结果过程中的效率和系统目标实现的能力。

综上所述，对效能定义为：在一个系统中，效能是系统达到目标的程度、过程中的效率和系统达到目标的能力的有机结合，是效率、效果、效益的综合体现。

13.1.2 效能评价的定义

效能评价是对系统达成目标过程的综合性判定，以确定其行为结果的合法性、合规性、合理性和时效性。对照工作目标或效能标准，采用科学方法，对某种事物或系统执行某一项任务结果或者进程的质量好坏、作用大小、自身状态等效率指标的量化计算或结论性评价。

在系统达成目标的过程中，"效"是指效率和效果，"能"是指功能、职责、能力。效能主要是指办事的效率、效果和工作的职责能力。效能评价指对某种事物或系统执行某一项任务结果或者进程的质量好坏、作用大小、自身状态等效率指标的量化计算或结论性评价。

总之，效能评价就是对系统达成目标的能力、效率和效益，或在实施活动中发挥作用的有效程度的评析。根据影响系统效能的主要因素，收集这些因素定性或者定量的信息，在此基础上确定分析目标，建立综合反映系统达到目标的能力、效率、效果综合体现的测度算法，最终给出定性与定量综合集成的评价结论。

13.2　包装印刷智能工厂效能评价体系和数字模型建立

效能是系统在规定的条件下达到目标的能力、效率、程度的综合体现。其中，规定的条件指的是系统工作所需要的资源，对于包装印刷智能工厂来说，所需的资源包括人、物料、设备、技术、能源以及时间等；而需要达到的目标则是指高效、高质量、绿色化地生产出符合国家标准的包装印刷产品。所以对包装印刷智能工厂进行效能评价的含义则为投入必要生产要素后能够高效、绿色化生产出高质量包装印刷产品的能力。

13.2.1　智能工厂效能评价指标

绩效是对目标达成程度的评价，是结果、收益，是投入了要素之后的产出，付出了成本之后的收益，而效能不仅限于结果，还包括系统实现结果过程中的效率和系统目标实现的能力。所以对于包装印刷智能工厂的效能指标，既要体现作为工厂生产的核心的效益，又要体现生产过程效率，还要体现生产的效果。因此，对于包装印刷智能工厂效能评价提出了四个一级评价指标，分别为绩效、效率、产品质量以及绿色化，效能指标表达式为：

$$E = \omega \cdot [A_c, E_f, Q, E_c]^T = \omega_1 A_c + \omega_2 E_f + \omega_3 Q + \omega_4 E_c \tag{13-1}$$

式中　　　　E——效能；

　　　　　A_c——绩效指标；

　　　　　E_f——效率指标；

　　　　　Q——产品质量指标；

　　　　　E_c——绿色化指标；

ω_1，ω_2，ω_3，ω_4——绩效指标、效率指标、质量指标、绿色化指标权重。

① 绩效是系统达成目标之后的目标收益，是投入了要素之后的产出，付出了成

本之后的收益。所以智能工厂绩效指标可用生产的产品价值与生产所需投入之间的比例来表示，其公式为：

$$A_c = \frac{P}{I_n} \tag{13-2}$$

式中　A_c——绩效指标；

　　　P——在一定时间内生产的合格产品的产品价值；

　　　I_n——生产所投入的生产要素。

② 效率指标体现包装印刷智能工厂的生产效率，对应在效能的定义中的"效"。效率指标所对应的二级评价指标为价值运转时间、工作时间、工作速率以及同级工厂均速。

③ 质量指标是系统工作能力的重要体现之一，质量指标体现效能定义中的"能"，即系统完成任务的效果、能力。质量指标体现包装印刷智能工厂生产的产品品质。质量指标所对应的二级指标为产品合格率和合格产品各项检测项指标达成度。其中，检测项目指标达成度含义为产品检测项目指标参数超出国家标准的程度。

④ 绿色化指标体现包装印刷智能工厂生产过程的绿色化程度，其对应的二级指标为 VOCs 排放、碳排放、物料再利用率、废料处理率、绿色化印刷技术采用率。其中，绿色化印刷技术采用率所指绿色化印刷技术为生产所对应合理绿色化印刷技术，合理则是指技术成本在可利用范围之内且该工厂所需要的技术。

13.2.2　效能评价指标参数计算

前文中提到，包装印刷智能工厂效能是通过绩效、效率、质量与绿色化四个指标进行评价，通过对四个一级评价指标的有机结合，综合体现智能工厂生产的效果、效益和效率。

（1）绩效　工厂的实质是通过消耗一定的要素将原材料生产为人类所需要的产品，绩效指标就是工厂运转的本质最直接的体现。一个企业在做出决策之前会考虑八大要素。这十大要素分别为劳动力、土地、设备、物料、能源、资金供给、制度成本、产业链和物流成本、高级智力资源和税收，这十大要素也就是企业运转所需要的成本。相对于企业来说，工厂在正常运转时不存在资金供给、制度成本、产业链和物流成本、高级智力资源和税收等要素，其成本就只有劳动力、土地、设备、物料和能源五项成本。所以工厂绩效表达式可写为：

$$A_c = \frac{P}{H_r + S_p + E_q + M_a + E_n} \tag{13-3}$$

式中　A_c——绩效指标；

　　　P——在一定时间内生产的合格产品的产品价值；

　　　H_r——劳动力资源；

S_p——空间资源；

E_q——设备资源；

M_a——物料资源；

E_n——能源。

对于包装印刷智能工厂来说，劳动力资源对应智能工厂操作人员；空间资源对应智能工厂厂房；设备资源对应印前设备、印刷设备、印后设备、智能物流设备、智能仓储设备、其他辅助设备等设备损耗以及在生产该批产品的故障维修和保养维修；物料资源对应承印物、油墨、印版、印刷用水等；能源对应工厂电能、燃气消耗；包装印刷智能工厂的产品则只有印刷品。所以式（13-3）对应的指标量化如表 13-1 所示。

表 13-1　　　　　　　　　　　　　绩效指标对应参数表

绩效指标	印刷智能工厂对应指标	数据参数
劳动力（H_r）	工厂操作人员	操作人员的工资、奖金、福利等费用
空间资源（S_p）	智能工厂厂房	厂房租赁费或厂房折旧费
设备资源（E_q）	印前设备、印刷设备、印后设备、智能物流设备、智能仓储设备、其他辅助设备等	设备的固定资产折旧费、故障维修费、预保养费
物料资源（M_a）	印刷用纸、油墨、印版、印刷用水等	物料消耗费用
能源（E_n）	工厂电耗	电耗费用
产品（P）	合格印刷品	合格印刷品价值

（2）效率　在效能的定义中，"效"对应于效率、效果。效率指标体现包装印刷智能的工作效率，其计算方式为：

$$E_f = \frac{T_{价值运转}}{T_{工作}} \times \frac{v_{生产}}{v_{均}}$$

（13-4）

式中　E_f——效率指标；

$T_{价值运转}$——包装印刷智能工厂生产线价值运转时间；

$T_{工作}$——生产线工作时间，工作时间包括价值运转时间、空转时间、故障时间、低速运转折合额定常用生产速度时间；

$v_{生产}$——生产线常用生产速度；

$v_{均}$——国内同规格生产线平均生产速度。

（3）质量　质量指标对应的二级评价指标为产品合格率、合格产品各项质量检测项指标达成度。其中产品合格率为合格产品数量与生产产品总量的比值，其计算公式为：

$$\gamma = \frac{M_{合格}}{M_{总}}$$

（13-5）

式中　γ——产品合格率；

$M_{合格}$——该批产品合格品量；

$M_\text{总}$——该批产品生产总量。

合格产品某项检测项指标达成度是指该产品的该项质量检测项指标参数超过国家标准的程度。因此，通过检测随机抽样的 M 件的合格产品样本，第 m 个样品的第 n 项质量检测项达成度的计算公式为：

$$Q_{mn} = \frac{|Q_{mn0} - Q_{n0}|}{Q_{n0}} \tag{13-6}$$

式中　Q_{mn}——第 m 个样品的第 n 项质量检测项达成度；

　　　Q_{n0}——第 n 项质量检测项国家标准；

　　　Q_{mn0}——第 m 个样品的第 n 项质量检测项参数。

该批产品第 n 项质量检测项达成度为所有样品第 n 项质量检测项达成度的平均值，其计算公式为：

$$Q_n = \frac{\sum_1^M Q_{mn}}{M} \tag{13-7}$$

式中　Q_n——该批产品第 n 项质量检测项达成度；

　　　m——第 m 个样品；

　　　M——共有 M 个样品；

　　　n——第 n 项质量检测项，共有 N 项质量检测项；

　　　Q_{mn}——第 m 个样品的第 n 项质量检测项达成度。

将式（13-6）代入式（13-7），将得到：

$$Q_n = \frac{\sum_1^M \frac{|Q_{mn0} - Q_{n0}|}{Q_{n0}}}{M} \tag{13-8}$$

则质量指标 Q 为：

$$\begin{aligned} Q &= \gamma(\alpha_1 \cdot [Q_1, Q_2, \cdots, Q_n, \cdots, Q_N]^T) \\ &= \gamma \cdot (\alpha_{11} Q_1, \alpha_{12} Q_2, \cdots \alpha_{1n} Q_n, \cdots \alpha_{1N} Q_N]^T) \end{aligned} \tag{13-9}$$

在印刷品质量检测中，并不是所有质量检验项标准都是定量描述的，在产品质量检验项目中还存在许多定性描述的，如表 13-2 中成品裁切中的两项技术指标标准要求为光滑、完整，如何合理地量化定性指标就成了效能评价质量指标的关键问题［注：表 13-2 内容来自 GB/T 34053.4—2017《纸质印刷产品印制质量检验规范　第 4 部分：中小学教科书》，该标准规定了中小学教科书产品质量检验判定所涉及的术语和定义、产品质量要求、检验方法和判定规则，规定了中小学课本外观质量检验项目技术要求及不合格分类］。

在工厂产品质量评价的过程中，定性指标一般采用专家经验转化为定量指标，通过专家经验评价等级对某一指标进行量化，等级分为 S、A、B、C、D、E、F、G、H

九个等级，分别对应于 1、0.8、0.6、0.5、0.4、0.3、0.2、0.1、0 九个指标参数，S 表示产品几乎没有误差，H 表示产品恰好符合国家标准。

表 13-2　　　　中小学课本外观质量检验项目技术要求及不合格分类

检验项目		技术要求	不合格分类	
			A 类	B 类
成品尺寸偏差/mm		±1.5	<-3.0 或>3.0	[-3.0,-1.5)或(1.5,3.0]
成品歪斜误差/mm		≤1.5	≥3.0	(1.5,3.0)
岗线高度/mm		≤1.0	—	>1.0
书背字平移、歪斜偏差	书背宽度	书背文字中心线对书背中心线平移允差	当书背字设计符合技术要求，书背字进入封1或封4	书背文字中心线对书背中心线平移允差
	≤10	≤1.0		>1.0
	10~20	≤2.0		>2.0
	>20	≤2.5		>2.5
成品裁切		光滑	—	严重刀花
		完整	有效图文被裁切	有连刀页/破头长度>5mm
整体外观		干净、平整	—	有划痕、脏迹、小页、皱褶、折角
		书背方正、平实	—	有空泡、皱褶、明显圆背、破头
		钉脚平整、牢固	有坏钉、漏钉、重钉、掉页	—

注：(1) 表中"—"表示无此类不合格；
(2) [a,b)表示≥a 且<b；(a,b]表示>a 且≤b；[a,b]表示≥a 且≤b；(a,b)表示>a 且<b。

（4）绿色化　绿色化生产是全国各行各业发展的重要方向之一。作为工厂效能评价重要指标之一，绿色化生产还是衡量一个企业是否能够可持续发展的重要指标。对于包装印刷智能工厂来说，绿色印刷是指对生态环境影响小、污染少、节约资源和能源的印刷方式。绿色化生产包括 VOCs 排放、碳排放、废物（废版、废墨、废水）的处理与排放、物料再利用、绿色化印刷技术采用率等五大关键问题的处理。

① VOCs 排放指标　VOCs 排放指标参数的计算方式为厂区内 VOCs 浓度值与国家标准浓度限值的差与国家标准浓度限值之间的比值，其计算公式为：

$$V = \frac{|V_0 - V_R|}{V_0} \tag{13-10}$$

式中　V——VOCs 排放指标参数；

　　V_R——厂区 VOCs 浓度值；

　　V_0——国家标准 VOCs 限值。

② 碳排放　碳排放主要来源于工厂能源消耗，碳排放与主要能耗方式之间的换算比例如表 13-3 所示。碳排放指标参数计算方式为工厂碳排放量和国家工业碳排放标准差值与国家工业碳排放标准之间的比值，工厂碳排放量通过工厂所消耗的能源进行换算得出。

$$C = \frac{|C_0 - C_R|}{C_0} \tag{13-11}$$

式中　C——碳排放指标参数;

　　　C_R——碳排放总量;

　　　C_0——政府配额排放量。

表 13-3　　　　　　　　　　　能源碳排放系数

能源种类	碳排放量	能源种类	碳排放量	能源种类	碳排放量
电能	0.997kg/度	汽油	0.818kg/kg	燃料油	0.882kg/kg
原煤	0.539kg/kg	煤油	0.844kg/kg	液化石油气	0.863kg/kg
原油	0.836kg/kg	柴油	0.861kg/kg	天然气	0.595kg/kg

③ 物料再利用率　物料再利用率是保证工厂绿色生产的重要指标,其计算公式为废物回收量与废物总量的比值,表达式如下:

$$R_r = \frac{M_{a回收}}{M_{a废物}} \tag{13-12}$$

式中　R_r——物料再利用率;

　　　$M_{a废物}$——生产过程产生的废物总量;

　　　$M_{a回收}$——废物回收量。

④ 废料处理率　废料处理率指经处理的废料占全部废料的比重。

$$R_e = \frac{M_{t处理}}{M_{t总}} \tag{13-13}$$

式中　R_e——废料处理率;

　　　$M_{t处理}$——已处理废物量;

　　　$M_{t总}$——废物总量。

⑤ 绿色化印刷技术采用率　近年来,绿色化印刷技术的发展为绿色化印刷提供了很大的助力。因此,绿色化印刷技术的覆盖率直接影响印刷智能工厂的绿色化生产程度,是绿色生产的重要指标。其计算方式为绿色化印刷技术使用量与现存合理的绿色化技术总量(合理是指成本在可利用范围之内该工厂需要的技术)的比值:

$$E_c = \frac{N_u}{N_a} \tag{13-14}$$

式中　E_c——绿色化印刷技术采用率;

　　　N_u——绿色化印刷技术使用量;

　　　N_a——现存合理的绿色化技术总量。

13.2.3　指标权重计算与效能评价

在包装印刷智能工厂评价体系中,一级指标质量指标和绿色化指标对应的二级指标权重向量采用主观赋值法生成,依据专家打分结果进行计算。多名专家依据指标重要性对质量指标和绿色化指标所对应的二级指标进行 1~5 打分，二级指标权重 $a_{in} = A_{in}/A_{i总}$，这里 A_{in} 为第 i 项一级指标所对应第 n 项二级指标得分总和，$A_{i总}$ 为第 i 项一级指标对应所有二级指标得分总和。以绿色化指标所对应二级评价指标权重向量计算为例，评分结果如表 13-4 所示。

表 13-4　　　　　　　　　绿色化指标对应二级指标权重得分表

指标/编号	1	2	3	4	5	6	合计	权重
VOCs 排放	4	3	4	5	3	4	23	0.2396
碳排放	3	3	3	2	3	3	17	0.1771
物料再利用率	3	3	3	3	4	3	19	0.1979
废料处理	4	5	4	4	5	4	26	0.2708
绿色化印刷技术采用率	2	2	2	1	2	2	11	0.1146

依据表 13-4 数据，计算可得绿色化指标对应二级指标权重向量

$$\alpha_2 = [0.2396, 0.1771, 0.1979, 0.2708, 0.1146]$$

一级评级指标权重向量采用层次分析法，按照 1—9 标度法构造判断矩阵 A，对矩阵 A 进行一致性检验，检验通过后，其最大特征根对应的特征向量即为所需权重向量，再对其进行归一化处理即可。层次分析法中较多使用 1—9 标度，通过对两两因素进行比较获得相对重要程度的关系（重要程度也可解释为偏好、可能性等），这种重要程度用数字 1—9 表示为相互间的倍数。

$$A = \begin{bmatrix} 1 & 5 & 5 & 3 \\ 1/5 & 1 & 1/3 & 1/3 \\ 1/5 & 3 & 1 & 1/3 \\ 1/3 & 3 & 1 & 1 \end{bmatrix}$$

计算得到特征向量 $\omega = [2.264, 0.403, 0.528, 0.825]$，归一化得到权重向量 $\omega = [0.5661, 0.1007, 0.1319, 0.2012]$ 最大特征值 $\lambda_{max} = 4.116$。

进一步地，如上所述利用下两式进行一致性检验。

$$CI = \frac{\lambda_{max} - n}{n - 1}$$

$$CR = \frac{CI}{RI} \tag{13-15}$$

式中　λ_{max}——矩阵 A 的最大特征值；

　　　n——判断矩阵阶数；

　　　CI——平均随机一致性指标；

　　　CI——一致性比率；

　　　RI——随机一致性指标，与判断矩阵的阶数有关。

一般情况下，矩阵阶数越大，则出现偏离的程度越大（随机一致性指标的值需

要通过查表获得）。

经过计算得出结果如表 13-5 所示。

表 13-5　　　　　　　　　　　　　层次分析结果

最大特征值根	CI 值	RI 值	CR 值	一致性检验结果
4.116	0.039	0.890	0.043	通过

通过以上结果就可计算包装印刷智能工厂效能 E 为：

$$E = \omega \cdot X = 0.5551A_c + 0.1007E_f + 0.1319Q + 0.2012E_c \qquad (13\text{-}16)$$

13.3　包装印刷智能工厂效能评价体系应用

以湖北某包装印刷企业为案例，应用所建立的评价指标体系对包装印刷工厂生产效能进行研究分析，得出效能评价结果。

13.3.1　典型包装印刷智能工厂资源配置

湖北某包装公司处于制造业中的橡胶和塑料制品业，主营业务为彩印复合包材产品、注塑包装和透气膜产品的研发、生产、销售。公司主要产品为彩印复合包材，注塑包装，PE 微孔透气膜，公司收入主要来源于包材产品销售。该公司建有 10 万级洁净厂房，拥有国际先进水平的塑料彩印生产线 10 条、多功能复合生产线 13 条、多层共挤塑料薄膜生产线 5 条、快速成型注塑生产线 8 条、各种专业制袋机 30 台套，具有年产 25000t 塑料彩印软包装、年产 10000t 健康包装材料和年产 2000t 注塑包装成品的生产规模。

图 13-1　包装印刷生产线

如图 13-1 所示，该公司拥有高精度凹版印刷、环保柔版印刷、多功能干法涂布复合、高速无溶剂复合、共挤流延复合、全自动高速注塑等核心技术，形成了集研发、设计、生产、检测于一体的塑料凹印软包装生产技术，可为客户提供包装及包装材料一体化解决方案，满足客户对包装性能、食品安全和产品品质的需求。

该公司主要为食品、饮料、酵母、调味品、医疗防护、卫生用品等企业提供品质优良的产品包装与核心材料。为保证产品质量，该公司牢牢把握"技术质量是生命"的经营方针，着力建设省级研发中心和重点实验室，通过材料性能改进和工艺设计优化不断提升产品品质。检测中心具备从原料到成品的全过程专业检测能力，可同时满足国家标准、ASTM（美国材料与试验研究所）国际标准的产品性能检测，目前已成功获得中国包装联合会的"中国绿色软包装新材料研发中心"认定。

同时，该公司不断推进智能化装备升级，高速电子轴凹版印刷机、干式复合机、无溶剂复合机、吹膜机等核心生产设备全机进口自德国、意大利和日本，配置印品缺陷在线检测系统、黏度自动控制仪、VOCs 溶剂回收系统等专业辅助设备百余台套，在同行业率先上线美国 SAP 公司的 SAP 系统（System Applications and Products，企业管理应用解决方案系统软件）和条码系统，生产全过程实现信息自动化管理。

13.3.2　评价指标应用及结果分析

选取一年为评价周期，采集该公司 2021 年度生产数据根据式（13-1）至式（13-16）各参数计算方法对效能评价指标体系各参数进行分析计算，计算结果如表 13-6 所示。

表 13-6　　　　企业效能评价指标参数计算结果

一级评价指标			二级评价指标			备注
一级指标	权重	结果	二级指标	权重	参数	
绩效	0.5551	1.1335	投入	—	4.9056 亿元	投入包括人工、物料、能源以及固定资产折旧费用，其中固定资产包括建筑物、机器设备、运输设备、其他设备
			产出	—	5.5606 亿元	产品销售额
效率	0.1007	0.8756	价值运转时间	—	5584h	—
			总运转时间	—	5878h	总运转时间包括价值运转时间、空转时间、故障时间、低速运转折合额定常用生产速度时间
			生产速度	—	325m/min	
			平均生产速率	—	338.5m/min	国内主流卷筒料凹版印刷机印刷速度平均值
质量	0.1319	0.2936	产品合格率	—	97.73%	—
			外观质量	0.0909	0.34	自然光线下目测
			印刷质量	0.0909	0.23	GB/T 7707
			尺寸偏差	0.0909	0.22	GB/T 6673—2001
			拉断力	0.0909	0.35	GB/T 1040.3
			断裂伸长率	0.0909	0.32	GB/T 1040.3

续表

一级评价指标			二级评价指标			备注
一级指标	权重	结果	二级指标	权重	参数	
质量	0.1319	0.2936	撕裂力	0.0909	0.38	QB/T 1871
			层间剥离力	0.0909	0.34	GB/T 8808—1988
			封口剥离力	0.0909	0.26	QB/T 1871
			抗摆锤冲击能	0.0909	0.21	QB/T 1871
			耐压性	0.0909	0.23	QB/T 1871
			耐跌落性	0.0909	0.35	QB/T 1871
绿色化	0.2012	0.6612	VOCs 排放	0.2396	0.42	DB42/1538—2019
			碳排放	0.1771	0.22	湖北省温室气体排放核查指南
			物料再利用率	0.1979	0.92	—
			废料处理率	0.2708	1	—
			绿色化技术采用率	0.1146	0.60	—

由表 13-6 参数可计算得出该公司效能 E 为：

$$E = \omega \cdot X = 0.5551A_e + 0.1007E_f + 0.1319Q + 0.2012E_c = 0.8891 \tag{13-17}$$

分析了效能和效能评价的内涵和外延，针对包装印刷智能工厂提出一种效能评价方法，明确评价指标体系，指出指标数据来源以及计算方式，并利用效能评价理论层次分析法对评价指标权重进行分析计算、得出指标权重向量，对包装印刷智能工厂做出了评价。选取湖北某包装印刷智能工厂为典型案例，应用包装印刷智能工厂效能评价方法，采集工厂实际数据，完成了评价指标体系的应用结果分析研究。

13.4 小结

提出包装印刷智能工厂能效与能效评价的定义，针对包装印刷智能工厂提出一种效能评价方法和评价指标体系，建立效能评价数学模型，利用效能评价方法对评价指标权重进行分析计算、得出指标权重向量，并对效能评价体系进行实例验证。

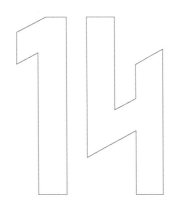

第14章

印刷绿色化、信息化、数字化、智能化工程案例

PRINTING ENGINEERING
CASES WITH GREENIZATION,
INFORMATIZATION, DIGITIZATION AND
INTELLIGENTIZATION TECHNOLOGIES

14.1　印刷绿色化、信息化、数字化、智能化解决方案及案例

14.1.1　实施主体认证情况及其绿色化进程

本案例实施主体是鹤山雅图仕印刷有限公司（以下简称雅图仕或公司），其基本信息见表 14-1。

表 14-1　　　　　　　　　鹤山雅图仕印刷有限公司基本信息

企业名称	鹤山雅图仕印刷有限责任公司	创建年份	1991
公司地址	广东省江门市鹤山市古劳镇	占地面积	1000 余亩
企业类型	有限责任公司(台港澳法人独资)	注册资本	192000 万(港元)
股权机构	利奥纸品集团(香港)有限公司	所属行业	批发业
经营范围	出版物、包装装潢印刷品、其他印刷品印刷；生产加工纸制品、玩具、游戏品；纸箱进出口；纸张、纸制品、五金制品、纺织品、陶瓷制品、塑料产品、包装物料及印刷物料的批发、零售及进出口		
产品类型	精装书、立体书、贺卡、礼盒、纸袋以及包装等印刷纸品和包装产品		
经营模式	"产品设计—制版—印刷—印后加工—出口"等一体化服务解决方案		
绿色制造示范	工业和信息化部"绿色工厂"(2021 年)		

注：信息来源于爱企查。

雅图仕贯彻国家可持续发展的方针、政策，创建"厂房集约化、原料无害化、生产洁净化、废物资源化、能源低碳化"的工厂，致力于制造绿色环保产品、营造生态友好型的工作生活环境。推进实施各项环保举措，从源头上削减污染、浪费，从而达到节能、降耗、减排、增效的目的。至 2019 年，环保建设已投入资金超亿元。2018 年引进 VOCs 治理系统，逐步实现 2025 年减少 80% VOCs 的长期目标；2018 年采用污泥干化系统对污泥进行干燥，实现污泥体积及重量减量化；2021 年生活污水污泥排放量比 2017 年（引进系统前）减少 75%。获得 30 余种体系认证，制定了符合公司实际的技术路线，如表 14-2 所示。为此，以雅图仕为例，解析绿色化、信息化、数字化、智能化路径。

表 14-2　　　　　　　　　雅图仕获得体系认证部分情况

序号	时间	体系认证简称	认证体系名称
1	1998	ISO 9001	质量管理体系
2	2000	ISO 14001	环境管理体系认证
3	2004	OHSAS 18000	职业健康安全管理体系
4	2005	ISO 27001 认证	信息安全管理体系
5	2005	ISO 10012:2003	测量管理体系认证
6	2007	FSC、PEFC-CoC	森林管理体系产销监管链认证
7	2008	清洁生产审核	广东省清洁生产企业资格

续表

序号	时间	体系认证简称	认证体系名称
8	2008	Ugra PSO 认证	胶印生产标准认证;依据 ISO 12647 标准,瑞士 Ugra 印刷媒体技术研究促进会和认证中心
9	2008	ISO 45001 认证	职业健康安全管理体系
10	2009	CNAS 认可证书	实验室认证(ISO/IEC 17011:2005)中国合格评定国家认可委员会
11	2011	环境标志产品(绿色印刷认证)	中国绿色印刷认证体系(HJ 2503—2011)
12	2014	GB/T 23331—2012/ISO 50001:2011	能源管理体系认证
13	2018	绿色工厂	第三批绿色制造名单(工业和信息化部)
14	2019	绿色供应链评价	CEC 2010—2017《绿色供应链评价技术规范 印刷》

雅图仕绿色化、信息化、数字化、智能化进程如图 14-1 所示。智能化是一个长

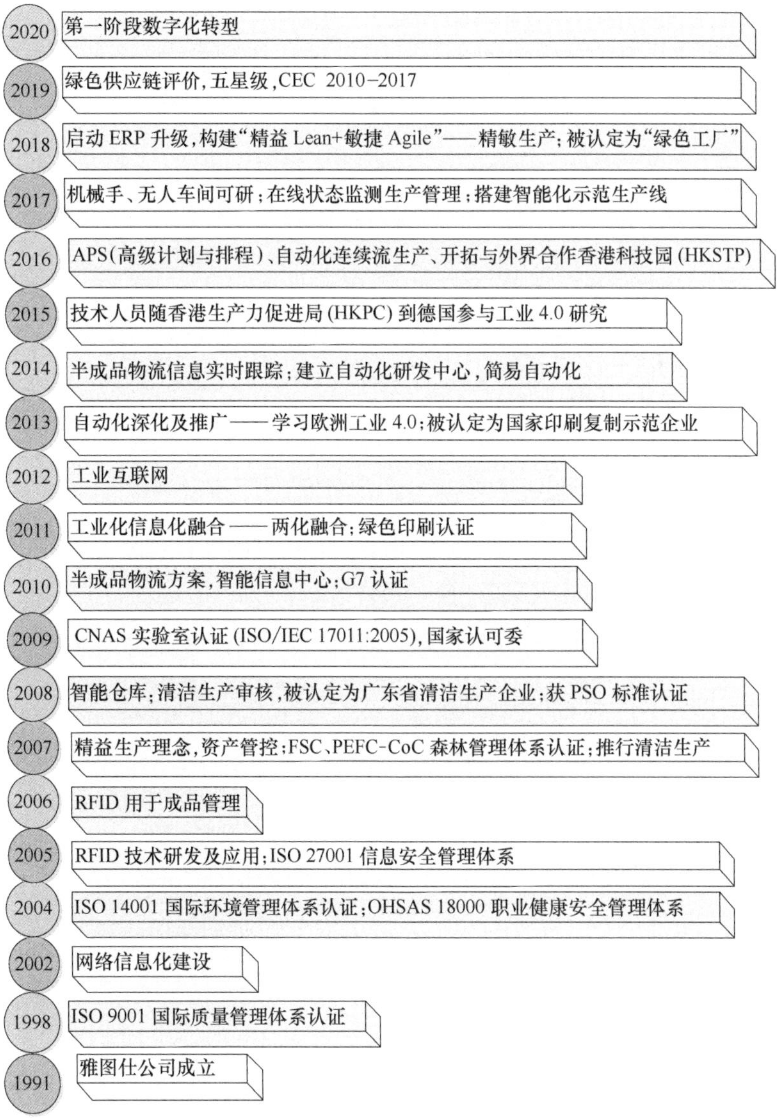

图 14-1　雅图仕绿色化、信息化、数字化、智能化进程

期进程，精益生产是智能制造的基石。因此，必须从精益做起，智能制造精益先行。标准化是精益生产的前提，没有标准化，则谈不上自动化，更谈不上智能化。智能化建设必须与企业自身业务发展相匹配。针对消费者个性化需求的常态化趋势，搭建柔性生产线以顺应市场的转变，实现快速转换。智能信息平台的搭建尤其重要。信息平台能够打破一个又一个的信息孤岛，使其有效串联并发挥功效。

14.1.2　实施主体绿色化工程实施案例

（1）树立可持续发展理念及建立管理体系　雅图仕秉持可持续发展的理念，坚持"认知环保责任，营造美好未来"的环保方针，以实现"零损耗""零废料"及"零排放"为目标，其行动纲领主要为：制定清晰的环保政策；识别及满足所有相关法律法规；每年检视环境/可持续发展需求，并在基建、设备、工艺、物料范畴制定改造项目；投入资源，并引进绿色融资；推动全员参与环保。建立了质量管理体系、职业健康安全管理体系、环境管理体系和能源管理体系，并进行了第三方认证，每年发布社会责任报告。

（2）节能、节水措施及成效

① 节能措施及成效　为将节能落到实处，公司管理层成立了节能核心小组，以带动各部门的项目小组执行节能项目，并直接管理节能措施的进度，监察减排措施是否取得成效。

a. 项目名称：采用中央真空泵系统

时间：2006 年—2009 年

投入资金：950 万元

项目内容：自主研发了中央真空泵系统，取代原来各机台的独立小型真空泵。实施前，印刷机、折书机等机台均设有独立真空泵机，而当中央真空泵系统投入使用后，各机台独立真空泵相继取消，该系统通过管道，由大型真空泵负责"抽真空"。

实施成效：减少在生产过程中制造真空吸力所需的用电量，切实降低工厂的噪声和温度；与独立真空泵相比节电率达 76%；设备投资成本不到一年时间便顺利收回。

b. 项目名称：采用大型冰蓄冷中央空调系统

建设时间：2008 年—2009 年

投入资金：550 万元

项目内容：采用冰蓄冷空调系统，按照能源需求侧管理原则，在用电低谷期的夜间，采用电动制冷机制冷，使蓄冷介质结冰，利用蓄冷介质的显热及潜热特性，将冷能量储存起来。在电力负荷较高的白天，也就是用电高峰期，再使蓄冷介质融冰，把储存的冷能量释放出来，以完成空调功能，满足生产工艺的需要。2009 年，公司在一期厂房安装了大型冰蓄冷中央空调系统，代替以前 300 多台小型空调。

实施成效：每年可节省 165 万度的用电量，同时缓解了社会用电的压力。

c. 项目名称：采用中央空调余热回收替代柴油加热装置

实施时间：2007 年

项目内容：兴建中央空调余热回收供应生活用水系统。利用厂房中央空调冷气余热，通过隔热管道，将余热通过水传到 50m 外员工宿舍，供员工生活用水所需；取代原来使用的柴油加热装置。

实施成效：每年能节约 18 万 L 柴油；同时降低柴油废气排放量，减少环境污染。

d. 项目名称：照明系统改造，用 T5 灯管替代 T8 灯管，并安装纳米反光片

实施时间：2007 年—2009 年

项目内容：厂区内用 T5 灯管全面替代 T8 灯管，并在新灯管基础上安装纳米反光片。用 T5 光管全部取代了 T8 光管，在光度相当的情况下，T5 灯管荧光粉发光效率高，配合高频电子镇流器使用，可大幅减少用电量。2009 年，在换装 T5 灯管基础上安装大量纳米反光片，利用纳米材料絮状的表面面积大以及超微小分子材料对光线的高反射率特点，将原来光管发出的无序散射光线向有需要的方向聚集，以提高局部照度，减少光能的浪费，从而减少光管的使用，达到节能环保的效果。

实施成效：T5 灯管却比 T8 灯管省电约 25%，而且 T5 灯管的寿命更长，是 T8 灯管的 2 倍。每年节省逾 140 万度的用电量，可为公司节省近 150 万元的电费成本。

e. 项目名称：员工食堂采用电磁炉替代燃油炉

实施时间：2009 年

项目内容：在员工食堂装设 10 台单机容量 25kW 的电磁汤炉和 1 台 30kW 的电磁炒锅，替代原来的燃油炉。

实施成效：电磁炉电热转化效率高，达到 90% 以上，远大于柴油炉 30% 的热能使用效率。经测试，仅 10 台电磁汤炉每年就可节约开支 23 万元。

f. 项目名称：员工宿舍安装太阳能热水装置替代燃油加热装置

实施时间：2004 年—2009 年

项目内容：员工宿舍区安装太阳能热水装置，受热面积达到 2542m^2。

项目实效：太阳能热水装置热效率达到 59%，比原来使用燃油加热装置节省 77% 的燃油用量。

g. 项目名称：隔热漆巧节能

项目内容：在简易仓、废纸房等屋顶涂刷隔热漆，降低阳光直接照射至简易仓等处带来的室内温度的升高，以取代以往在地面洒水的降温方法。

实施成效：涂隔热漆前，夏天日照下有时候室内温度比室外高 5.8℃，而涂隔热漆后室内温度比室外反而低 0.9℃，同时每日可节约 324t 的降温用水，即每年可节水 29160t。

h. 项目名称：其他节能措施

项目内容：为大型机台加装节电设备、推广运输铲车或牵引车、以电能代替燃油等节能措施。

实施成效：节能效果明显。

i. 项目名称：能源管理中心

项目内容：投资 30 万元，建立一个与企业实际情况相符合的能源管理系统，实现分类能耗数据采集、分项计量、在线监测、运行管理、数据统计对比分析、能源计费、节能诊断分析、能效评估及能源成本分析等功能。通过能源管理中心有效开展相关业务流程和制度规范的梳理优化、组织结构的分析优化。

实施成效：通过节能管理，降低各生产车间能源消耗量，提高能效水平。

j. 项目名称：综合节电系统

项目内容：为推进企业精细化管理，积极引进综合节电系统，如根据六期厂房的设备及线路实际状况量身定做综合节电系统，应用变频技术、分量控制技术、谐波控制技术以及最先进的中性波降低线路电阻的节电技术。

实施成效：每年可为公司节约电力消耗 114 万度，折合标准煤 460t，可以减少 1138t 二氧化碳排放。

k. 项目名称：能耗监控系统

项目内容：利用 GPRS 技术对主要耗能设备进行监测，帮助企业实时掌握设备的耗电情况，有效进行能源使用管理，发掘更多节能空间，从而实现能源的精细化管理。公司能源消耗种类主要包括：电、水、汽油和柴油等，年总用电占总能耗比例较大，其中主要耗能设备分为专用设备和通用设备，如图 14-2 所示。专用设备指企业主要业务的印刷专用设备，其中包括装订生产线、裱胶机和平版印刷机等；通用设备包括列入国家监测的工业锅炉、工业电热设备；工业电热设备泵机组、风机机组、空气压缩机组、活塞式单级制冷机组、工业热处理电炉、蒸汽加热设备、火焰加热炉、供配电系统和热力输送系统等。

实施成效：采用该系统后，雅图仕年节省电力消耗 200 万度，节电率达 7.25% 以上。

② 节水措施及成效　项目名称：建设污水处理厂及中水回用设施

起始时间：1991 年—2021 年

投入资金：1500 余万元

项目内容：已建成 3 个污水处理站，可对全厂的生活废水及少量的工业废水进行深度处理，污水处理能力达到 8100t/天。为了减少对净水的消耗，节约水资源，处理后的污水已达到广东省及国家一级排放标准。增设了中水回用设施，经处理的废水再经中水回用系统消毒达标后，可用于公司内生活冲厕、浇花草、洒马路、天台降温、

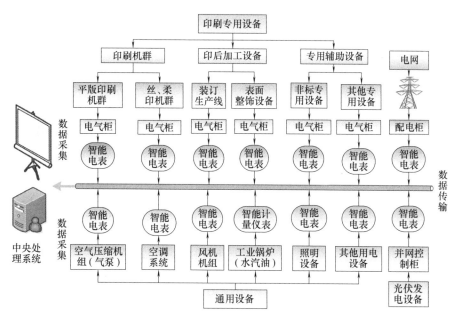

图 14-2　印刷企业能源消耗监测与管理系统

消防等。而经压渣后的生活污泥则交废物处理中心，采用污泥一体化脱水技术制成有机营养土，为花草施肥。

实施成效：废水排放均达到国家一级标准。按照普通人一天约用水 0.5t 计算，平均每天回用中水 683t，全年可减少用水量达 19 万 t。

③ 减排措施及成效　2001 年，雅图仕获得了 ISO 14001 环保认证。借助粤港"清洁生产伙伴计划"，推行企业全面清洁生产和低碳发展。2011 年，入选国家首批绿色印刷认证企业。从源头切入，实施产品绿色设计，使用清洁的能源和再生材料，创新研发环保新技术，打造绿色工艺流程。配置了污染物处理设备，大气、水体、固体污染排放物均符合相关国家标准和地方标准的要求，对温室气体排放进行了第三方核查声明并对外公布。

a. 印前环节　采用生态设计，限制或替代有毒有害物质使用。公司已通过 QC08000 有害物质过程管理体系，BRC 全球消费品标准认证。通过源头控制、过程防护，确保产品原材料、生产设备、生产过程等不含任何有害物质。积极研发环保物料，指定专业的研发团队，每年针对不同的研究类别对辅助材料进行研发与改进。

在印前环节，公司采用 CTP 制版工艺替代了传统制版工艺，从而在源头上减少了化学药水的使用和因此而产生的污染。此外，还积极采用数码打样、远程软打样及油墨配色系统等先进技术，通过配合油墨配色系统，利用色彩技术配出专色配方。在提高生产效率的同时减少纸张、油墨等材料的浪费。

b. 印刷环节　在印刷环节，公司除了引进先进的印刷设备、采用环保纸张和油墨、采购免处理版材及免酒精润版液之外，还对印刷装置、工艺等进行持续改造与创新，如在印刷机上安装自动清洗橡皮布装置，不但可节省因橡皮布清洗造成的停机等待时间，而且可减少25%的洗车水用量，从源头上减少VOCs的排放。同时，引入了无水印刷工艺，并借助该工艺提高了印刷质量，实现了印刷废水的零排放。此外，也在不断通过采用柔性版印刷来减少VOCs的排放，从而减少对环境的影响，见表14-3。

表 14-3 印刷装备绿色化升级

序号	环保措施	具体内容	实施成效
1	安装橡皮布自动清洗装置	安装橡皮布自动清洗装置，无须人工使用溶剂性清洗剂清洗，以实现自动清洗橡皮布	降低VOCs排放，改善工作环境
2	网印机上加设抽风罩	为降低网印过程排放，在网印机上加设抽风罩，再使用活性炭过滤	减少VOCs排放，改善车间空气质量
3	安装粉尘回收系统	车间安装除尘装置和粉尘回收系统	改善车间空气质量
4	安装润版液过滤循环	采用润版液过滤循环装置，实现循环使用	降低VOCs排放
5	安装活性炭过滤系统	在复合机、裱纸机等设备安装活性炭过滤系统	降低VOCs排放，改善环境
6	采用自动供墨系统	采用自动供墨系统，实现集中配墨，定量发放	减少剩墨和墨罐的产生

c. 印后环节 2008年以来，全部转用水性胶水，并采用水性覆膜技术。由于水性覆膜技术所用材料为丙烯酸类胶水，无须再添加香蕉水等挥发性溶剂，因此，可彻底避免油性产品覆合过程中容易发生的静电火灾事故，从而保障生产人员的身体健康。同时，还在印后环节安装了活性炭废气过滤系统，可将排风口的VOCs浓度降低50%~80%。

d. 选用环保印刷材料 印刷材料选用通过中国环境标志认证的环保材料，见表14-4。

表 14-4 选用环保材料

序号	环保措施	具体内容
1	采用环保纸张	采购FSC纸、PEFC纸及环保循环纸张
2	采用环保油墨	采购环保的水性油墨、无水油墨、UV固化油墨及植物油基胶印油墨（大豆油墨），减少矿物油墨
3	采用无醇润湿液	使用免酒精润版液（水斗液）、低醇润版液等
4	采用环保胶水	采购环保的水性胶水，其他印后工序已绝大部分使用水性胶水
5	采用环保清洗剂	使用水基清洗剂和半水基清洗剂
6	其他措施	积极使用各种环保原辅材料

e. 建立绿色供应链，确保产品符合采购要求 坚持执行负责任的采购策略，采购和推广认证环保纸（FSC/PEFC纸）和回收再造纸，并建立专门的团队负责根据相关的木材法规为客户对纸张的纤维进行尽职调查。除纸张外，对其他原辅材料也坚持

绿色环保原则，选用大豆油墨、免酒精润版液、免处理版材、水性胶水、水性光油、无苯化胶水、预涂光膜等环保物料。此外，优先选择通过相关环保认证的产品（中国环境标志认证产品）。

f. 产品绿色化　公司委托第三方进行了碳足迹核查，核查结果对外公布。产品有害物质符合 CCC 认证、国家强制性产品认证、中国环境标志产品认证的要求，通过禁限用物质的检测，制定了产品生产工艺中有害物质替代方案。

g. 废物资源化，提高资源利用率　雅图仕将生产过程产生的废弃物部分厂区内部回收再利用，部分交由第三方进行综合利用，不能利用的则全部交由有资质的单位进行回收处理。

h. 持续推动绿色改造，不断提高绿色生产水平　雅图仕不断挖掘公司在生产经营过程中的不足，并针对不足制定了相应的改善计划。对噪声大的设备，研发各种隔音设施。针对劳动强度大的工位，开发简易自动化装置，来辅助员工进行工作。对作业幅度较大的工位，利用人机工程，开发出升降装置、简易传送装置，让员工操作变得轻松。

i. 建立印刷企业 VOCs 排放监测系统　印刷企业 VOCs 排放监测系统工程案例如图 14-3 所示。雅图仕结合印刷及废气处理工艺制定了全过程监测信息化解决方案，

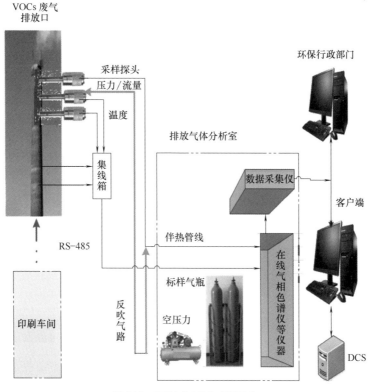

图 14-3　印刷企业 VOCs 监测系统

同时达到了环保部门所需数据及传输标准要求，对企业废气排放过程中的重要参数进行采集，建立废气在线监测的排放数据、环保档案数据、常规检测数据库，通过计算与分析，为排放监管、总量核算等提供精准、实时的数据支撑。

j. 废物治理　在废物方面，雅图仕除在源头采用各种方法和技术减少或消除废物排放外，还积极与供货商合作研发物料循环技术，提升原材料的利用率和废物的回用率，如采用氯化铁废液再利用技术减少氯化铁原材料的使用、引入厨余制肥系统将厨余废物制成肥料，用于绿化施肥等。

k. 碳排放管理　碳排放管理已经受到越来越多企业的重视。雅图仕于 2008 年率先在印刷行业引入碳排放管理体系，并从企业碳排放、产品碳排放和办公室碳排放三方面入手进行全面管理，制定减碳目标，实行碳核算，推动碳减排计划的实施。经过3 年的管理，2010 年单位产量的碳排放量比 2007 年减少了 23%。

（3）安全生产制度设计及实施　自 1991 年建厂以来，雅图仕始终把安全生产放在重要地位。完善安全生产制度也是国外客户要求。市场倒逼机制，是企业开展安全生产的动力之一。作为出口加工为主的企业，产品出口到欧洲、日韩、美国等国家和地区，除符合我国国家标准外还必须参照国际标准。产品及生产环境符合客户所在国家标准是与国外合作的前提。每年国外客户均委托第三方评审机构进行全面安全生产评审，确保厂区各项安全生产达到标准。若想要获得更多市场份额，就必须有竞争力。

① 自主检查　基层是安全生产的第一线，首先采取的是自主检查。每日，各生产组组长需要对着列好的几十项安全生产事项进行检查，比如消防通道、化学品使用等。发现问题就及时整改；如果出现问题，轻则警告，重则解除劳动合同。

② 安全与审计相结合　自主检查之外，来自外力的监督或许是落实安全生产工作的另一有效措施。公司安全和审计部门，需要负责企业内部财务、生产、EHS（环境、职业健康安全管理体系）等的审核。

③ 第三方评审督促工作落实　邀请外面的第三方评估公司每年进行一次安全生产评估，第三方公司评审不走过场。

④ 安全生产资金投入　硬件投入是做好安全生产的基础，每年安全投入 500 多万元。

a. 项目名称：消防安全防火措施-建设消防综合

实施时间：2006 年

投入资金：1000 余万元

项目内容：建立了公司自有消防综合大楼，配备有 4 辆大型消防车，2 辆应急救援车，配备专职消防人员。对全公司进行消防安全培训制度化。

实施成效：公司建立 30 余年来，从未发生过火灾或出现重大火灾隐患。

b. 项目名称：车间生产安全警示措施

项目内容：配备电子目测屏。每个车间都会有两块电子屏，上面显示着每个事业部累计出现零工伤的天数，如果某一天出现工伤，则之前的累计天数清零。

实施成效：从 2011 年采用这种电子目测方式到 2017 年，有的事业部最长零工伤天数达到 2386 天。

c. 项目名称：机械设备安全防护升级

项目内容：以前生产机械外层都有一层防护罩，防护罩一开，机器便停止运转。为了更安全，公司要求"双保险"，再增加电眼、光栅等，通过红外线防护，确保只要操作人员肢体进入机器，就会停止运转。

d. 项目名称：危化品管控采用定量、定向方式

具体措施：生产部门每班每天需要多少量就提供多少量，其余的全都在专门的储存空间，而危化品的储存又有单独的安全制度。生产管理严格，对各工序类别的能耗、物耗、主要原材料在各工序的损耗率均有严格记录，并形成了一套专人负责、问题追踪、持续改进的机制。

14.1.3　实施主体精益+敏捷制造工程实施案例

雅图仕构建了"精益生产+敏捷制造"的精敏生产模式。

（1）精益生产　精益生产的两大支柱就是准时化（JIT）和自动化，而精益要求的标准化又是自动化的必要前提，而自动化只有在被赋予信息化、网络化和数字化，实现从人、设备到产品的万物相连后，才可能成功升级到智能化。精益是智能化的基础，自动化是智能化的过程。雅图仕从开始精益导入到现在，已经实践了 15 年。

精益升级工程：

起止时间：2017 年—2019 年

项目内容：由精益顾问带领，开展了资材费降低、劳务费降低、生产经费降低、人才培训系统高度化、设备管理改善、生产系统的高度化、提案制度项自动化改善等项目。

实施成效：大幅削减运营成本，直接生产员工人数减少一半以上。

（2）敏捷制造　现在消费的需求越来越个性化，而且订单量小、品种多逐渐成为一种常态。面对这种市场需求，启动柔性生产线，用机械手实行人机协作。一机多任务、一线多产品的模式使生产效率提升，生产灵活度增加。

14.1.4　实施主体信息化工程实施案例

（1）项目名称：生产信息化建设

项目内容：构建智能生产系统，首先进行信息化建设，整个信息化建设包括客户需求、产品信息生产需求、生产管理 MES 系统、模具管理中心、库存与物流管控、

质量管理、成品付运管理。

总体思路是要使工业化与信息化两化融合，运用信息和数据贯穿整个内部供应链。生产车间信息规划分两个部分，第一部分是生产机台实时监控，第二部分是手工及成品走货中心，从印刷、印后加工、印后手工到成品走货，沿着产品的工艺路线透过条形码、Handheld（手持计算机）、RFID、心电图（即设备状态数据采集与监测）等收集所有生产数据。

实施成效：机台实时监控技术已应用于500多台生产机台中，手工在线生产管控系统已经覆盖1000多条手工生产线。

（2）项目名称：网络信息化建设　雅图仕是现代化大型制造企业，办公楼和生产厂房有800多个数据信息节点。随着信息化发展，原有网络不堪重负，企业需要开展电子商务、企业资源计划（ERP）、办公自动化（OA）以及在单一数据网络上集成声音、视频图像等诸多业务和服务。

项目内容：网络信息化的建设，架构企业的内联网。而支持内联网应用的基础设施是企业的园区网络，它直接影响到企业的办公应用环境，交易、生产、开发，设计等业务环境，以及财务管理，物品管理、信息检索，数据库查询、内联网浏览等支持企业正常运行的必要服务设施。通过千兆以太网技术，实现百兆交换到桌面；主要服务器采用1000M铜缆连接；网络实行安全策略，如VLAN、访问控制列表、端口安全；完善已有的传统网络应用，如www、e-mail和FTP；网络设备需要具有可靠性。采用美国3Com公司的端到端的千兆以太网解决方案，满足企业内联网对其基础架构的要求。

14.1.5　实施主体自动化、数字化、智能化工程案例

（1）简易自动化　项目名称：自动化研发中心

投入资金：每年用于非标设备的技术研发资金投入达数千万元

项目内容：公司已逐步淘汰高耗能低效益的机器，引进性能更高的自动化机器，实现设备的更新换代，配合智能生产。成立自动化研发中心，研发与制造非标设备的"兵工厂"。根据自身业务特色量身打造改善中所需机台，从大型设备到小型模具、从标准通用设备到非标定制设备、从固定设备到柔性多功能设备、从高端设备到低成本简易自动化设备，通过持续学习、不断尝试。

实施成效：以减少劳动力的需求，大幅降低生产成本，提升企业的生产运营效率；通过多年努力，在自主研发机台或工具的领域上已有数十个专利。2014年—2016年，三年累计整体产能和效率提升了约45%。

针对公司产品工艺复杂、现有设备难以满足企业需求、很多工序依赖人工操作，劳动强度大、生产效率低、安全隐患多等问题，自动化研发中心研制了简易自动化非

标设备，满足了生产需求。

　　根据国家知识产权局网站公开的专利信息，检索了雅图仕 2018 年—2020 年申请的简单自动化相关的 40 件专利，对这些专利所解决的问题、特点及成效进行了分析，见表 14-5。

表 14-5　　　　　　　　简易自动化领域专利所解决问题及成效一览表

序号	专利名称	专利号	功能和要点	原有工作方式	简单自动化成效
1	一种用于冲切图书书页的全自动多贴冲床系统	ZL201811176649.3	实现了多贴图书的全自动化流水线式冲切生产	冲床只能安装单个冲模	降低了操作人员劳动强度，节省了人力，消除了生产安全隐患；加快了生产速度，提高了多贴图书的冲切生产效率
2	一种用于对图书进行翻页的自动翻页装置及其应用系统	ZL201821638827.5	随着导向机构实现翻页并输送至冲压台	人工翻页	加快了翻页速度，避免了翻页出错，提高了生产效率，而且消除了生产安全隐患
3	一种用于对印张进行造型的模切装置及其应用系统	ZL201821639017.1	实现自动上料、取料以及全自动冲压造型作业	采用人工送纸	消除了安全隐患；同时通过位置校正装置实现定位，精度高；生产效率高，为企业运营节省了一定的生产成本
4	一种用于对冲切图书进行定位的双重定位装置	ZL201821639020.3	使书页更加牢固地放置在冲压台上，定位更加稳固	采用人工放页	避免了在冲切期间发生位置移动，提高了冲切的精准度，从而提高了图书书页的冲切质量
5	一种用于推动图书的自动推手装置	ZL201821639051.9	实现机械自动化搬运	人工在冲床间搬运图书	无需人手搬运，加快了搬运速度，提高了图书的生产效率，消除了生产安全隐患
6	一种用于清除图书冲压废渣的自动清废装置	ZL201821639018.6	实现冲压废渣自动化清理	人工手动抠掉冲压废渣并投入回收桶	清理速度快，区别于以往人工手动清除冲压废渣的方式，提高了生产效率
7	一种围边成型结构	ZL201821652393.4	带动材料根据围边模具的外部轮廓使材料围边成型，适用于各种形状纸盒制造	通过机械臂夹持材料两端成形	有效简化了机械结构，提高了生产效率
8	一种翻转定位结构	ZL201821652410.9	通过简单翻转定位结构完成纸盒材料翻转定位	机械臂从材料两边夹紧翻转	有效节约了生产成本，提高了生产效率

续表

序号	专利名称	专利号	功能和要点	原有工作方式	简单自动化成效
9	一种纸盒成型机	ZL201821652413.8	利用简单机械机构完成纸盒制造	需要对材料形状识别才能夹持	扩大了纸盒成型机的适用范围,提高生产效率
10	一种应用于天盒冲窗口和击凹凸的自动冲床	ZL201920571256.6	实现天盒自动冲窗口或自动击凹凸	人手冲窗口和击凹凸	提高了生产效率,降低了劳动强度,同时可避免因操作不当造成的安全事故
11	一种模切设备的揭页摊开机构	ZL201921156861.3	在导杆引导下,单页图书打开角度增大,直至完全打开,实现单页图书摊开	人工揭页	降低劳动强度,提高了生产效率
12	一种模切设备	ZL201921156983.2	实现书本自动模切,同时可将完成模切书本堆叠	人工放书	降低劳动强度,提高了生产效率;同时避免人手将书本放到模切机构中,降低了安全风险
13	一种模切设备的堆叠收料机构	ZL201921158631.0	图书落到放置板上,然后在放置板上自动堆叠	人工堆叠	降低劳动强度,同时提高生产效率
14	一种应用于自动抓取配件设备的供料机构	ZL201921217882.1	完成循环上料	人工抓取	减少加料次数,降低劳动强度,提高生产效率
15	一种自动粘配件设备	ZL201921217881.7	抓取配件并将配件粘贴到贺卡上	人工点胶	降低劳动强度,提高生产效率,同时提高配件的粘贴精度
16	一种适用于自动抓取机械手的供料机构	ZL201921217885.5	实现机械手对配件的快速抓取,无需进行调整	采用摄像头定位,精度低	通过同时设置多个定位模具沿顺时针或逆时针运动,可在不停机的情况下补充原料,实现循环上料,提升生产效率
17	一种纸张移载装置	ZL201921261488.8	将纸张放进模切面中,代替人将纸张送入手动啤机中	手动啤(模切)机人工放纸	降低劳动强度,提高生产效率,同时避免将手伸进手动啤机中,降低安全风险
18	一种自动导入装置	ZL201921266175.1	完成模切后第一吸盘组件再将纸张取出	手动啤(模切)机人工定位	降低劳动强度,提高生产效率,降低安全风险

续表

序号	专利名称	专利号	功能和要点	原有工作方式	简单自动化成效
19	一种连接输送设备	ZL201921310347.0	实现丝印生产线与自动模切机的连接	人工将料由丝印运送到模切	降低劳动强度,提高生产效率
20	一种运输设备	ZL201921398431.2	由第三输送装置送入到折书机中	人工搬运到折书机	降低劳动强度,提高生产效率,同时提高了绘制标记线的准确度
21	一种书本闸角机构	ZL201921468444.2	定位组件用于对书本进行定位、固定	人工放书到闸角机	降低安全风险,同时提高定位效率,提高生产效率
22	一种蜂窝板加热装置	ZL201921468471.X	实现对蜂窝板的预热	停机转版加热	降低蜂窝板转版时间,提高生产效率
23	一种书本出料机构	ZL201921468445.7	实现书本的逐本输送	人工取书	避免操作员手动从成叠的书中逐本拿出,降低劳动强度
24	一种卡片定位机构	ZL201921526113.X	通过对卡片执行两次固定定位,能够使卡片保持良好的稳定性	机器一次定位,不稳	使卡片保持良好的稳定性,从而方便粘胶,避免出现工序故障,可提升生产质量
25	一种贺卡双面胶及配件粘贴装置	ZL201921526170.8	采用智能自动化控制模式,能够完整实现贺卡粘胶即粘配件流程,替代了人工操作	人工粘胶	可降低生产成本,提升产品精度和质量
26	一种废料回收拉胶机构	ZL201921526169.5	可以将废料胶纸带自动回收,以便再使用	剩余胶带纸废弃不用	既符合能源节约的环境需求,也降低了生产成本
27	一种双面胶自动粘贴机	ZL201921526115.9	无需人工手动贴胶,可实现智能自动化贴胶及回收贴胶废料	人工贴胶	节省贺卡生产成本,提高生产效率和产品质量
28	一种粘胶机构	ZL201921526168.0	自行按照所设定的贴胶长度自动地对胶纸带进行切胶,无需人工操作	人工分配胶带纸区域	降低生产成本,提高生产效率
29	一种贺卡双面胶及配件粘贴装置	ZL201910863909.2	采用智能自动化控制模式,能够完整实现贺卡的粘胶即及粘配件流程	人工粘贴配件	替代了人工操作,可降低生产成本,提升产品精度和质量
30	一种粘胶机构	ZL201910863912.4	自行按照所设定的贴胶长度自动地对胶纸带进行切胶	人工分区粘胶	无需人工操作,降低生产成本,提高了生产效率

续表

序号	专利名称	专利号	功能和要点	原有工作方式	简单自动化成效
31	一种自动驭卡粘丝带设备	ZL201922272434.8	自动粘丝带并驭卡压紧	人工粘丝带压紧	简化工人操作,提高生产效率
32	一种送纸装置	ZL201922262550.1	完成对纸垛的自动输送	人工输送和放置纸垛	提高生产的自动化程度和生产效率
33	一种自动粘丝带装置	ZL201922272463.4	能够对丝带进行切割、粘丝	人工粘贴丝带	减轻操作人员的劳动强度,节省人工成本
34	一种四面切纸机	ZL201922265278.2	完成对纸垛的自动输送和四面冲切	人工理齐,手动冲切	提高生产的自动化程度和效率
35	打孔机构	ZL201922368825.X	能够在纸袋上打出不同位置孔	打孔针位置固定,无法满足市场需求	满足不同的市场需求
36	自动打孔粘胶钩设备	ZL201922360929.6	在一条流水线上自动完成对纸袋打孔工序和粘胶钩工序	人工剥胶钩和粘钩	自动化程度高,节省人力,提高生产效率
37	粘胶钩设备	ZL201922360973.7	自动将胶钩粘贴在纸袋口上	人工粘纸袋胶钩	节省人力,提高生产效率
38	自动对裱设备	ZL202010017219.8	将配件粘贴到书本中,完成配件的粘贴	人工翻转、粘配件	降低劳动强度,同时避免人手操作书本冲切,降低安全风险
39	自动驭卡装置及其生产线	ZL202023043185.4	纸张完全翻折,代替人手翻折纸张	人工翻折、喷胶压紧	降低劳动强度,提高生产效率
40	自动粘内页装置	ZL202023025213.X	将内页粘到纸张上,代替人手粘内页	人工画胶、粘内页	降低劳动强度,提高生产效率

① 专利解决的问题类别

a. 原来采用人工操作方式,通过自动化机械替代人工。主要目的是减少操作人员数量,降低操作人员劳动强度,提高生产效率,提高工作精度和稳定性,消除安全隐患等。该方面专利 31 件,占专利总数的 77.5%。

b. 原来为单机操作,构造多工位全自动流水线。主要目的是减轻操作人员劳动强度,提高生产速度,提高生产效率,消除安全隐患。该方面专利 1 件,占专利总数的 2.5%。

c. 原有机械原理及结构复杂、精度低,通过机械结构优化提升原有性能。主要目的是通过简化、优化机械结构,采用新的工作原理,节约生产成本,提高生产效率,扩大设备的适用范围,满足新的市场需求。该方面专利 6 件,占专利总数的 15%。

d. 原有工艺剩余材料弃用、不环保，设计剩余料回收装置。主要目的是降低生产成本，符合能源节约的环境保护需求。该方面专利 1 件，占专利总数的 2.5%。

e. 原有机器加热辅助时间长，研发提前预热装置。主要目的是降低蜂窝板转版时间，提高生产效率。该方面专利 1 件，占专利总数的 2.5%。

② 专利涉及的工序　专利全部属于印后加工工序，包括模切机的上料、取料、齐整、堆叠；图书冲切机的上料、翻页、定位、清废，纸盒的开窗、压凹凸、成型；粘贴设备的点胶、粘贴、压紧、翻转、开页、分区局部上胶；贺卡粘丝带、压紧、粘配件；纸袋粘钩、脱钩等。

以上工序均需要根据加工工艺特点研发非标印后设备实现。

（2）智能化工程案例　雅图仕智能化实施方案如图 14-4 所示。

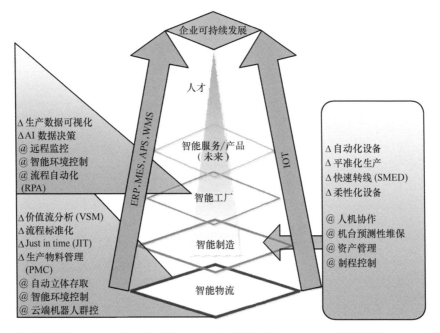

ERP—企业资源计划；MES—制造执行系统；APS—自动排程系统；WMS—仓储管理系统；IOT—物联网。

图 14-4　雅图仕智能化实施方案

① 生产流程的管理　由于印刷企业普遍面临订单个性化需求增多、单个订单数量减少、对订单时效性要求提升的问题，而整个印刷生产流程往往涉及多个部门，若信息传达不及时，会直接影响生产进度和最终交货时间。对此，自 2006 年初，雅图仕开始尝试应用 RFID 技术，对产品的生产流程（如生产、品检、仓存、发货等）进行重新规划及重组，并配合自动化装置，实现生产过程中的无间断追踪及监控管理。

至 2010 年，公司生产、品检、仓存、发货等环节已成功使用了 RFID 技术，全公司 9 个厂房（约 30 个车间）、所有的成品仓库、成品装卸平台以及其他成品相关的部门（如成品质量抽检部门等），已经配备了 RFID 检测设备，并成功运行。

RFID 技术的应用不但确保了数据采集准确性，减少了供应链各环节中数据的重复录入，而且节省了大量花费在数据采集当中的人力、物力和时间，加快了信息处理速度，缩短了生产周期。

② 项目名称：RFID 技术研发及应用

起止时间：2006 年—2010 年

投入资金：1000 万元

针对问题：批次多、每批订单数量少、个性化产品订单增多、要求的生产周期变短等。

项目内容：第一个 RFID 应用项目在 2006 年底在成品处理环节试点应用成功。至 2010 年底陆续分别在生产、品检、仓存、走货、发票等运作环节成功进行 RFID 应用。在车间，可以直观地感受到 RFID 带来的便捷。4752 册即将出口海外的英文图书，从车间打包成 198 个箱子装入一个货物托盘，再装进货柜车。采用 RFID 技术后，每个货物托盘都会有一个记录货物信息的电子"身份证"，每搬运一次都会通过一个 RFID 电子闸门，货物信息都会即时以红绿灯显示，如出现差错可以立即纠正。而在该项技术没有应用前，很有可能会把一件本该发往日本的货物送至美国或者因错误取纸导致不能向客户及时准确交货。

应用领域：生产自动化、工业流程再造、生产及物流仿真、精益生产制造等。

实施成效：实现了数据采集的自动化；实现了原材料采购到成品装卸付运供应链流程当中的信息流、资金流和物流的信息化；应用 RFID 技术对半成品以及成品等流程进行实时监控，实现了目视化的管理。生产、运输环节差错率几乎为零，平均成品处理效率与上年同期相比提高 50% 以上，全厂人均产值提升 15% 以上。

③ 项目名称：智能物流系统建设

项目内容：建立智能物流系统包括物料与半成品追踪、成品仓管理、定位技术等。

a. 物料及半成品追踪管理　将很多系统的数据接合在同一个平台上，可以分析某一个工程单里的物料正在做哪一个工序。另外，利用 RFID 智能闸门对物料进出楼层、发料、领料到各楼层进行监控追踪，自动化控制整个物料及半成品的物流过程。

b. 智能成品仓管理　系统对卡板货物进行货位分配，自动将货位分配的上货架指令发送给 RFID 叉车。叉车司机按照操作指令完成货物上架，二维货架上会直观地显示货物的状态。图形化显示货物的具体货位，叉车司机根据作业指令把相应目标货位货物取到装卸平台进行走货。

实施成效：雅图仕建成智能物流系统包括物料与半成品追踪、成品仓管理、定位技术等。

（3）智能化示范应用　项目名称：搭建智能化示范生产线

实施时间：2017 年

项目内容：搭建了一条智能化示范生产线，实现智能货仓、人机协作、M2M 协作、智能运输、实时定位、实时生产信息反馈及远程监控。

雅图仕通过自动化研发中心与供应商联合研发定制非标设备，每年用于非标自动化设备的研发投资多达数千万元。非标自动化设备的产出已有数百台，在简易自动化设备的研发上，数千台设备和数万个工装夹具已经投入生产应用。

智能化转型升级首先从智能物流开始，采用 RFID 进行成品管理，创建智能仓库，实现产品从入库到装卸付运的一条龙智能化管理。2016 年，雅图仕开始探索智能生产、智能工厂、智能物流与智能服务的打通，借助大数据，驱动公司价值链的连接、管理及改善。

以经济适用方式实施智能化工程。"高大上"的自动化生产线，未必能匹配多品种小批量的印刷生产要求。雅图仕用"简易自动化"的实践做出了回答。在雅图仕，后道工序大量人工的节约，正是靠自主研发的非标自动化设备实现的。

14.2　出版物与包装印刷企业绿色化工程案例

14.2.1　出版物印刷企业绿色化工程案例

（1）盛通基本信息及其体系认证情况　案例实施主体是北京盛通印刷股份有限公司（以下简称盛通），其基本信息见表 14-6。

表 14-6　　　　　　　　　北京盛通印刷股份有限公司基本信息

企业名称	北京盛通印刷股份有限公司	创建年份	2000
公司地址	北京市北京经济技术开发区	占地面积	360 亩
企业类型	股份有限公司(上市、自然人投资或控股)	注册资本	54226.625 万元
所属行业	印刷和记录媒介复制业	参保人数	703 人
经营范围	出版物印刷、装订；其他印刷品印刷、装订；商标印刷；普通货物运输；广告制作；销售纸张、油墨；货物进出口、技术进出口、代理进出口		
产品类型	全彩杂志、都市报、商业宣传资料等快速印品以及彩色精装图书		
绿色制造示范	工业和信息化部"绿色工厂"（2020 年）		

注：信息来源于爱企查。

获得体系认证情况如下：①质量管理体系认证（ISO 9001）。②环境管理体系认证（ISO 14001）。③中国职业健康安全管理体系认证（GB/T 45001—2020《职业健康安全管理体系　要求及使用指南》idt ISO 45001：2018）。④绿色印刷认证（环境标志产品认证，HJ 2503—2011《环境标志产品技术要求　印刷　第一部分：平版印刷》）。⑤信息安全管理体系认证（GB/T 22080—2016《信息安全　安全技术　信息

安全管理体系　要求》/ISO/IEC 27001：2013）。⑥能源管理体系认证（ISO 50001：2018；CTIW-En-02）。

（2）实施绿色印刷措施　盛通坚持把绿色印刷的理念全面渗透到企业发展之中，包括源头、过程、终端在内的整个系统都步入良性循环，实现全产业链的绿色印刷。盛通将积极探索新的更环保的原辅材料，在企业试验，再向行业推广。

① 战略制定　按照相关标准及法规进行完善，开展绿色工厂创建培训会，制定绿色工厂的中长期目标、指标及详细的工作计划。

② 环境管理体系　盛通采取集团垂直管理与地域横向管理相结合的模式，因地制宜开展环境保护活动。盛通建立了环境风险管理体制，定期识别环境风险并迅速应对，以实现生产活动对生态环境的潜在冲击以及对周边居民日常生活潜在影响的最小化。

③ 环保培训　盛通结合环境保护的需要并根据岗位需求，每年安排员工参加公司自主开展或外部机构组织的环境培训。

为更好地推动绿色发展，建设美丽中国，盛通还实施了"新法律法规理解与运用"以及"环境行政许可管理"的专业培训，进一步强化员工的环境风险意识。

④ 减少温室气体排放　盛通导入独有的二氧化碳削减贡献量指标，持续实施在商品领域的二氧化碳削减活动，提高商品节能性。此外，盛通不断改善节能体系、降低单位产值的二氧化碳排放量，积极导入可再生能源，以技术手段进一步提高能源利用率，努力实现生产活动中的二氧化碳削减。

除二氧化碳外，盛通各工厂在生产过程中还积极降低其他主要温室气体的排放。

⑤ 绿色工厂　盛通开展绿色工厂创建活动，在遵守法律法规的前提下，制定削减二氧化碳、废弃物、化学物质等的排放量以及减少水使用量的计划，并加以实践、改善，实现降低环境负荷与事业成长的共赢。

⑥ 水资源保护　通过污水的再生利用等手段减少新鲜水消耗量及废水排放量，不断削减用水量，提高水循环利用率，降低生产经营活动对水资源造成的负荷。

⑦ 绿色包装与物流　盛通在保证产品质量的前提下，不断完善产品包装与物流运输环节，使用环保包装材料，改进运输线路工具，选择合理的运输方式，科学地减少碳排放。

⑧ 绿色办公　盛通倡导绿色办公，用实际行动践行环保文化，将节能降耗作为出发点，号召员工从细节做起，节约用水、用电及办公耗材，引导员工养成绿色、健康的办公习惯。

（3）绿色化工程实施成效

① 2017 年至今，公司每年环保投入超过 1000 万元，对 VOCs 废气治理设施进行了改造升级，运用吸附+催化燃烧的技术路线实现有机废气 80% 以上的去除率，为改

善首都空气质量贡献了自己的力量。

② 为印刷设备加装了德国产自动在线清洗装置，不仅减少高挥发物料的使用，还产生了较大的社会效益。

③ 采用整体更换的方式将原有的两台采暖锅炉进行了替换，新锅炉的氮氧化物排放浓度低于 $30mg/m^3$。

④ 将公司内所有柴油叉车全部更换为电动叉车，助力国家推进机动车和非道路移动机械环境管理的系统化、科学化、法治化、精细化和信息化。

⑤ 积极与供应商合作，不断研发、探索有害物质含量更低的物料进行替换，试用成功后在行业内推广。

14.2.2　包装印刷企业绿色化工程案例之一

（1）中荣基本信息及体系认证情况　本案例实施主体是中荣印刷集团股份有限公司（以下简称中荣），其基本信息见表 14-7。

表 14-7　　　　　中荣印刷集团股份有限公司基本信息

企业名称	中荣印刷集团股份有限公司	创建年份	1990
公司地址	广东省中山市火炬开发区	占地面积	—
企业类型	股份有限公司(台港澳与内地合资、未上市)	注册资本	14482.756 万(元)
所属行业	印刷/包装/造纸	参保人数	1649 人
经营范围	包装装潢印刷品印刷;其他印刷品印刷;产品包装服务;食品用纸包装制造、容器制品的制造、印刷包装技术研究开发和工业设计		
产品类型	快速消费品、消费电子市场为主要领域、个人护理、电子电器及玩具、化妆品、食品及药品、酒类包装、纸制品等六大领域的包装印刷业务		
印刷工艺	以平印为主,兼顾凹印及丝印等多种印刷方式		
经营模式	集研发、设计、生产、销售于一体的纸制印刷包装解决方案供应商		
绿色制造示范	工业和信息化部"绿色工厂"(2020 年)		

注：信息来源于爱企查。

获得的各种体系认证情况如下：①ISO 9000 质量管理体系认证。②ISO 14000 环境管理体系认证。③OHSAS18000 职业健康安全管理体系。④FSC-CoC 森林产销监管链。⑤知识产权管理体系的认证。⑥绿色印刷认证（环境标志产品认证）。

中荣一直非常注重环保和社会责任，通过开展清洁生产审核，运用一系列绿色发展、生态设计理念，实现用地集约化、原料无害化、生产清洁化、废物资源化、能源低碳化。采用 CTP 直接制版及流程管理，掌握色彩管理技术，并运用于业务生产流程。产品完全满足高度关注物质清单 168 项的标准要求，产品回收利用率可达80%以上，包装回收率可达 95%以上。

（2）实施绿色化措施

① 绿色发展总体目标　中荣为了更好地开展能效对标工作，提高能效水平，与国际国内同行业先进企业能效对标，通过创新管理和赶超先进的重要手段，在节能装备、技术、管理等方面进行深层次、全方位、定量化的对比，全面提升公司能效对标水平，提高能源利用效率。

以"严守法规、降耗增效、改善环境、造福人类"为环境方针，谋求达到两个目标：一是最有效地使用水和电等有限资源，节约资源、降低原材料消耗，提高其利用率，预防环境污染，提高环境绩效；二是将有害于环境的排放减至最低，持续地改进公司的环境行为，推广使用环保产品，提高员工意识，为社会做出贡献。

在推进绿色发展进程中，实现不低于100t标准煤当量的节能量。通过一系列改进措施，实现创建绿色工厂以及绿色供应链的目标，将公司绿色发展提升到新的高度。

② 绿色发展阶段性目标　公司实施生产全过程控制，致力建立和健全公司质量保证和环境管理体系。此外，公司在节能管理和技术节能上做了大量的工作，实施了如下方案：投资2500余万元，引入纳米油墨数字印刷机；实施柔性智能包装生产技术改造项目。

③重点项目：引入纳米油墨数字印刷机

a. 数字印刷机核心部分有8个线状喷头，前4个是常见CMYK四色喷头，后4个是专色墨喷头，喷孔直径大小针对纳米油墨优化设计。在胶印印刷原理上融入了喷墨印刷技术，使用喷墨打印头将纳米油墨直接喷绘在橡皮布上，再将橡皮布上图像通过压印滚筒转印至承印物上，核心技术主要包括纳米油墨、喷墨打印头、橡皮布以及触摸屏。纳米油墨在微小颗粒状态下，能够保证图像色彩质量，油墨使用量相对较少。

b. 使用"墨水喷射技术"，而非"喷墨技术"。墨水喷射模块中纳米油墨以微小的墨滴状态在加热的橡皮布上以CMYK图像形式呈现，当图像在橡皮布上呈现时其已被加热到120℃左右，高温将成像中水分蒸发，使成像完全变干，最终留下的只有涂料和一层超薄的聚合物膜。干膜只有500nm左右厚度，是传统胶印厚度的一半。

c. 从可触大屏幕操作界面，到喷墨制版、橡皮布传送带，转印图像采用转印橡皮布传送带，橡皮布承载着纳米油墨运动，在与承印物接触时，通过压力把纳米油墨转移过去。纳米油墨可实现100%转移，印刷完成后，橡皮布上没有油墨残留，因此，无需清洗橡皮布。

d. 纳米油墨无需另外的干燥系统。纳米油墨是水基墨，转移到承印物的过程中不会有水和油性物参与，因此，印出来的图案已干燥，无需其他干燥手段。

e. 纳米油墨颗粒主要是树脂，融化在橡皮布上，因为墨层极薄，不会随高速移动的橡皮布飞溅出去。

f. 油墨在压力、虹吸现象等作用下实现转移，当融化后的油墨接触到低温度的承印物时，油墨就会固化干燥。

g. 与传统印刷机不同，数字印刷机采用水基纳米油墨，可以在现成涂层/没有涂层的承印物上和包装薄膜上进行印刷，从而降低印刷成本。

④ 柔性智能包装生产技术改造项目。在新迁入的智能化工厂基础上，将进一步进行技术改造，通过建设柔性智能包装生产线、平台及配套软硬件，集成冷烫、镭射转印、可变喷码、凹凸模切等一体化的柔版印刷，实现多种工艺组合联机生产，提升产品外观效果和使用价值。包括购置领先的连线冷烫等生产设备，配置智能化的柔性礼盒等高端生产线，加大数字化定点制造（OEM）平台投入，提高供应链可靠性及柔性交付水平，进一步提升工厂自动化、智能化。

⑤ 网络化、数字化平台建设。公司在数字化转型上投入较大，已在内部大力推进数字化管理，上线了办公自动化系统、供应链管理系统、客户关系管理系统、研发创新平台等企业数字化管理系统，并实现了生产数据、客户数据、供应链数据等多项数据的互联互通。在业务上，公司已在部分生产环节实现了数字化升级，公司自主研发的云数据自动配色系统实现光谱配色，可节省油墨配色时间、降低配色成本、提高配色效率，加快印前工艺的数据化和规范化进程。此外，业务上不断探索"互联网+印刷"的新印刷模式，建立了线上商务平台以及与第三方平台合作；开设网络门店，通过应用互联网技术，实现了在线下单、在线设计、在线沟通及文件上传、自动印前处理、自动化生产作业流程、生产管理集成控制、数字媒体资源统一管理等业务场景。公司通过数字化转型、升级，实现了印刷行业线上、线下的融合。

（3）实施绿色化主要成效

① 开展产品绿色设计　依据 GB/T 32161—2015《生态设计产品评价通则》，运用了一系列生态设计理念，对产品进行生态设计，针对不可降解原材料、挥发性气体（VOCs）等因素，主要开展原材料优选，绿色配方优化，水性/UV 油墨、水性胶水等替代、环保产品的技术开发，将环境因素纳入产品生产设计之中，在工艺设计阶段就考虑产品生命周期全过程的环境影响，从而帮助确定生产方向，通过改进工艺设计把产品的环境影响降低到最低程度。加强光哑 UV 油、水性胶水、水性清漆等环保性能良好的生产辅料印刷生产加工中的应用研究，并逐步形成应用常态。

在国家大力对印刷行业的强化督察的政策推动下，中荣使用绿色化、环保化、健康无毒化的原材料设计生产绿色环保零排放的印刷工艺。根据不同细分市场不同客户的需求，建立了按日化、食品保健品、消费电子、药品等来划分的市场需求库，更好地向客户提供平面与结构设计、生产工艺设计、环保材料研发设计、产品绿色设计、可溯源及防伪方案设计、色彩管理等定制化创意设计方案。主要通过自主开发和定制开发的模式向客户提供创新创意服务、产品。自主开发模式下，基于对下游市场的了解、调研，在新材料、新印刷工艺以及某一细分产品门类进行研究、探索，进行创意设计、生产并最终将研发成果向客户推广；定制开发模式下，基于客户采购意向，按照客户对包装产品的构思与概念进行创意设计，并最终转化为实际产品。

② 使用更加环保的油墨、胶水等材料及减少不可再生的塑料材料使用 公司积极研究、开发环保的新材料、新工艺和新产品，顺应环保发展趋势。公司通过与上游油墨、胶水等材料生产厂商进行包装行业方面趋势信息的分享及探讨，引导或协助其开发品类更丰富的环保印刷材料并应用到公司日常生产中，例如公司在生产过程中逐步添加、使用全球先进的纳米水性油墨材料，增加产品的环保性；另一方面，公司在新产品的研发和设计中也尽可能减少塑料的使用量，同时积极投入资源进行环保材料、工艺的研发。

③ 智能化数字化建设成效初显 通过集中化印刷管理系统，将印刷设备连成数字化生产网络，通过智能产线和物流系统购置，构建生产运营、网络协同、大规模定制和大数据分析平台，增强企业综合竞争力，实现大批量生产向个性化定制与协同制造模式转化。

④ 智能仓储立体库 在生产基地的上万个货位上，摆放数万种原材料、半成品和规格材质各异的印刷品，这些重量跨度极大的物料完全依靠轨道、传输带、四向穿梭机、高速提升机，实现无人仓储、生产调度、自动运输，利用各种机器人搬运物料，如图14-5所示。

图14-5 智能仓储立体库中机器人搬运

⑤ 印刷产业与计算机技术的创新融合 传统印刷技术需要胶片和印版的中间环节，该种印刷方式仍是当前主流的印刷模式。公司研发了数字印刷技术，并逐步应用在生产过程中。数字印刷技术实现从计算机直接到印刷品的全数字生产，减少了胶片和印版的中间环节，突出优点是可变印刷、快速转线，符合环境友好、节能减排和清洁生产的要求。

⑥ 印刷产业与物联网技术的创新融合　随着物联网技术的发展，越来越多的企业需要对产品的全流程进行跟踪。公司研发了包装数字化技术，为客户解决相关需求。该技术在包装上赋予一个能被移动智能手机或者专用设备识别的"身份证"，通过该身份证品牌方可获取商品在生产、仓储、物流、销售、售后等阶段的交互数据，实现商品的信息化管理。更为重要的是，消费者可以通过智能手机识别商品的真伪、获取商品使用信息甚至可以实现售后维修和打折购买等增值服务。

⑦ 印刷产业与互联网技术的创新融合　公司通过研发与印刷相关的互联网技术提高运营效率，降低用户的沟通和管理成本。公司研发了云数据自动配色系统和网络印刷系统：云数据自动配色系统实现光谱配色，可节省油墨配色时间、降低配色成本、提高配色效率，加快印前工艺的数据化和规范化进程；网络印刷系统实现了在线设计、沟通及文件上传，自动印前处理，自动化生产作业流程、生产管理集成控制、数字媒体资源统一管理等一系列网络化的印刷服务。

14.2.3　包装印刷企业绿色化工程案例之二

（1）实施主体基本信息及体系认证情况　本案例实施主体是深圳劲嘉集团股份有限公司（以下简称劲嘉），其基本信息见表 14-8。

表 14-8　　　　　　　　　　深圳劲嘉集团股份有限公司基本信息

企业名称	深圳劲嘉集团股份有限公司	创建年份	1996
公司地址	广东省深圳市南山区	占地面积	——
企业类型	股份有限公司(台港澳与内地合资、上市)-深圳证券交易所主板上市	注册资本	147088.755 万(元)
所属行业	印刷和记录媒介复制业	参保人数	——
经营范围	包装材料及印刷材料技术的设计、研发,商品商标的设计、印刷;转让自行开发的技术成果,从事企业形象策划,经济信息咨询,计算机软件;自有物业租赁;承接包装材料的制版、印刷及生产业务;包装材料、印刷材料的销售;网上贸易,国内贸易,贸易代理;货物与技术进出口;有形动产租赁;生物专业领域内技术开发、技术转让、技术咨询、技术服务;健康管理、健康咨询		
产品类型	烟标、酒盒、高端电子产品及生活用品的包装及相关配套材料		
经营模式	创意设计和包装整体解决方案		
绿色制造示范	工业和信息化部"绿色工厂"(2020 年)		

注：信息来源于爱企查。

获得各种体系认证情况如下：①ISO 9001：2015 质量管理体系认证。②ISO 14001：2015 环境管理体系认证。③ISO 45001 职业健康安全管理体系。④GB/T 28001—2001 中国职业健康安全管理体系认证。⑤GB/T 23331—2012/ISO 50001：2011 能源管理体系认证。⑥绿色印刷认证（环境标志产品）HJ 2503—2011《环境标志产品技术要求　印刷　第一部分：平版印刷》。⑦绿色印刷认证（环境标志产品）

HJ 2539—2014《环境标志产品技术要求　印刷　第三部分：凹版印刷》。⑧2019 年满足 CEC 011-2017《绿色供应链评价技术规范　印刷》五星级评价要求，2020 年申请并通过了中国环境标志产品认证（HJ 2503—2011《环境标志产品技术要求　印刷　第一部分：平版印刷》）。⑨GB/T 19022—2003/ISO 10012：2003 测量管理体系认证　《测量管理体系　测量过程和测量设备的要求》标准。⑩ISO/IEC 17011：2005 CNAS 实验室认证。⑪通过了测量管理体系认证（GB/T 19022—2003《测量管理体系　测量过程和测量设备的要求》），计量设施规范、生产管理严格，对各工序类别的能耗、物耗、主要原材料在各工序的损耗率均有严格的记录，并形成了一套专人负责、问题追踪、持续改进的机制。

（2）绿色化项目实施及成效

① 产品设计用材、用量，注重实用性　选用合适的材料是绿色印刷的开始。可持续森林认证纸张是绿色印刷的首选，同时在包装产品的包装结构符合使用功能的情况下，尽量使用低克重、低密度的纸张，减少材料消耗。客户指定材料时，有义务引导其作出理性判断。选择油墨时，尽量选择通过环境标志认证的油墨以及绿色认证推荐材料。这些措施可以确保生产过程中操作人员及最终产品的安全性。

② 产品工艺设计时，采用简约的工艺　很多包装产品的装饰效果过于繁杂，导致生产工艺多、工序多、控制难度大、产品质量问题多、生产效率和合格率低、生产过程消耗大。因此，产品工艺从策划开始就需关注精简工艺、减少工序周转。对于已有产品的效果，可以与客户沟通，通过并色、并工艺等技术手段进行工艺优化，在较少牺牲产品效果的情况下降低工艺复杂性，实施绿色生产。

③ 优化拼版方式，订单组合尤为重要　提前审核不同订单，对使用同类材料的订单，通过多产品合版，提高材料的利用率及生产效率。拼版优化可以自主开发适合自己企业产品特点的专业软件，或借助第三方拼版软件。

④ 操作标准化是绿色印刷的基础　绿色印刷企业应建立标准化的生产操作规程，减少无效工作时间和能耗，提高生产效率及降低异常处理时间。操作标准化应包含设备关键参数设置及操作步骤规定，对产品可能出现的常规问题有针对性地给出预案和解决方案，减少异常处理时间。

⑤ 三废治理及节能减排

a. 引入先进设备，加强工艺改进。与第三方公司合作开发针对印刷生产过程中产生的废有机溶剂进行蒸馏分离，使有机溶剂循环利用，减少排放，保护环境，节省成本。劲嘉的合作模式是由专业的废气处理收集回收企业投资和安装设备，确保废气处理合格，达到国家和地方废气排放标准；专业的维护单位进行日常维护，确保设备的正常运行及日常监测；劲嘉投资铺设收集管道和主机安装场地，按略低于市场的价格向设备投资方及维护方购买现场回收的测试合格的溶剂，再用于生产。这样的合作模式对三方都有益：印刷企业的初始设备投资少，规避危化品管理的各种风险；设备投资方一次投资，通过后期印刷企业溶剂回购获得长期的收益；设备维护方也在溶剂回购的过程分得一份收益。当然，这样运作的前提是需保证印刷企业有足够溶剂量，否则废气处理企业无利可图，也没有合作基础。

实施成效：经测算，2 台凹印机、开工率在 80% 以上的企业，2 年内回收的溶剂将收回初次投资成本。

b. 采用"吸附、脱附、溶剂回收"技术，对生产过程中产生的废气进行处理，实现溶剂的循环使用。与无锡爱德旺斯公司合作开发采用蓄热式热氧化设备（RTO），对凹印机生产过程中产生的废气进行处理，RTO 出口对废气余热进行回收，回收的热水接入 ESO，最终用来给烘箱供热，节省凹印机运行能耗。采用"吸附、脱附、溶剂回收"技术，对生产过程中产生的废气进行处理，实现溶剂的循环使用。

c. 既绿色环保又可节约资源，实现了环保与效益的双赢。注重可再生能源的利用，通过建设屋顶光伏电站，长期降低用电成本，提高了企业电力消耗中的绿色电力比例。将全部厂房的 P5 灯管改为 LED 灯管。

实施成效：减少了用电量，节约电能。

d. 员工宿舍安装太阳能热水系统等设备，使用环保能源，减少天然气的消耗。利用太阳能辅助锅炉加热改造了热泵系统，充分利用太阳能资源。

实施成效：解决了员工的生活用水问题，同时节约了能源消耗。

e. 重视用水用电成本的节约和原材料利用率的提高，为此各部门发挥各自能动性，采取一系列改进措施，如中央空调节能使用管控、凹印机印版轴修复、中央 UV 冷水系统控制。

f. 通过对能耗大设备进行技术改造，如凹印机柴油锅炉改为电加热锅炉、空压机和中央空调变频，并取得明显的节能效果。通过对凹印机进行电加热改造（投资约 100 万元），由之前的燃烧柴油改为利用电能。不完全燃烧产生的物质会对环境造成不小的污染，而电能却是清洁能源。

实施成效：经测算，二氧化碳排放量减少了约 30%。

⑥ 智能印刷设备研发与应用

a. 通过设备工艺的改进实现绿色升级。与意大利公司合作研制了具有自主知识产权的复合转移连线 9 色凹印机组，集成纸张与镭射膜复合、转移、剥离、印刷等工艺于一体，解决了从单机覆膜再上机印刷的传统工艺。

实施成效：印刷品质量稳定，而且环保易降解；减少了制程中的能源损耗，达到了节能减排的目标，并提高了产品质量的合格率。

b. 采用最先进的科达 CTP 制版设备，在印刷制版方面全程采用 CTP 制版技术，与传统制版技术相比，工序短，物耗能耗少，环境污染程度明显降低。

⑦ 新材料、新工艺、新技术技术应用

a. 纸张选用方面，一贯秉承在包装产品结构满足使用的前提下，尽量使用环保纸张的原则，采购符合国际环境保护要求的纸张物料，采购来自受管制和可持续发展植林区的纸张，如 FSC 纸张。

b. 油墨选用方面，不断开发应用更环保油墨，胶印和丝印全部使用 UV 油墨和水性油墨，凹印使用的醇溶性油墨所用溶剂主要是乙醇和乙酯，不含甲苯类芳香族溶剂及酮类溶剂等对身体有害的溶剂。在生产过程中推行环保材料，积极采用水性油墨、水性胶黏剂等，在减少环境污染的同时保证操作人员及最终产品的安全性。混合溶剂分离成单溶剂，实现循环，考虑经济成本更要考虑社会成本。

⑧ 工艺设计方面，在软盒烟包和硬盒烟包之外创新性地提出了一种新型烟包包装方式（中式软包）。中式软包采用 $170g/m^2$ 的纸张代替 $230g/m^2$ 的纸张。实施后，比普通硬盒烟包节约纸张约 35%。

⑨ 企业综合管理　注重产品品质管理和环境管理，关怀员工健康，对生产各个环节进行严格管控。

（3）主要成效及示范　劲嘉已获得授权专利 180 项，其中发明专利授权 56 项。已经参与国家/行业标准制定 39 项。

14.3　印刷装备制造企业绿色化工程案例

14.3.1　印后装备制造企业绿色化工程案例

（1）实施主体基本信息及其体系认证情况　本案例实施主体是天津长荣科技集团股份有限公司（以下简称长荣），其基本信息见表 14-9。

表 14-9　　　　　　　　天津长荣科技集团股份有限公司基本信息

企业名称	天津长荣科技集团股份有限公司	创建年份	1995
公司地址	天津北辰经济开发区	占地面积	—
企业类型	股份有限公司-深圳创业板上市	注册资本	42338.7356 万(元)
所属行业	专用设备制造业	参保人数	783 人
经营范围	印刷设备、包装设备、检测设备、机械设备、精密模具的研制、生产、销售及租赁;本企业生产产品的技术转让、技术咨询、技术服务;计算机软件技术开发、销售及相关技术服务;货物及技术的进出口;包装装潢印刷品和其他印刷品印刷;第二医疗器械生产、销售		
产品类型	烫金机、模切机、检品机、糊盒机、数字喷码机、激光模切机、凹印机等 10 大产品系列 100 余种产品		
经营模式	系统集成服务解决方案		
绿色制造示范	工业和信息化部"绿色工厂"(2021 年)		

注：信息来源于爱企查。

获得的各种体系认证情况如下：①ISO 9000 质量管理体系认证。②ISO 14001 环境管理体系认证。③OHSAS18001 职业健康安全管理体系认证。④欧盟 CE 安全认证：MK1060M 平压平自动模切机等 19 种产品获得认证。

（2）绿色化工程措施　环境管理体系完善且实施良好、能源资源投入及废物资源化达到行业领先水平。公司扩建之初的地源热泵应用，开启了绿色发展的征程，助推绿色工厂创建。项目以印刷设备生产过程的绿色化、印刷设备产品标准的绿色化、印刷设备应用过程的绿色化，全过程提升了印刷设备产业链的绿色发展的水平。

① 厂房建设渗透节能减排　公司厂房从设计、建设到投产使用，很好地体现了节能环保的特点。在整体建设方面，工厂采用的是钢结构构架，无水作业的干式施工，减少废弃物对环境造成的污染，房屋钢结构材料可 100%回收；采用高效节能墙体，保温、隔热效果好。在采光照明方面，在金属屋面的特定位置布置了采光板或采光玻璃，使 30000m^2 的车间在白天自然采光的条件下无需用电照明即可正常工作。

② 利用地源热泵技术供热　60000m^2 整体建筑的空调系统采用的是可再生绿色能源——地源热泵技术。采用地源热泵系统供暖制冷，与一般的空调相比可以减少 3/4 的用能消耗。加之地源热泵显著的环保效能，此项技术的使用，使企业在低成本运营的前提下，工作环境得以大幅改善。

③ 以智能制造、绿色制造为重点，推进转型升级　MK1060CSB 全清废模切机，组建了整体性的智能、高精度印后加工系统。全清废模切机以 8000 张/h 的速度助力包装印刷企业实现高效生产。该设备应用 MasterSet 超级电子套准系统，可以对印刷色标进行精准套位，避免其他工序对模切精度产生影响，减少纸张擦伤，同时可降低走纸调试时间、减少停机概率；智能自动飞达与自动物流的搭配组合，可实现纸堆自动转换对位、纸堆自动纠偏、机内托盘自动流转接续的自动化功能，彻底解放复杂、繁重的周边工作；配备全新精准快速换版系统、标配的快锁版框、模切、清废及分盒微调、版框调整、气动夹具，可大幅减少生产准备时间，使设备运行更高效，如图 14-6 所示。

④ 坚持节能减排，再制造实现循环发展　以资源节约、降低能源消耗、减少污染物排放为目标，全面实施节能减排升级改造，不断优化原料、燃料结构，大力发展循环经济。

环保理念已然融入了天津长荣，利用先进再制造技术和工艺，对回收的旧印刷设备进行再制造，使其恢复原有性能，重回市场继续发挥效能。一台技术水平相当、性能相同的再制造设备成本较新设备低 20%左右，在市场上很有竞争力。再制造的过程不是简单地翻旧换新，而是凭借先进的再制造技术，将回收过来的印刷设备"变废为宝"。这样不仅为客户提供了品质良好的设备，而且实现了企业的循环发展。

⑤ 坚持质量为先，实现质量效益转型　以提高产品实物质量稳定性、可靠性和

图 14-6　双机组全清废模切机

耐久性为核心，加强质量提升管理技术应用，加大品牌培育力度，实现质量效益型转变。

随着印刷企业用工难、成本压力大、降本增效需求迫切，提高生产效率，实现数字化、智能化转型成为必然选择。打破国产设备速度极限的全清废模切机拥有全自动化物流系统、电子系统、人机交互界面、远程数据采集等特征，可实现高度自动化生产，具有稳定性和可靠性。

⑥ 一次走纸完成多道加工工序，节能增效　公司单张纸机组式模烫机系列产品，实现了一次走纸完成多道加工工序。其具有的优势是生产效率比传统设备提高一倍以上，废品率低，可节省能源及人力物力，提高企业资源利用率，降低管理成本等。

⑦ 节能环保贯彻在日常工作细节　长荣提倡员工将节能环保贯彻在细节。诸如提倡双面打印；随手关闭灯、空调等用电设施；采用节电节水的阀门、开关和灯具，将夏天空调温度设置在 26℃以上等列入员工手册；取消员工食堂一次性餐具的供应，提倡光盘行动等。这些措施的实施有利于提高整体员工队伍的节能环保意识，有利于节能环保措施的推行和实施。

⑧ 创建"绿色工厂"，走低消耗低排放绿色发展之路，争做印刷设备制造行业绿色领跑者　随着公司节能绿色低碳的全面开展，在借鉴已实施的机组式模切烫印机的基础上，长荣利用已有的客户资源优势、资本市场优势等加快产业投资步伐，已成为智能印刷装备主业引领，高端印刷包装、云印刷、产业金融及投资等板块多轴协同发展的综合产业集团。企业陆续开展组建绿色印刷设备制造数字化车间，开发国际先进水平的绿色印刷设备及其配套装备等项目，以点带面，将节能绿色低碳发展之路不断延伸、扩散，树立行业绿色节能标杆。

（3）实施绿色化主要成效　项目主体单位是印刷行业和印刷装备制造行业的领

军企业，在两个领域都具有非常高的行业地位，该项目的成功实施，无疑对印刷行业和印刷装备制造行业都产生了积极的示范效应，有利于推动两个行业向绿色印刷转型升级。2016 年工厂"新型智能绿色装备制造产业示范基地建设项目"获得工信部2016 年绿色制造系统集成项目立项。

14.3.2　印刷装备制造企业绿色化、数字化、智能化工程案例

（1）实施主体基本信息及其体系认证情况　本案例实施主体是陕西北人印刷机械有限责任公司（以下简称陕西北人），其基本信息见表 14-10。

表 14-10　　　　　　陕西北人印刷机械有限责任公司基本信息

企业名称	陕西北人印刷机械有限责任公司	创建年份	1967
公司地址	陕西省渭南高新区	占地面积	—
企业类型	有限责任公司(非自然人投资或控股的法人独资)	注册资本	16500 万(元)
股权结构	北人智能装备科技有限公司子公司		
所属行业	专用设备制造业	参保人数	965 人
经营范围	印刷设备、复合设备、涂布设备、节能设备、环保设备、包装设备、工程设备、机电设备及配件的研发、制造、销售、维修、制版及技术服务；软件产品及智能系统的开发应用与销售服务；印刷器材的销售；本企业自产产品及相关技术的出口业务；本企业生产科研所需的原、辅料、机械设备、仪器仪表、零配件及技术的进口业务		
产品类型	机组式凹版印刷机，卫星式柔版印刷机，涂布机，纸张凹版印刷机，塑料凹版印刷机，高速凹版印刷机，电子轴凹版印刷机，高速柔版印刷机，烟包专用机组式凹版印刷机，水松纸凹版印刷机，无溶剂复合机，干法复合机，工业涂布机，湿法复合机，单工位无溶剂复合机，双工位无溶剂复合机，VOCs 溶剂回收处理装置，RTO、LEL 节能环保设备		
经营模式	集科研、开发、生产、销售与服务于一体的包装印刷设备企业		
绿色制造示范	作为第二完成单位完成的"高端包装印刷装备关键技术及系列产品开发"获 2020 年国家科技进步二等奖；陕西省第二批绿色制造单位		

注：信息来源于爱企查。

获得体系认证情况如下：①ISO 9001：2008 质量管理体系认证。②ISO 14001：2004 环境管理体系认证。③OHSAS18001：1999 职业健康安全管理体系认证。④欧盟CE 安全认证：《无轴传动高速机组式凹版印刷机》《高速干法复合机》等产品通过CE 认证。

（2）陕西北人绿色化、数字化、智能化工程案例　随着绿色制造和环保政策的日益严格，具备超薄材料、绿色、高效印制功能的高端包装印刷装备成为激烈市场竞争的核心关键。高端包装印刷品薄膜通过色组间烘箱的干燥时间短，必须突破印品残留物的热风去除以及承印薄膜受热变形引起的套印误差等技术瓶颈。另外，高端包装印刷装备的复杂性使得用户在运行和维护上难以为继，迫切需要一种面向用户的智能运维系统。

① 油墨高效干燥系统　发明了基于热泵和热管技术的干燥系统，研发了高效节能半悬浮烘箱，对烘箱喷口、风嘴、冷却滚筒等结构进行优化设计，如图 14-7 所示，提高了干燥和冷却效率；通过采用热管、热泵和半悬浮烘箱优化热风干燥系统，对薄膜料带双面进行大风速、高流量的加热和吹风，提高能量转换效率；通过优化热风干燥和冷却工艺参数，实现了油墨快速干燥与料带冷却，解决了油墨干燥、残留物高效去除与薄膜变形问题。

图 14-7　半悬浮烘箱结构优化图

干燥部分的能耗在凹印机中能耗占比较高。根据环保型凹印机设计要求，优化了热风系统干燥工艺流程，如图 14-8 所示。

图 14-8　凹版印刷机干燥烘箱设计

② 凹版印刷机干燥烘箱设计　在严格执行国标、完善装置安全措施的条件下，通过理论计算，对 400m/min 塑凹机热风干燥系统进行优化设计，使该机型单色干燥功率降到 72kW（不含风机），同时优化烘箱结构设计，使风速不均匀误差不超过 3m/s，烘箱外表面温度不高于室温 15℃。

③ 烘箱可更换风嘴　新型烘箱内采用可更换风嘴。风嘴可拆卸，方便清理；配

有背吹风装置，提高干燥效率。

优化后的涂布热风系统与以往系统相比，风机功率、加热器功率都有很大程度的降低，热风系统管路规格也相比以往缩小很多，由于优化后的系统降低了总外排风量、缩小了系统的总散热面积，减少了系统热量的损失，从而也降低了客户生产过程的运行成本。

④ 热风能量循环利用和 VOCs 废气处理系统　研制了基于 LEL（Lower Explosive Limit，最低爆炸极限）理论的全自动循环热风干燥装置，有效回收利用了烘干废气中的热能；开发了专用废气处理系统，如图 14-9 所示，对废气中的 VOCs 溶剂进行回收利用。

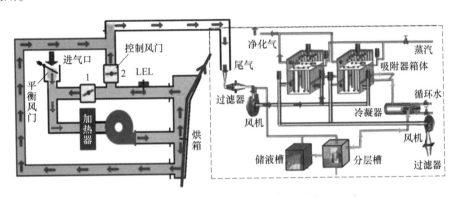

图 14-9　热风能量循环利用与废气处理系统

⑤ 高端包装印刷装备两层运维管控平台　根据高端包装印刷装备制造和使用企业的不同需求，开发了装备制造商云与印企自有云的两层运维管控平台，如图 14-10 所示。其中，印企自有云实现内部设备的运行状况监测和数字化印刷管控，同时向制造商云提出功能升级、故障维护和工艺优化等服务请求；制造商云建有基于人工智能算法的故障特征检索和控制参数优化等功能数据库，对印企提供生产流程优化操作、设备故障诊断、印刷工艺优化等服务，使用结果表明，印刷企业能够降低运行维护成本 40% 以上。

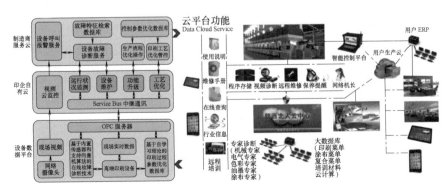

图 14-10　高端包装印刷装备两层运维管控平台

⑥ 数字化凹版印刷单元　为提高现有凹印机的人性化操作、设备的自动化智能化程度，开发满足 400m/min 印刷要求的印刷单元，满足以下功能要求：印刷单元采用上版上墨一体化小车、套筒式胶辊、新型墨槽及防甩墨结构，墨槽升降与版辊直径参数联动，刮刀一键复位，版辊在线自动清洗，自动预套准等。

⑦ VOCs 处理和废气再利用技术　采用 LEL 检测传感器，进行 VOCs 的处理和废气再利用等新技术的开发，研制了 LEL 全自动循环热风干燥装置。

主要问题：印刷机干燥系统会排放 70~100℃ 的 VOCs 尾气，传统印刷机干燥系统将大量未经循环使用的 VOCs 尾气直接排放，造成热量损失；同时，VOCs 尾气排放量大，给尾气的后续处理带来困难，很多企业直接向大气排放 VOCs 尾气，造成环境污染。

解决方案：采用 LEL 检测传感器，通过全自动风门控制，根据 LEL 检测数据大小，由 PLC 控制对干燥系统排放的 VOCs 尾气进行循环使用或排放。

（3）成果示范应用情况　环保型凹版印刷机对提高产品技术水平、引领行业发展意义重大，实现了绿色化、数控化、智能化，实现了增效、节能、减排目标。

（4）实施成效　为国家包装印刷业 VOCs 治理提供了关键装备保障。该项目开发的高效节能油墨烘箱、LEL 热风循环系统以及 VOCs 处理系统，废气处理效率达到95%，VOCs 排放量≤30mg/m³，减少了有害排放，保卫了蓝天。研制的高端包装印刷装备综合能耗降低 40%~50%，使用电量减少近一半，同时印刷废料减少 20%~30%，最小印刷膜厚 10μm，大幅减少了包装材料的浪费，保护了自然资源和生态环境，实现了印刷包装的绿色制造，引领了高端包装印刷装备技术的发展，实现了印刷全过程的数字化智能化，降低了用户的使用要求和运营成本。

14.4　小结

以入选工业和信息化部"绿色工厂"的行业骨干企业为工程案例，介绍了案例企业实施的绿色化、信息化、数字化、智能化解决方案及成效。分析了案例企业的认证体系及其绿色化进程、绿色化建设内容及成效、精益生产和敏捷制造实施及成效。阐述了信息化工程实施案例，简易自动化、数字化和智能化的关系。工程案例涵盖出版物印刷、包装印刷企业和印刷装备制造企业。

参 考 文 献

［1］ 张昌印. 节能减排也是一种收入：记高宝利必达单张纸胶印机上的绿色印刷技术 ［J］. 今日印刷，2010，12：22-25.

［2］ 曹乐，王阿妮. 基于 MATLAB 的凹印热风干燥参数分析 ［J］. 包装工程，2010，31（3）：25-29.

［3］ 黄颖为. 塑料凹印机干燥系统参数的优化研究 ［J］. 包装工程，2006，27（4）：127-128.

［4］ 黄清明，陈芳园，许鹏，等. 凹版印刷机干燥系统节能减排效能研究体系构建 ［J］. 包装工程，2008：69-70.

［5］ 朱强，王仪明，李艳，等. 基于 MATLAB 与最小二乘法的能耗数据处理方法 ［J］. 北京印刷学院学报，2012，22（2）：47-52.

［6］ Sovacool B K. Valuing the greenhouse gas emissions from nuclear power：Acritical survey ［J］. Energy Policy，2008，36（8）：2950-2963.

［7］ 赵明明. 印刷机载荷测试技术与优化方法研究 ［D］. 北京：北京印刷学院，2014.

［8］ 张琳，张美云，杨旭. 凹版印刷中油墨温度影响的研究 ［J］. 包装工程，2009，30（2）：10-15.

［9］ 全国能源基础与管理标准化技术委员会. 综合能耗计算通则：GB/T 2589—2020 ［S］. 北京：中国标准出版社，2020.

［10］ 薛志成，李彦锋. 基于热管的干燥系统及其使用方法：CN201310127897 ［P］. 2013-04-12.

［11］ 刘国方. 凹版印刷机烘箱余热回收装置：CN200510050285 ［P］. 2005-04-18.

［12］ 海德堡印刷机械有限公司. Heidelberg Annual Report 2022/2023 ［R］. ［2023-06-06］. https：//www. heidelberg. com/.

［13］ 海德堡印刷机械有限公司. Non-tinancial Report 2022/2023 ［R］. ［2023-06-06］. https：//www. heidelberg. com/.

［14］ 印文. 高宝引领全球印刷技术发展风向标 ［J］. 印刷杂志，2023，(3)：85.

［15］ 日本 Komori 公司. 环境·社会报告书（2018）［EB/OL］. ［2023-06-06］. https：//www. komori. com.

［16］ 褚庭亮. 绿色印刷技术指南 ［M］. 北京：印刷工业出版社，2011.

［17］ 杨新芳. 包装废弃物的回收与再利用 ［J］. 中国包装，2006（4）：40-42.

［18］ 日本印刷工业联合会. 胶印（OFFSET）印刷工厂的作业环境调查报告书 ［R］. ［2023-06-06］. https：//www. creen. jp/.

［19］ 蔡宗平，蔡慧华. 印刷行业 VOCs 排放特征研究 ［J］. 2013，38（7）：166-172.

［20］ 杨杨，杨静，尹沙沙，等. 珠江三角洲印刷行业 VOCs 组分排放清单及关键活性组分 ［J］.

环境科学研究，2013，6（3）：326-333.

［21］ 王海林，王俊慧，祝春蕾，等. 包装印刷行业挥发性有机物控制技术评估与筛选［J］. 环境科学，2014，35（7）：2503-2507.

［22］ 狄育慧，郑治中，周林园，等. 印刷车间风速及温度分布规律研究［J］. 轻工机械，2015，33（6）：92-96.

［23］ 许鹏，陈芳园，黄清明，等. 凹版印刷 VOCs 废气的净化治理联用工艺［J］. 轻工机械，2009，27（3）：107-111.

［24］ 王芳，张海燕. 印刷机有害振动的产生与消除［J］. 印刷技术，2003（26）：39-40.

［25］ 武淑琴，王仪明，蔡吉飞，等. 基于振动测试的印刷机滚筒轴向串动研究［J］. 中国印刷与包装研究，2011，3（01）：37-40.

［26］ 张志红. 基于振动测试的印刷机械动态设计研究［D］. 北京：北京印刷学院，2011.

［27］ 张磊，王仪明，武淑琴，等. 基于实例推理的印刷机传动系统振动分析与研究［J］. 包装工程，2012，33（09）：85-89.

［28］ 武淑琴，王仪明，柴承文，等. 基于温度梯度的印刷机邻域 VOCs 的监测方法［J］. 包装工程，2017，38（1）：81-86.

［29］ 李建国，王仪明，张磊，等. 基于 pulse 系统的印刷机压印滚筒振动特性研究［J］. 包装工程，2012，33（21）：86-90.

［30］ 刘怡丰. 高速卷筒纸平版印刷机印刷滚筒系统的抗振分析［J］. 装备机械，2012（03）：59-67.

［31］ 刘鑫. 印刷滚筒扭振及主动控制方法研究［D］. 北京：北京印刷学院，2015.

［32］ 王仪明，赵明明，武淑琴，等. 基于 AR 模型的印刷机滚筒扭矩及其振动试验研究［J］. 振动与冲击，2016，35（03）：226-230.

［33］ 付辉. 基于小波变换的印刷机递纸机构振动信号的研究［J］. 工程技术研究，2017（01）：77-78.

［34］ 黎博澧，郭新颖，陈伟基. 精益+智能 雅图仕可持续发展之路［J］. 印刷技术，2019，（10）：11-13.

［35］ 刘红兵. 鹤山雅图仕智能制造规划与实施［J］. 印刷技术，2018，（8）：25-29.

［36］ 王廷婷. 雅图仕：绿色与创新并行：访鹤山雅图仕印刷有限公司董事长冯广源［J］. 印刷技术，2013，（01）：24-25.

［37］ 杨奇琦. 目标："零废料工厂"——雅图仕全厂践行节能减排［J］. 印刷技术，2010，（1）：31-32.

［38］ 廖锦峰. 雅图仕的"节流"之道［J］. 印刷工业，2010（07）：35-37.

［39］ 方君阳. 雅图仕的 PSO 认证之路［J］. 印刷技术，2013，（11）：38-41.

［40］ 冯广源. 雅图仕：可持续发展之路智能升级［J］. 印刷经理人，2022，（04）：31-32.

［41］ 宗颖. 聚焦创新升级 智能引领未来［J］. 印刷工业，2021，（02）：25-27.

［42］ 沈智海. 机械产品的安全性分析：以天津长荣 MK1060 模切机为例［J］. 今日印刷，2016，（06）：59-61.

[43] 陈黎鸥. 深圳劲嘉 绿海领航 [J]. 印刷技术, 2015, (23)：17-18.

[44] 吴净土. "绿色"践行，让园区更美：深圳劲嘉绿色印刷实践 [J]. 印刷杂志, 2015, (9)：20-24.

[45] 王立建, 李君, 马雪君, 等. 盛通印刷：聚焦绿色印刷，走多元化发展道路 [J]. 印刷工业, 2018 (5)：98-99.

[46] 薛金萍. 一场颠覆性变革即将到来! 亚太区首台澜达 S10 纳米图像技术印刷机在中荣完成安装 [J]. 今日印刷, 2020, (1)：11-14.

[47] 段婷婷. 创新超越 绘制绿色智能凹印新蓝图：2014 陕西北人凹印设备创新成果展示暨绿色智能印刷技术高端论坛召开 [J]. 印刷技术, 2014, (18)：98-99.

[48] 中国绿色制造联盟. 绿色制造公共服务平台-工信部绿色制造体系展示大厅 [EB/OL]. (2020-05-29). https://www.gmpsp.org.cn/portal/list/index/id/5.html, 2020.

[49] 魏智超. 基于因子分析和 DEA-malmquist 的大型发电企业效能评价研究 [D]. 北京：华北电力大学, 2015.

[50] 宋高峰. 转型背景下的国有企业效能监察评价体系研究 [D]. 太原：山西大学, 2012.

[51] 王义冬, 石伟峰, 底扬. 装备使用阶段维修保障能力综合评估方法研究 [J]. 科技创新导报, 2011 (01)：2-3.

[52] 董尤屯, 张杰, 唐宏, 等. 效能评估方法研巧 [M]. 北京：国防工业出版社, 2009：48-112.

[53] 赵红, 孙键, 胡锋, 等. 基于行业内部的企业社会责任评价指标体系构建 [J]. 同济大学学报（自然科学版）, 2012, 40 (04)：650-656.

[54] Gao X L, Zhou K D, Dresig H. Method to Identify the Installation Stiffness of Machines and its Apllication [J]. 机械工程学报, 2004：124.

[55] 陈斌, 周国明, 乔俊伟, 等. 2020 中国柔性版印刷发展报告 [R]. 北京：文化发展出版社, 2020.

[56] 陈斌, 杨爱玲, 乔俊伟, 等. 2021 中国柔性版印刷发展报告 [R]. 北京：文化发展出版社, 2021.

[57] Cook-chennault K A, Thambi N, Sastry A M. TOPICAL REVIEW：Powering MEMS portable devices—a review of non-regenerative and regenerative power supply systems with special emphasis on piezoelectric energy harvesting systems [J]. Smart Materials & Structures, 2008, 17 (4)：1240-1246.

[58] Eckl M, Lepper T, Denkena B. Development of a Flexible Multibody Model to Simulate Nonlinear Effects in Printing Process [J]. Modern Mechanical Engineering, 2016, 06 (1)：10-19.

[59] 陆长安. 中国印刷产业技术发展路线图：2016—2025 [M]. 北京：科学出版社, 2016.

[60] 朱强. 基于 ZigBee 的印刷机群能耗检测技术研究 [D]. 北京：北京印刷学院, 2015.

[61] 贾志慧. 印刷过程 VOCs 的排放在线监测及控制技术研究 [D]. 北京：北京印刷学院, 2017.

[62] 焦琳青. 印刷装备非均匀运动能量收集技术研究 [D]. 北京：北京印刷学院, 2019.

［63］ 王玉虎. 基于 ZigBee 的包装印刷智能工厂效能评价方法与系统研究 ［D］. 北京：北京印刷学院，2022.

［64］ 陈斌，杨爱玲，乔俊伟，等. 中国柔性版印刷发展报告：2022 ［M］. 北京：文化发展出版社，2022.